건축에게
시 대를
　　묻　　다

건축에게 시대를 묻다
— 민현식의 한국 현대건축 읽기

민현식 지음

2006년 11월 13일 초판 1쇄 발행
2019년 10월 21일 초판 5쇄 발행

펴낸이 한철희 | 펴낸곳 주식회사 돌베개 | 등록 1979년 8월 25일 제406-2003-000018호
주소 (10881) 경기도 파주시 회동길 77-20 (문발동)
전화 (031) 955-5020 | 팩스 (031) 955-5050
홈페이지 www.dolbegae.co.kr | 전자우편 book@dolbegae.co.kr
페이스북 /dolbegae | 트위터 @dolbegae79

책임편집 윤미향 | 편집 이경아·김희진·서민경·김희동
표지디자인 박정은 | 본문디자인 이은정·박정영 | 필름출력 (주)한국커뮤니케이션 | 인쇄·제본 영신사

ⓒ 민현식, 2006

ISBN 89-7199-248-4 03610
이 책에 실린 글과 사진의 무단 전재와 복제를 금합니다.
책값은 뒤표지에 있습니다.

이 도서의 국립중앙도서관 출판시도서목록(CIP)은 e-CIP 홈페이지
(http://www.nl.go.kr/cip.php)에서 이용하실 수 있습니다.(CIP제어번호: CIP2006002365)

건축에게
시대를
묻다

민현식의 한국 현대건축 읽기 _민현식 지음

돌베개

책을 내면서_

"지적 감수성을 가지고 시대를 묻는 건축가들"

이 책은 저의 건축적 사유의 통로를 통해 여기에 수록된 건축가들의 건축적 성취를 상찬하기 위한 것이며, 또한 이러한 논의들이 이 시대를 관통하는 보편성을 획득하도록 하기 위한 토론의 장을 열고자 함입니다. 지난 10여 년 동안 이분들은 새로운 건축의 화두를 가지고 저를 끊임없이 자극해왔고, 제 건축적 상상력을 부추겼으며, 저의 건축 작업을 깊게 성찰하게 하였습니다. 그래서 이 책은 이분들에게 보내는 저의 연애편지입니다.

일 년여, 런던에 머물 기회가 있었습니다. 당시 받았던 끔찍한 문화적 충격을 아직도 잊지 못합니다. 폐쇄된 사회에서 지극히 편협한 통로만을 통해 받아들여졌던 정보들이 얼마나 왜곡된 것이었으며, 분단의 비극이 낳은 철저하게 닫힌 '금기의 사회'에서의 '사유의 자유'는 얼마나 기형적인가. 더구나 그것이 세뇌되고, 일상이 되어, 질문조차 할 능력을 잃은 불구자임을 깨달았을 때의 자괴감은 저를 무척이나 힘들게 하였습니다.

　　　　　모든 것을 지우고, 다시 구축하려는 고통스럽기 짝이 없는 수련을 시작하였습니다. J. 버거, W. 벤야민, I. 칼비노 등 책 읽기, J. 실레트, M. 베네딕트 등 건축가들과의 만남으로부터 시작된 고통의 역정에서 모든 저의 지식과 경험을 다시 보기 시작했고, 다시 해석해보려 했고, 다시 가치를 매겼습니다.

물론 이러한 저의 지적 모험과 수련의 과정에서 많은 분들의 도움이 큰 힘이 되었습니다. 한국 전통건축의 가치를 일깨워준 이상해, 김봉렬 교수와 더불어 '서울건축학교'를 이끌어가고 있는 우리 학교 건축과에 모였던 건축가들이 그분들입니다. 특히 저를 가없이 지원해주고 계신 원도시건축의 윤승중, 변용 선생님, 어려운 여건을 마다하지 않고 수많은 밤을 같이 지새운 이은식 소장과 기오헌 식구들이 없이는 불가능했을 것입니다.

그렇게 다시 본 건축은 그리도 아름다웠습니다. 저에게 건축은 이제 더 이상 '저 푸른 초원 위에 그림 같은 집'이 아니기 때문이고, 이제 더 이상 '편리하고 튼튼한 집'만이 아니기 때문입니다. 바로 우리 삶의 근거이고, 우리가 존재하는 이유이며, 우리가 구축해야 할 삶의 가치이기 때문입니다. 그래서 모든 인간 행위, 학문과 예술 그리고 윤리 가운데서 우주질서, 소위 고대인들의 코스모스를 체현하는 데 가장 큰 힘을 기울여야 하는 것이 건축이기 때문입니다.

얼마간의 자유를 얻게 된 행운으로 하여 물밀듯 밀려드는 정보를 선별할 수 있는 여유도 가지게 되었고, 아직도 계란으로 바위를 치는 듯 벽을 느끼지만 가끔씩이나마 '그들'을 설득할 수 있는 기회가 주어지기도 합니다.

이 글들은 이러한 역정에서 얻은 가장 귀한 결과입니다. 이제 우리의 건축이 막연한 열등감에서 벗어날 수 있다는 희망이기도 하고, 이제 우리의 건축도 깡패와도 같은 사회, 그 사회의 일원이었던 저 자신과도 싸울 수 있는 힘이 생긴 셈이기도 합니다.

건축가는 지적 감수성을 가지고 세상을 보는 이들입니다. 지적이면서 감수성을 가진다는 것은 일견 모순처럼 보입니다. I. 칸트의 비판서들을 따른다면 인간의 정신활동은 지성과 감성 그리고 의지로 나뉘지고, 각각은 추구하는 가치가 서로 다른 따로 작동하는 정신활동이며, 그래서 이 두 가지 즉 지성과 감성은 공존하기 어려운 것으로 여겨져왔습니다. 그러나 인간 정신활동의 이러한 합리적 분류는 세계에 대한 이해를 설명하는 편리한 수단일 뿐이며, 세상의 제반 현상에 대한 인간의 인식과 대응은 단순히 그것들 중 하나의 통로로만 반응하는 것이 아님을 많은 이들이 동의하고 있음 또한 사실입니다. 더구나 지성만으로의 인식은 독선에 빠지기 쉽고, 감수성만으로 세상을 보게 되면 퇴폐적 센티멘털리즘에 빠질 위험이 도사리고 있습니다.

건축가는 이들 둘 사이의 칼끝 같은 분수령을 타는 곡예사와도 같이 형평을 이루어 세상을 보고, 시대를 진단하며, 미래를 예측합니다. 이런 건축가에게 창조적 생명력이 지속하는 것은 바로 상반된 듯 보이는 이 두 정신활동이 공존하기 때문입니다. 그래서 이들은 모든 고정관념을 의심하고 해체하여 재정립하는 끊임없는 과정을 통해, 진실에 다가갈 수 있다고 믿습니다. 변하는 것 새로운 것뿐 아니라 우리가 지켜내야 할 과거의 것들을 지금에 새롭게 해석하는 것이 책무인 건축가에게는, 모든 것을 의심하는 성정이 어쩔 수 없는 운명인지도 모릅니다.

그러나 이들의 태도를 좀 더 깊숙이 들여다보면, 시대와 세상을 성찰한다는 것은 바로 자신을 성찰하는 것임을 알 수 있습니다. 이들에게 '자아'는 지식인으로서 해독해야 할 텍스트이며, 예술가로서 무언가 구축해야 할 프로젝트 자체입니다. 처절한 고독을 두려워하지 않고, 무한한 자유를 부담스러워하지 않습니다. 그래서 어떤 때, 이들은 마치 순교자와도 같이 보이기도 합니다.

여기서 다루고 있는 19개의 작업들은 이들 건축가들의 지적 감수성의 산물입니다. 그 건축이 서 있는 장소의 특성을 탐색해가는 방편이며, 이를 통해 시대를 성찰한 결과이고, 사유의 흔적들입니다. 이 작업들은 새로운 시대를 열기 위한 새로운 건축의 화두들이며, 이분들의 실험과 실천은 더 넓은 지평을 열기 위한 노력들이며, 더불어 날카로운 지성과 예민한 감성을 통한 질문이기 때문에 윤리적으로 건강합니다.

서술의 편의를 위해 각각의 건축물마다 주제를 붙이기는 했지만, 이것은 단지 관점을 강조하기 위함일 뿐 하나의 주제, 하나의 화두만으로 지어진 집들이 물론 아닙니다. 아마 다루어진 모든 건축물들은 여기에 논의된 모든 화두들을 적게 혹은 많이 공유하고 있습니다. 이를 통해 하나의 주제를 끈질기게 추적하는 논문과 달리, 건축이 복합적임을 다시 한번 깨닫게 합니다.

이 글을 읽는 독자들에게 이 집들을 직접 탐방해 보시기를 권합니다. 만일 여유가 있으시다면 이분들의 다른 건축들도 함께 보시기 바랍니다. 건축은 그 어느 설명보다도 현장에서 스스로 감지하는 것이기 때문이며, 건축의 진실은 현장에 있기 때문이며, 여러분들이 가진 지적 감수성은 이 건축들이 가진 또 다른 가치들을 발견하기에 충분하기 때문입니다.

이 책이 나오기까지 도면, 스케치, 사진을 제공해주시고, 글을 감수해주신 건축가들께 깊이 감사드립니다. 그러나 실은 이러한 가치 있는 화두를 건축으로 실현하여 우리를 끊임없이 성찰하게 하신 그 자체가, 감사드리는 진정한 이유입니다.

    마지막으로, 거친 글들을 아름다운 한 권의 책으로 만들어주신 돌베개 한철희 사장님, 윤미향 팀장, 이은정 씨께 감사드립니다.

2006. 11. 기오헌에서

민현식

차례

"지적 감수성을 가지고 시대를 묻는 건축가들"_책을 내면서 4

제1부 이 시대, 우리의 도시 10

우리 시대, 도시의 가치 12
승효상_웰컴시티

도시구조의 건축 28
김영준_허유재병원

건축을 길로 구축한 집 44
최문규_쌈지길

공동성이 실천된 지혜의 도시 58
프로리안 베이글+민현식+승효상
+김종규+김영준_파주출판도시

이 시대, 우리의 도시 86
민현식 도시건축론

제2부 삶의 본원적 가치에 대한 질문 116

변화가 없으면 진보도 없다 118
김종성_SK빌딩

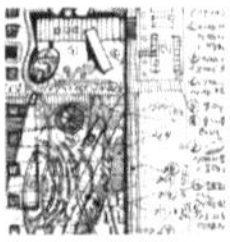

시민사회가 만드는 건축 132
책읽는사회만들기 국민운동+정기용
_기적의도서관

열린사회를 지향하는
이 시대의 대학 캠퍼스 150
민현식_한국전통문화학교

이 시대의 피난처 166
조병수_ㅁ자집

흙건축에서 복원된
우리의 오래된 가치 178
정기용_자두나무집

우리 시대의 한옥 190
정현화_필당

제3부 편집된 풍경 또는 풍경의 편집   206

건축적 풍경   208
조성룡_양재287.3에서 의재미술관을
지나 선유도공원에 이르는 풍경의 여정

땅의 조건에서 도출된 건축풍경   224
황일인_서귀포 월드컵경기장

**삶과 풍경이 조우하는
아름다운 집**   238
이민아+다니엘 바예_교문사

**도시의 지형을
새롭게 구축하는 건축**   250
이민+손진_SJW 패션사옥

제4부 감각의 디자인, 경험의 디자인;
우리들의 기억과 욕망   266

**내가 보았던 것을
보려 하십시오**   268
이종호_박수근미술관

이야기꾼으로서의 건축   286
서혜림_서울시청 직장 어린이집

현상학으로서의 건축   302
김준성_아트레온

행위가 현상으로 재현되는 공간   316
김종규_카이스갤러리

오감으로 체득되는 건축   330
최욱_두가헌

_ 참여 건축가 프로필 348   _ 찾아보기 356
_ Photographic Credits 360

제1부　**이 시대, 우리의 도시**

웰컴시티 | 허유재병원 | 쌈지길 | 파주출판도시 | 이 시대, 우리의 도시

우리 시대, 도시의 가치

승효상 | 웰컴시티 |

장충단공원에서 퇴계로로 돌아 넘어가는 언덕길에 면하여 다소 생경한 집들이 여럿 도열하듯 서 있다. 노출콘크리트의 기단基壇, podium과 그 위에 내후성강판耐候性鋼板, corten steel plate¹으로 포장한 구두상자shoe box 네 개로 구성된 하나의 건축 복합체이다. 바로 광고회사 '(주)웰커뮤니케이션즈'의 사옥이다.

이 집의 이름이 '웰컴시티welcomm city'(well+communication city의 조어造語)라고 한다. 참 근사한 이름이다. '소통이 잘 되는 도시'라는 뜻의 이 이름이 더구나 건축주에 의해 지어졌다는 점이 더욱 근사하다. 이 집에서 사는 사람들이, 이 집이 가지고 있는 건축개념을 아주 잘 이해하고 있다는 증거가 되기 때문이다.

'도시'라는 말이 뒤에 붙어 있는 이름에 걸맞게, 이 집은 통상적인 건축이 아니다. 도시적 프로그램과 도시적 공간조직을 속에 품고 있는 하나의 작은 도시이다. 그래서 이 집에는 도시적 활기와 도시적 풍경이 그득하다. 물

---

1. 원래 교량 등 대규모 토목 구조물을 만들기 위해 개발된 재료이다. 철관의 표면을 화학적으로 처리하여 일정 기간 부식이 진행되다가 멈추도록 한 강관이다. 철관의 부식 방지를 위한 지속적인 관리가 필요 없는 기능적 이점을 가진 경제적 재료이다. 재료 자체가 시간성을 가지고 있다는 점 그리고 햇빛의 변화에 잘 감응하여 매 순간 특별한 느낌을 준다는 점 때문에 건축가에게도 역시 매력적인 재료이다.

론 이 활기와 풍경은 다른 도시와는 구별되는 '웰컴시티'만이 가지고 있는 고유한 것이며, 바로 건축가 승효상이 지향하는 우리 시대의 도시이다.

우리에게 그리 익숙지 않은 재료인 내후성강판과 그것들로 만들어진 강한 조형적 이미지 탓에, 이 집은 일견 전위적 형태의 건축으로 보이기도 한다. 이러한 연유로 혹자는 이 집이 성취하고 있는 조형적 가치 즉 '아름다움'에 대한 건축가 승효상의 독창적 해석을 읽을 수도 있겠고, 또한 스스로 시간성을 가지고 있는 내후성강판의 재료적 특성(物性, materiality)을 부각시켜 그것이 가진 건축 재료로서의 가능성을 모험하는 작업 등으로 몇 자락 칭송의 글을 쓸 수도 있겠다.

그러나 이 집에서 드러내 보이고 있는 우리 시대 도시의 가치를 읽어내는 것이 나에게는 더 즐거운 일이다.

우선 이 집은 르 코르뷔지에Le Corbusier, 1887~1965의 '피난처의 도시Cité du Réfuge'와 유사한 태도의 사회공학社會工學, social engineering적 프로그램을 가지고 있다. 즉 건축을 사회공학의 한 수단으로 채택한다. 사회공학의 논리는, 사람들의 태도와 가치관을 바람직한 방향으로 변환시키기 위해서 보다 나은 사회적 환경이 필요하다는 관점으로, 궁극적으로는 삶이 공간의 지배를 받는다는 믿음에 근거한 환경결정론環境決定論, environment determinism에 잇닿아 있는 사상을 바탕에 깔고 있다. 어떤 '철학 또는 가치관'에서 도출한

파리 세느강변, '피난처의 도시'의 처음의 모습 구세군은 세느강의 선박을 개조하여 노숙자를 위한 복지시설로 운영하였다.

르 코르뷔지에, 피난처의 도시

2. 피난처의 도시, 파리, 1932~1933. 구세군에서 운영하는 파리의 노숙자(露宿者)들을 위한 복지시설인 '피난처의 도시(Cité du Réfuge)'에서 그의 의도는 좀 더 명확히, 직설적으로 구체화한다. 첫째 환경결정론. 물리적 환경을 보다 좋게 개선하면 거기에 거주하는 사람들의 정신적·신체적 복지가 함양된다는 것. 즉 깨끗한 공기를 제공하고, 밝은 빛, 좋은 식사 등 물질적으로 안락한 환경에서 거주하면 사람들은 신체적으로도 건강해질 뿐만 아니라 자신을 개조하거나 개선하려는 의지를 가지게 된다는 확신. 둘째 사회공학. 사람들의 태도와 가치관을 보다 바람직한 방향으로 변화시키기 위해서는 보다 나은 사회적 환경이 필요하다는 아이디어 그리고 상징적 표현으로 사람들이 미래에 보다 나은 생활을 할 수 있다는 것을 이해할 수 있도록 설득시키는 강력한 도구로서 시각적 이미지를 중시한다. 이러한 믿음과 방법론을 가지고 파리의 한 슬럼을 수술하듯 도려내고, 거기에 섬같이 구별되어 특별히 조정된 환경을 만든다. 그리고 노숙자들이 혼돈의 도시에서 다리를 건너 이 구별된 장소로 들어서서 지극히 의도된 일련의 과정을 거치게 한다. 그래서 이곳은 바로 '선을 만드는 기계'가 된다.

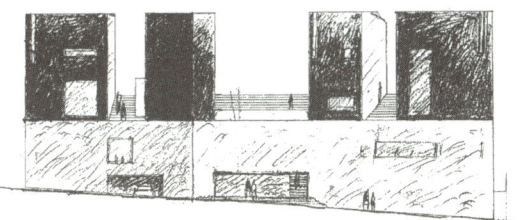

웰컴시티

특별한 '물리적 환경'에서 거주하는 사람들은 그 사상에 따라 정신 또는 삶을 개조하려는 의지를 가지게 될 것이라는 믿음이다.

그래서인지 승효상은 바이센호프 건축전람회³의 코디네이터였던 미이스 반 데어 로에Mies van der Rohe, 1886~1969의 말을 곧잘 인용하여 자신의 건축을 설명하곤 한다.

'우리는 여기서 새로운 형태의 집을 설계하는 것이 아니다. 새로운 시대의 새로운 삶을 설계하였다.'

숨 막힐 것같이 썩어가는 전래傳來의 도시조직을 수술하듯 잘라내고, 그 속에 특별한 빛과 질감을 가지는 공간을 제공하여, 건강한 인간들이 도덕적 승화昇華에까지 이를 수 있도록 새로운 메커니즘을 조직하는 것이다. 승효상은 '근원에 대한 끊임없는 물음이 사물의 본질을 꿰뚫어 삶을 선하고 진실되게 할 것이며, 또한 우리의 삶을 가치 있고 아름답게 만들어 우리의 공동체가 지혜로운 사회로 변화될 것임을 확신'하고 있다. 그래서 '웰컴시티'의 이미지는 신자유주의에 휩쓸리고 있는 주변의 건물과 결연히 맞서고 있다.⁴ 마치 포츠담광장Potzdamerplatz의 '소니'와 '벤츠'에 맞서 있는 H. 샤로운Hans Scharoun, 1893~1972과 미이스의 건축들과도 같이 이들은 단단하고 싱싱한 '거주하는 기계machine á habiter'이다. 르 코르뷔지에는 이것을 '선善을 생산하는 기계usine du bien'라고 불렀다.⁵

3. 바이센호프시들룽(Weissenhofsiedlung) 건축전람회, 1927년. 이 전람회의 코디네이터 미이스가 르 코르뷔지에, 바우하우스의 교장 W. 그로피우스(Walter Gropius), 베를린 필하모니 홀의 설계자 H. 샤로운 등 당시 3-40대였던 젊은 건축가들 16명을 초대하여 벌인, 새로운 시대 새로운 '주거(Wohnung)'를 주제로 한 건축전람회. 승효상의 『건축, 사유의 기호』(돌베개, 2004)에 자세한 설명과 해설이 있다.
4. 1999년 초 멕시코 방문에 나선 교황 요한 바오로 2세는 자본주의의 착취와 사악함을 경고하고 나섰다. 중남미 지역에 대한 가톨릭의 우려가 이제는 마르크스주의나 해방신학이 아니라 오히려 거칠 것 없이 질주하는 자본주의에 있음을 지적했다. 최근 들어 세계화가 약소국에 미치는 악영향에 대해 우려를 표시해 온 교황은 "세계된 경제는 사회적 정의의 원칙에 따라 점검을 받아야 한다"고 강조했다. 교황은 특히 미주 지역에서 '신자유주의'가 확산되고 있다며 경고하고 신자유주의는 이익과 시장의 법칙만을 유일한 변수로 간주하는 '경제 인간'의 개념을 바탕에 둔 주의이며 제도라고 비판했다.

이 집, '웰컴시티'에서 건축가와 건축주가 합의하여 채택한 선善, 이 시대 우리 도시가 지향해야 할 가치는 '다원적 민주주의decentralized democracy'이다. R. 세네트Richard Sennett의 강의를 들어보자.

…… 다원적 민주주의는 중앙 집중화된 권력을 목표로 하지 않는다. 그것은 시민정신을 '권리'와 '의무' 같은 하나의 대상으로 단순하게 파악하는 것을 거부하는 것이며, 오히려 서로의 차별성이 발전의 주체라고 본다…… 다원적 민주주의는 현대도시와 긴밀한 관계가 있다. 도시들은 인간의 공동체와 긴밀하여야 하며, 이것은 아리스토텔레스가 "Synoikismos"라는 개념-한 공동체 안에서 서로 다른 다양한 가치를 추구하는 것-에서 실현하려고 했던 것이다. (중략) 다원적 민주주의는 또한 특별한 물리적 형상을 가지고 있다. 이 민주주의적 비전은 거대하고 집중적인 건물들이 표현하는 상징보다는 공동체의 뒤범벅되어 보이고 여러 가지 언어가 적층된 건축을 선호한다. 또 이는 도시 중심부의 집단적 개발을 배격하며, 도시 전반에 걸쳐 더욱 느슨한 성장의 방식을 추구한다. 궁극적으로 다원적 민주주의를 표방하는 형상은 전체로서의 도시를 표현하는 이미지를 철저히 부서뜨리는 결과를 만드는 것이다(R. Sennett, *Raoul Wallenberg Lecture*, 1998).

'광고'는 자본주의가 만든 산업이며, 자본주의의 꽃이라 불릴 만큼 현대사회를 대표적으로 표상하는 분야이다. 자본주의적 생산과 소비를 부추겨야 하는 태생적 본질 때문에, 목적을 위해 수단과 방법을 가리지 않는

---

5. 르 코르뷔지에(Charles-Edouard Jeanneret-Gris의 별칭. 스위스 태생의 프랑스 건축가)는 이전 건축의 양식을 철저히 부정하고, 건축은 "빛 아래 자태를 드러내는 매스들의 교묘하고 정확하며 장엄한 유희(the masterly, correct and magnificent play of masses brought together in light)"라고 정의한다. 당대의 운송기계들 즉 자동차, 비행기, 증기선 등에 심취하였던 그는 저서, 『새로운 건축을 향하여(*Vers une architecture*)』에서 고전시대의 건축물인 파에스툼(Paestum, 600~550 B. C.), 파르테논(Parthenon, 447~434 B. C.) 등을 이들과 병치시켜놓고 양자가 같은 시스템을 갖춘 기계임을 밝히면서 "주택은 삶을 담는 기계(the house is a machine for living)"라는 기계미학(machine aesthetic)을 새로운 시대의 새로운 건축미학으로 설정한다.

감나무를 심은 하늘에 열린 앞마당

진입공간 ˝ 사이공간을 연결하는 길 ˝
미래도시와도 같은 내부공간의 풍경_오른쪽 면 ˝

신자유주의의 퇴폐적 성향에 휩쓸리기 마련이고, 대량 소비로 인한 환경의 파괴를 염두에 둘 겨를이 없다.

그러나 '웰컴'은 그 이름이 뜻하고 있듯이, 광고를 통하여 이 사회의 원활한 소통을 추구하고 있기 때문에 건강하다. 광고의 선善 기능에 더 주목하고 있음이며, 그것의 역기능을 극복하여 소통이 원활한 공동체를 이루기 위한 소명의식에 충실하다.

이러한 선 기능의 '광고'에 종사하는 사람들의 공동체로서, 이 시대의 가치를 '다원적 민주주의'로 상정한 '웰컴시티'의 모든 장소와 공간은 그래서 미리 정의됨이 없다. 커다란 영역만이 설정된 공간들은, 중심성을 지운다. 그래서 서로 간에 위계位階와 종속從屬이 없다. 이 공간에서 생활하는 사람들이 무한한 자유를 부담스러워 하지 않으며, 처절하기까지 한 고독을 두려워하지 않게 되기를 바란다. 용도별로 위계를 가지고 합리적으로 나누어진 소위 근대도시를 넘어서고 있다.

이러한 도시의 가치와 프로그램을 수용하는 공간들과 그 공간들의 조직에 대하여 H. 샤로운의 베를린 필하모니 홀The Philharmonic Hall in Berlin, 1963이나 베를린 국립도서관Staatsbibliothek PreuBischer Kulturbesitz in Berlin, 1964, 1967~1978과도 같이, 작가는 건축공간을 풍경landscape을 다루듯 한다.

H. 샤로운, 베를린 필하모니 홀 로비와 연주장 포도밭의 계곡에서 아이디어를 차용한 연주장은 '음악을 생산하는 사람'과 그 '생산된 음악을 향유하는 사람들'이 한 장소에 모여, 그 날의 특별한 음악을 창조한다.

우선 승효상은 이 집을 통하여 본래의 자연풍경 즉 남산에서 흘러내리는 지세를 회복하려 한다. 남산에서 흐르는 기존의 산경山徑을 크게 잘라내어 개설한 길로 인하여 이 땅의 형국이 크게 훼손되었기 때문이다. 그래서 이 집의 저층부는 개구부를 가능한 한 없앤 노출콘크리트의 덩어리로 마감되었다. 마치 지하공간이 땅의 절개에 의해 노출된 것과도 같은 형상이다. 원지형原地形의 풍경을 인공적으로 복원시킨 것이며, 인공의 대지를 만든 것이기도 하다. 땅에 그어진 상처의 건축적 치유治癒이며, 건축적 풍경architectural landscape에 대한 하나의 유효한 방법론이다. 땅의 기억을 건축적으로 기록하여 땅의 역사를 이어가게 하기 위함이다.

H. 샤로운, 베를린 국립도서관 내부
책의 아우라가 가득한 이 공간은 마치 고도를 달리하는 고원이 연속된 자연의 풍경을 닮았다.

콘크리트 벽으로 둘러싸인 내부공간에서 통상적인 건물 층의 개념은 철저히 해체된다. 커다란 하나의 공간으로 제공되고, 필요에 따라 이 공간을 필요한 만큼만 점용한 방들이 마치 허공에 매달리듯 담겨 있다. 기능을 가진 여러 공간들로 축조築造된 매스mass가 아니라, 주어진 한 공간을 서로 적절히 분배하여 점유할 따름이다.

L. 베송, 제5원소의 미래도시 풍경

이 방들은 남겨진 공간을 매개로 합일하고 있으며, 그 안에서 마치 날아다니는 듯한 계단과 다리bridge들에 의해 3차원적으로 연계되어 있다. 흐름을 따라 부유하듯 걸으며 곳곳에서 사건을 만나고, 사람을 만나고, 마치 도시 공원과도 같은 숲을 만나기도 하며, 동선이 끝나는 곳은 외부의 풍경에 극적으로 열리기도 한다. 콘크리트 벽으로 한정된 하나의 큰 공간에 미래의 도시풍경을 그려 넣은 것이다. 더하여 그 길은 시작과 끝이 모호하여 끝없이 계속되기를 바라고 있는 듯하다. 마치 M. C. 에셔Maurits Cornelis Escher, 1898~1972의 환상이 현실이 된 듯하기도 하고, L. 베송Luc Besson, 1959~의 영화 〈제5원소The Fifth Element, 1997〉에서 창조한 미래풍경과도 흡사하며, 끊임없이 유동하는 LED light emitting diode의 광고판과도 같다. 바로 중심과 위계를 지운 다원적 민주주의 공간이다.

M. C. 에셔, 상대성(Relativity)
목판. 1953.

인공의 땅인 이 포디임 위에 내후성강판의 구두상자 공간들과 그 상자들 사이의 공간들이 이루는 복합체를 설치하듯 세워서, 이곳 특별한 장소 '서울시 중구 장충동 2가 190-10'을 해석하고 있다. 특히 그 사이공간을 주목하여 그것을 '어번 보이드Urban Void'라 이름한다.⁶ 그래서 상자공간보다 오히려 그 사이gap들을 더 힘주어 설계한 듯이 보인다.

이러한 방법론은 대지예술가 R. 세라Richard Serra, 1939~1984의 작업과도 흡사하다. 세라의 작업 〈라 모르메르La Mormaire〉는 자연풍경 속에 10

---

6. E. 브루(Edward Bru)의 '어번 보이드'와 바르셀로나의 건축가들: 1992년 올림픽을 계기로 바르셀로나는 크게 변화한다. 도시 개선에 참여한 E. 브루를 중심으로 모인 바르셀로나 건축가들의 화두는 '어번 보이드'였다. 그들은 도시를 아름다운 건축물로 채우기보다는 오히려 빈 곳을 주목하고, 이곳을 섬세하게 손질하여 도시생활의 배경으로 작동케 하는, 그곳의 잠재력을 극대화시키는 방법론을 채택한다. 도시의 공간과 장소의 결정론적 사고에 대한 패러다임의 전환이며, '건축적 풍경'의 성공적 대안이다.

개의 강판 10 elements을 세운 설치 작업이다. 형상 자체의 아름다움을 추구하는 일반적인 조형물과는 달리 이 설치 작업은 주어진 '특별한 땅' 또는 '대지'에 대한 작가의 특별한 해석이며, 땅이 가지고 있는 가능성들의 탐색으로, 기존의 풍경을 문득 새롭게 인지하도록 한다.

　　웰컴시티가 만드는 사이공간은 전면 동국대학교를 건너 남산에 이르는 거대한 녹지와 후면의 주거지를 잇는 풍경의 통로를 만들 뿐 아니라 기존의 주거지 공간조직에 따라 매스가 잘게 분절된 결과이기도 하다. 그래서 채움과 비움이 복합된 이들 공간과 형상은 특별한 형태를 창출함이 아니라 단지 주변 도시의 기존 공간조직에 충실하고자 할 따름이다.

R. 세라, 라 모르메르　이 작품은 걸으면서 경험하는 작품이다. 그것의 수평면, 시선들 그리고 시각적 관계들이 관객의 움직임에 따라 변화하기 때문이다. 각각의 스텝에서 다른 투시도에 열려 있으므로, 작품 자체를 하나의 시점에서 전체로서 관람할 수 없다.
(Richard Serra+Dirk Reinartz, Edited by Alexander V. Berswordt Text by Stefan Germer, *La Mormaire*, p.7)

　　여기에 차용된 담론, '어번 보이드'는 그냥 비어 있기만 한 공간이 아니다. 건물을 세우고 남은 결과적 공간이 아니다. 치밀하게 계산하여 의도적으로 비워서 전후의 도시공간을 소통시킬 뿐 아니라, 이곳에서 일어날 사건과 행위들을 받아들이는 가능성으로 그득한 장소가 된다.

　　이러한 공간들은 고정된 형태로 남겨지지 않는다. 이들 비워진 공간은 끊임없는 운동성을 본질로 하는 공간이며 이러한 공간 속에 시대적인 가치를 어떻게 수용해내느냐 하는 데 초점이 맞춰져 있다. 그래서 '웰컴시티'에서의 '보이드'는 승효상의 다른 작업인 '수백당守白堂, 1998'에서의 '보이드'와는 짐짓 다르다. 후자의 그것이 다소 침묵, 관조, 명상이라면 전자의 그것은 도시의 광장이 3차원으로 변태變態된 것이라 할 수 있다. 내부공간에서의 생활이 이곳으로 연장되기도 하고 이 공간의 생활이 내부로 틈입되

---

7. 조각가. 미국 샌프란시스코 태생. 캘리포니아대학과 예일대학에서 공부하였다. 독특한 기법과 기발한 작업 과정으로 유명한 서부 해안의 '반(反)형식' 그룹의 일원이었는데, 여기에는 R. 모리스(Robert Morris), K. 소니어, B. 나우먼(Bruce Nauman)이 포함되어 있다. 세라는 68년 R. 모리스가 기획하고 뉴욕의 레오카스텔리 갤러리의 창고에서 열린 전시회에 참여하였고, 암스테르담 시립미술관에서 열린 《부적임자》전(1969), 베른 미술관과 런던의 ICA 갤러리에서 열린 《태도가 형식이 될 때》전(1971), 로스앤젤레스 카운티 미술관에서 열린 《미술과 테크놀로지》전(1971), 런던의 헤이워드 갤러리에서 열린 《조각의 상황》전(1975) 등의 그룹전에도 참여하였으며 미국과 로마의 라 살리타 갤러리, 쾰른의 리케 갤러리에서 개인전을 열었다. 그는 가공하지 않은 납 조각에서부터 열을 가해 압연한 강철, 16mm 필름 조각에 이르는 매우 다양한 재료로 작업하였다. 그의 작품은 '반(反)형식'을 지향하고 있다는 점을 제외하고는 일관된 양식이 거의 없다.

승효상, 수백당의 사이공간 침묵, 관조, 명상의 공간이다.

기도 하여, 도시생활을 적극적으로 부추긴다. 특히 이 사이공간들 역시 3차원적이기 때문에 그것의 가능성은 더욱 중대되어, 내부공간의 모든 층의 생활이 이곳에서 공간적으로 만난다.

그래서 구두상자는 장식적 요소를 절제하여 짐짓 무심한 듯 보인다. 사이공간들이 생활의 배경으로서만 남기를 바라기 때문일 것이며, R. 세라와도 같이 전후의 도시풍경을 틀을 짜서 특별하게 감지시키는 역할만을 담당하고 있다. 무작위로 뚫어놓은 듯한 크고 작은 창들이 거울과도 같이 시시각각으로 변하는 도시의 풍경을 잡아내고, 밤이면 그러한 상황이 역전되어 밤하늘에 부유하는 도시의 빛이 된다. 그래서 정작 결과된 풍경은 특별하다. 마치 초현실과도 같은, 승효상이 영조營造한 현대도시의 풍경이다.[8]

'웰컴시티'는 이 시대 도시의 가치 즉 '다원적 민주주의'가 건축으로 실현된 곳이다. 가능성으로만 충일한 '보이드'를 잠재하고 있는 내외공간들은 최대한의 자유가 보장된 공간과 장소이며, 여기서 획득한 자유는 가장 '좋은 소통'을 가능하게 할 것이다. 감각적이고 피상적인 현상론에 빠지지 않는 한, 이 집 '웰컴시티'는 지금 이 시대의 도시를 향한 힘 있는 선언이며, 오랫동안 지속할 수 있는 충분한 설득력을 가질 것이다.

---

8. 승효상은 이렇게 쓰고 있다. "바라건대 문화로 세운 도시는 결단코 쉽게 무너지지 않을 것이다. 그 도시는 우리의 눈앞에 있는 게 아니라 우리의 정신 속에 있기 때문이다. 잘못 쓰인 자본은 마약과 같다. 이 마약이 아무리 우리를 취하게 만들어도 베를린 국립미술관 신관의 투명한 유리벽에 비치는 베를린 필하모니 홀의 황금빛 벽, 그리고 그 안의 풍경…… 이 아름다운 건축은 이미 우리의 마음속 깊은 곳에 존재하여 화석처럼 잊혀질 수 없는 풍경이 되었으니 그와 더불어 우리의 선한 기억은 영원히 남을 것이다."(『건축, 사유의 기호』, p.136)

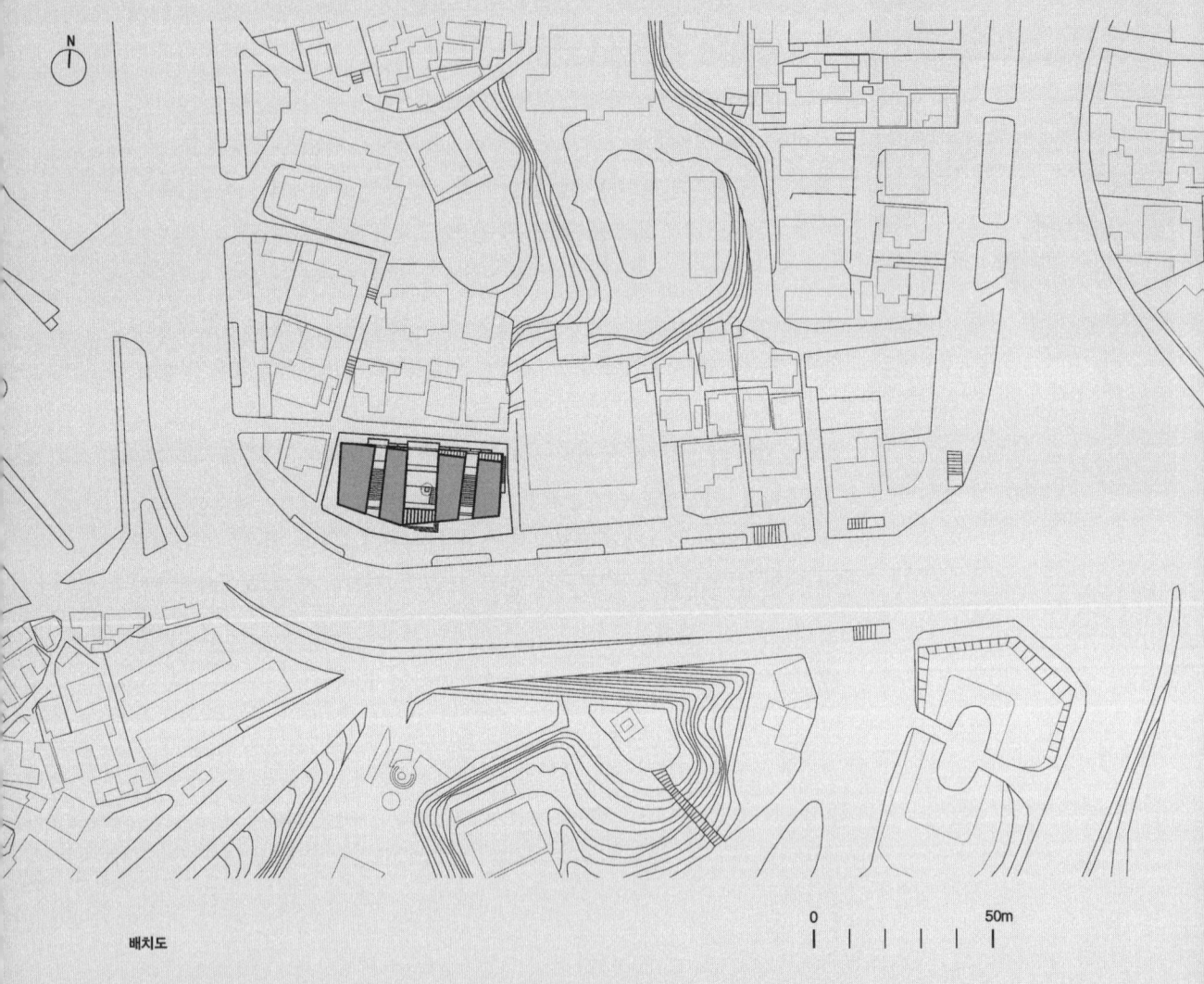

배치도

웰컴시티 **위치** 서울시 중구 장충동 2가 190-10 **지역·지구** 일반 주거지역, 주차장 정비지구, 2종 미관지구 **용도** 업무시설, 근린생활시설 **대지면적** 1,253.6㎡ **건축면적** 745.2㎡ **연면적** 3,417.1㎡ **건폐율** 59.4% **용적률** 208.0% **규모** 지하 2층, 지상 5층 **구조** 철근콘크리트 구조 **주요외부마감** 노출콘크리트, THK2.3 내후성강판 **주요내부마감** 콘크리트 치장블럭, 미장합판위 올림픽스테인, 비닐계시트, 목재플로링 **주요설비방식** F.C.U.냉난방+자연환기 **설계담당** 이동수, 전영훈, 김성희, 윤종태, 박종률, 정보영, 안우성, 김성호, 김종복, 임재은, 장영철, 전숙희 **감리담당** 전영훈 **시공사** (주)삼협종합건설 **건축주** (주)웰커뮤니케이션즈 **기계설비** 세아설비 **전기설비** 신원전기 **설계기간** 1995. 10~1999. 3 **시공기간** 1996. 6~2000. 4

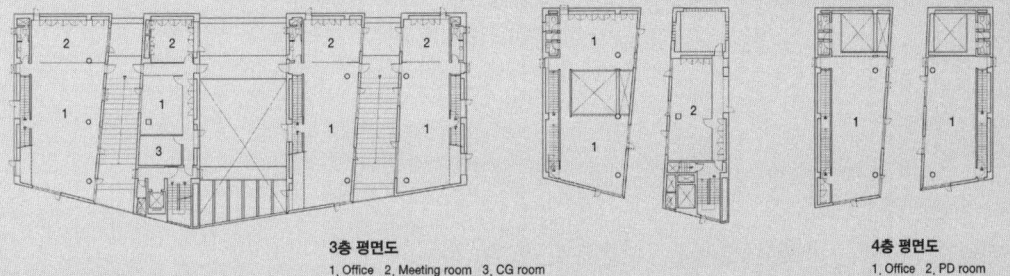

3층 평면도
1. Office 2. Meeting room 3. CG room

4층 평면도
1. Office 2. PD room

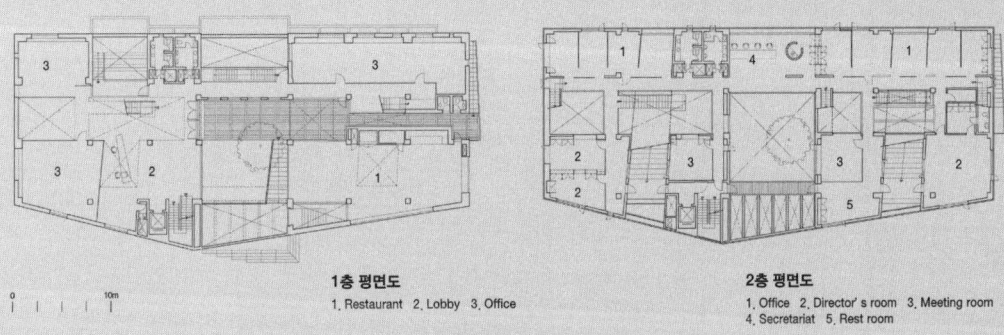

1층 평면도
1. Restaurant 2. Lobby 3. Office

2층 평면도
1. Office 2. Director's room 3. Meeting room
4. Secretariat 5. Rest room

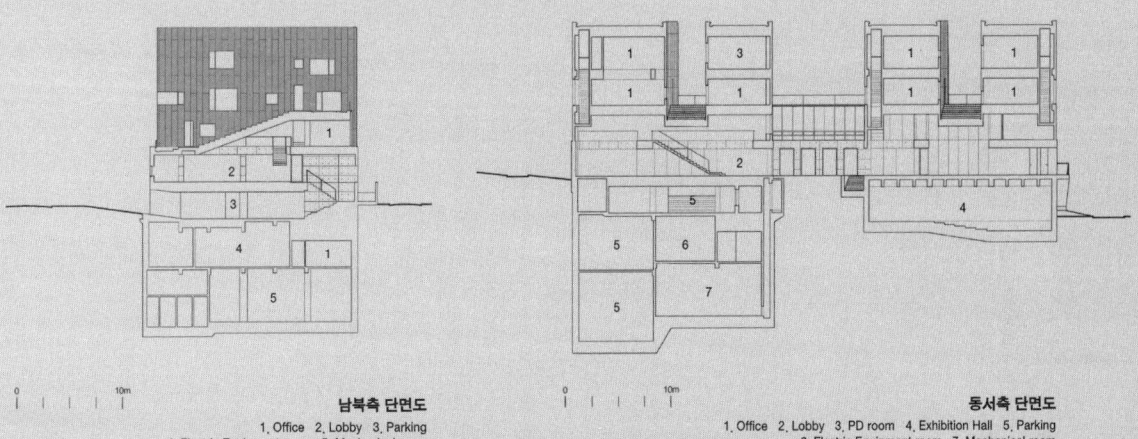

남북축 단면도
1. Office 2. Lobby 3. Parking
4. Electric Equipment room 5. Mechanical room

동서축 단면도
1. Office 2. Lobby 3. PD room 4. Exhibition Hall 5. Parking
6. Electric Equipment room 7. Mechanical room

도시구조의 건축

김영준 | 허유재병원 |

『구약성서』의 바벨탑[1] 이야기는 이렇게 시작된다.

이에 그들이 동방으로 옮기다가 시날 평지를 만나 거기 거하고 / 서로 말하되 자, 벽돌을 만들어 견고히 굽자 하고 이에 벽돌로 돌을 대신하며 역청으로 진흙을 대신하고 / 또 말하되 자, 성과 대를 쌓아 대 꼭대기를 하늘에 닿게 하여 우리 이름을 내고 온 지면에 흩어짐을 면하자 하였더니 / 여호와께서 인생들의 쌓는 성과 대를 보시려고 강림하셨더라. / 여호와께서 가라사대 이 무리가 한 족속이요 언어도 하나이므로 이같이 시작하였으니 이후로는 그 경영하는 일을 금지할 수 없으리로다. / 자, 우리가 내려가서 거기서 그들의 언어를 혼잡케 하여 그들로 서로 알아듣지 못하게 하자 하시고 / 여호와께서 거기서 그들을 온 지면에 흩으신 고로 그들이 성 쌓기를 그쳤더라. / 그러므로 그 이름을 바벨이라 하니 이는 여호와께서 거기서 온 땅의 언어를 혼잡케 하셨음이라. 여호와께서 거기서 그들을 온 지면에 흩으셨더라(『구약성서』, 「창세기」, 11장).

여기에 건축가 또는 예술가의 상상력이 보태지면, 이 거대한 탑은 단순한 탑이 아니라 하나의 도시가 된다. P. 브뤼겔Pieter Bruegel, 1525~1569의

P. 브뤼겔, 바벨탑 유화, 1563.

---

1. 바벨은 언어의 혼란, 알아들을 수 없을 정도로 떠들썩한 말소리 혹은 그런 장소, 매우 높은 건조물, 실행 불가능한 꿈과 같은 계획 등을 일컫는다.

상상력이 그린 바벨탑을 보면 거대한 한 덩어리의 도시이다. 또 다른 홍수의 심판이 있어 또다시 온 땅이 물로만 채워진다면, 이 탑은 한시적인 생존을 위한 구조물만이 아니라 다양한 생활을 영위할 수 있는 도시가 되어야 할 것이기 때문이다. 이런 뜻으로, 바벨탑은 인류가 최초로 건설한 수직의 도시가 아닐까.

E. L. 불레, I. 뉴턴을 위한 기념비 1784

이러한 바벨탑의 유산인 거대한 건축 또는 도시화한 건축의 사례는 고대로부터 현대까지 끊임없이 이어져왔다. 신화 속의 도시와 건축, 고대의 불가사의한 거대 구조물들, 중세 산꼭대기의 성곽도시를 비롯하여 현대의 마천루 등 거대 건축 아이디어들 모두 도시조직을 가진 건축들이라 할 수 있다. 이들 모두는 절대 권력과 부의 표상으로서, 인간의 한계를 넘어 신의 영역에까지 도달해보려는 시도로서, 더욱더 다양한 생활 모두를 소유하려는 인간 욕망의 실현으로서 건설되어왔다.

르 코르뷔지에, 위니테 다비타시옹
1947~1952

특히 모더니즘의 시대는 기술이 인간의 신앙이었고, 무엇이든 실현할 수 있을 것이라는 기술을 뒷받침 받은 인간의 상상력은 인간의 벽을 헐고 인간과 신의 영역 사이에 엄존해왔던 경계를 지웠다. "신이 죽은" 모더니즘의 시대는 충분히 신에 대적할 수 있었고, 그리고 대적했다. 인간 활동의 복합화와 거대화가 급속히 진행된 현대사회의 모든 복합 건축은 바로 현대의 바벨탑이다.

E. L. 불레Étienne Louis Boullée, 1728~1799는 'I. 뉴턴을 위한 기념비Project for a Cenotaph for Sir Issac Newton, 1784'를 그린 다음 이런 글을 적어놓았다. "오, 뉴턴이시여, 당신의 지혜의 확장과 당신의 천재성의 숭고함에 의하여, 당신은 지구의 형상을 결정하였습니다. 나는 당신의 발견 안에서 당신을 둘러싸는 아이디어를 상상했습니다." 뉴턴은 바로 대체代替된 근대의 신이며, 이 기념물은 그에게 바쳐진 근대의 신전이다.

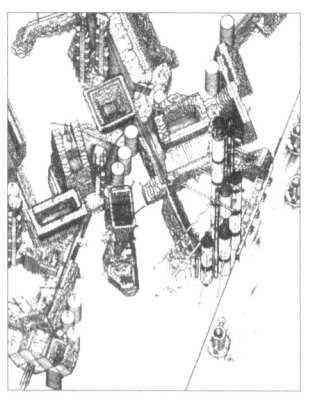

P. 쿡(Peter Cook), 플러그 인 시티
1964~1966

R. B. 풀러Richard Buckminster Fuller, 1895~1983는 그의 돔으로 뉴욕을 덮어 도시를 하나의 건축으로 바꾸어놓았고, 아키그램Archigram은 '플러그 인

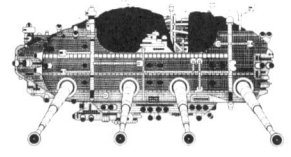

R. 헤론(Ron Herron), 워킹 시티 프로젝트
1964

R. B. 풀러, 뉴욕

시티Plug in city, 1964~1966'를 통하여, 당게 겐조丹下健三, 1913~2005는 '동경만東京灣 계획1918~1960'을 통하여, 이제 건축이 모여 도시가 된다는 통념을 전복시키고 그것들 사이의 경계를 허무는 시스템을 제안하기도 했다. R. 쿨하스Rem Koolhaas, 1944~의 '바다터미널Sea Terminal, Zeebrugge, Belgium, 1989'은 그가 'Working Babel'이라고 표현했듯, 바로 바벨탑의 현대적 패러디이다.

그러나 이러한 거대 구조물로서의 건축만이 도시의 성향을 가지는 것은 아니다. 포함하고 있는 프로그램의 다양성과 공간을 조직하는 방법에서 차이를 보이긴 하지만, 실은 모든 건축은 그 규모에 상응하는 복합적 프로그램들이 있으며, 그것들을 각각 고유한 도시적 시스템을 가지고 조직한 구축물이다. A. V. 아이크Aldo Van Eyck, 1918~의 말대로, "도시는 커다란 주택이며, 주택은 작은 도시"이기 때문이다.

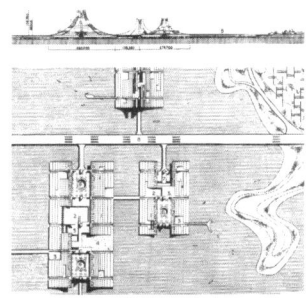

이러한 관점에 서면, 우리나라에 범람하는 아파트 단지는 거대하기는 하지만 도시가 아니다. 잠자리만 마련한 침실도시bed town일 뿐 도시조직을 가지고 있지 않기 때문이다. 여기에 비해 크지 않은 규모의 단일 건물이지만, 르 코르뷔지에의 '위니테 다비타시옹Unité d'Habitation, 1947~1952'은 주거도 있고, 은행도, 사무실도, 시장市場도, 호텔도 있는 하나의 자족하는 도시이다.

당게 겐조, 동경만 계획 1959~1960

특히 현대사회의 특성이 드러나는 프로젝트이거나 혹은 새로운 건축 유형이 필요한 프로젝트일수록 도시조직을 갖는다. 현대는 도시의 시대이기도 하기 때문일 것이다.

R. 쿨하스, 바다터미널 1989

김영준의 이야기를 들어보자.

현대사회의 특성이 드러나는 프로젝트이거나 혹은 새로운 유형이 필요한 프로젝트는 '하고 싶은 일'이다. 예컨대, 대형 슈퍼마켓이다. 마음의 양식을 얻으러 교회에 가듯이, 몸의 양식을 얻으러 일주일에 한 번 그곳에 들르는 삶으로 우리 도시생활의 패턴이 변하고 있다. 또 상품의 진열 방식이 미술관의 전시 동선과도 근원적으로 유사하고, 거기서 자동차를 파는 파격도 보았다. 이제 대형 슈퍼마켓이, 마치 예전 서양의 교회 역할처럼, 현대 도시구조의 핵심 시설이 되고 있다고 생각한다. 점차 대형 슈퍼 체인에 의존하는 대도시의 삶에서 건축적으로도 뭔가 다른 가능성을 찾아보아야 하는 시대인 셈이다. 그런 일이다. 물론 그 외에도 시장이나 운동장 등 다른 관점으로 바라보면, 정말 중요한 프로젝트가 많다(황두진과의 대담 「실험에 대한 보고서」, 『건축과 환경』 2004. 06, no.238, p.106).

그래서 그는 모든 도시의 시설물을 보는 관점이 바뀐다.

…… 24시간 움직이는 밀집된 상황에서 유추되는 도시적 관심이었다. 또 그런 상황에서 운동장이면서 공원이고 주차장이고 시장이고 다양한 얼굴을 가지는 구조로 변환되는 복합의 관점이었다. 적층된 시장의 건축 유형이 오피스보다는 시장의 성격을 수용하는 유형으로 변환되어야 한다는 복합적인 관점도 생각하였다. 그곳은 지하시설의 문제, 오픈 스페이스의 문제, 가로의 문제 등 뭐든 현대적인 관점으로 접근할 수 있는 도시적인 주제를 모두 지니고 있었다. 운동장이나 시장이 조형보다 좀 더 유연한 인프라적인 성격으로 바뀔 당위성 등을 깨달으면서 새로운 형태의 실마리를 발견하기도 했다. 지금 우리 기준의 도시적 삶이라 얘기하는 기준을 좀 더 현실적으로 체험하는 장場, field으로 바라보았다(황두진과의 대담 「실험에 대한 보고서」, 『건축과 환경』 2004. 06, no.238, p.106).

곰곰이 살펴보면, 정작 바벨탑이 무너진 이유는 그 구조적·기술적 문제에 있었던 게 아니다. 견고히 구운 벽돌로 돌을 대신하고 역청으로 진흙을 대신하였듯, 새로운 축조물을 위한 새로운 기술 즉 새로운 재료와 공법의 개발을 통하여 이 거대한 축조물을 능히 완성할 수 있었다. 실은, 이 탑을 쌓기를 그칠 수밖에 없었던 핵심적 이유는 "그들의 언어를 혼잡케 하여, 그들로 서로 알아듣지 못하게" 되었기 때문이다. 즉 구조 또는 기술의 문제가 아니라, 소통 그리고 그것을 가능하게 하는 시스템의 혼란이 더 결정적이었다는 점이 우리를 흥미롭게 한다.

허유재병원 정면

그래서 김영준은 마치 실험실에서 개구리를 해부하듯 드러난 현대 사회의 특성을 새롭게 해석하고, 그것에 따라 생활의 변화와 그것의 새로운 양태를 면밀히 탐색하며, 그것들을 가장 적절히 수용할 새로운 건축적 방법론과 시스템 특히 소통의 시스템 계발啓發에 집중하고 있다.

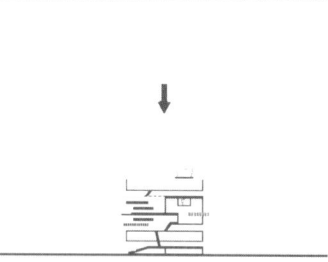

개념도   도시 기능들을 하나의 건축 속에 직조한 복합체.

'허유재병원'은 김영준의 이러한 진지한 실험의 산물이다. "반듯한 직방형으로 규정된 틀 안에서 벌어지는 공간 짜기와 공간의 축조에 대해, 실험실에서 수도 없는 실험체를 깨뜨리고 엮는 과정"을 거친 김영준식의 직조織造 실험의 결과이다. 이 집은 '공간의 창조'라는 통념의 건축이 아니라, 여기서 우리에게 제시하는 것은 프로그램이며 그것을 조직하는 시스템이다. 이는 경제 체제, 생산 체제, 문화 체제 등이 서로 다른 지역에서, 어떤 아이디어가 이 시대의 중요한 관점인지 검증하려는 도전이다. 그래서 그가 즐겨 쓰는 용어는 우리의 일반적으로 통념화된 개념을 넘어 현대도시의 새로운 인자로 다시 정의된다.

우선, 김영준은 이 집의 대표적 프로그램인 '병원' 자체가 하나의 도시조직을 가지고 있음을 흥미롭게 생각한다. 병원 특히 현대의 병원에서, 전래의 '병원' 기능 이외의 업무공간, 상업공간, 그리고 주거공간 역시 등가等價의 영역이다. 그래서 그것들이 어떻게 엮여 있는가가 병원 기능의 해결보다 오히려 중요한 논의가 된다.

그래서, '복합complexity'이라는 말에서부터 이 프로젝트는 시작된다. 현대도시의 가장 중요한 쟁점이었기 때문이었을 것이고, 요구 조건이 사무실과 상가와 병원이라는 복합적인 프로그램에서 시작되었기 때문일 것이다. 이런 연유로 다양한 프로그램이 고밀도로 얽혀 있는 적층積層의 논리가 여기에 도입된다.

그리고 '불확실성uncertainty'이다. 설계하는 동안에도 주어진 대지가 상업지구로 바뀌었고 따라서 프로그램도 바뀌었다. 그런 와중에 경기景氣의 부침浮沈을 거듭했고, 더불어 규모 또한 수차례 바뀌었다. 이렇듯 조건과 상황이 끊임없이 변화를 겪기도 했지만, 실은 불확실하다는 것이 확실히 우리 시대 도시의 중요한 특성 중 하나이다. 그래도 변화하지 않는 것에 대한 믿음이 완전히 사라진 것은 아니고, 그것이 무엇인가를 탐색하려는 아이러니가 우리를 당혹케 하기도 하지만 말이다.

이렇듯 김영준이 현대 도시조직을 만드는 방법론에 등장하는 여러 개념들이, 김영준식으로 새롭게 정의된다.
  우선, "보이드void"
  영역 간을 조정하는 보이드를 중시한다. 고밀高密일 수밖에 없는 현대도시에서 보이드는 아무리 강조해도 부족할 터이다. 밀집과 적층이라는 현대도시의 현실에서 프로그램의 일부로, 프로그램의 조정자로, 다양한 성격의 '보이드'들을 활용한다. 여기서 '보이드'는 외부공간으로 규정된다. 이러한 연유로 여기에서의 외부공간은 단순한 옥외 생활의 장소만이 아니다. '허유재병원'에서 외부공간은 프로그램 간 조정의 역할로서의 외부공간이다. 즉 프로그램을 구분하며, 프로그램 내부에서 중심 역할을 담당하기도 하며, 프로그램을 두고서 이루어지는 시스템이며, 그렇기 때문에 고층부·저층부 그리고 대지 지면에서 다양하게 변형될 수밖에 없다.
  그리고 "저층부"
  지표면은 건축의 바탕이자 도시와 만나는 접점이다. 고밀의 도시에서는 저층부의 느슨함이 삶의 숨통을 트는 출구가 될 수 있다. 저층부는 고층부와 다른 처리가 필요하다. 필로티, 오픈 스페이스, 내부의 길(內部街路), 스탠드형 계단 등 다양한 근대적 어휘가 도입된다.
  이곳에서 지표면의 기능은 4층에서 한 번 더 반복된다. 4층은 저층부의 처리가 반복되는 장소이고, 지표면과 동일하게 공공에게 주어지는 영역이면서, 집회·관람 등의 유사 기능이 집중되는 개방의 장소이다. 그래서 지표면과 4층을 직접 연결하는 수직 동선이 부가된다.
  그래서 이 집은 외부공간과 내부공간이 함께 어우러지는 적층구조積層構造가 결론이 된다. 도시의 곳곳에 외부공간이 존재하듯, 이 집의 곳곳에 외부공간을 지표면처럼 품고 있는 단면이 만들어진다. 그래서 이곳의 외부

복합과 불확실성의 논리 아래 조직된, 짜여지고 축조된 공간들

도시와 건축의 원활한 교류를 위해서
다양한 연결 동선들이 선택된다 ■

공간은 도시의 오픈 스페이스에서 유추되어, 보는 정원이 아니라 쓰는 공원을 지향하고 있다.

이러한 외부공간이 실내 디자인의 포커스가 된다. 실내공간 사이사이에 자리 잡은 외부공간 디자인의 이미지가 실내의 정경으로 유입된다. 그래서 내부공간의 디자인은 단순하게 마감되어 절제되고, 오히려 외부공간을 풍요롭게 하는 역전이 이루어진다.

이와 같이 다양한 성격의 공간이 집적된 구조에서는 동선의 처리가 상대적으로 중요한 변수가 된다. 하나의 시퀀스로 몰아가는 단순함보다 연결의 다양한 선택을 가능하게 한다. 지면과 최대한 밀착하기 위해서, 도시와 건축의 원활한 교류를 위해서, 분산된 연결 동선들이 제시된다.

결국 이 프로젝트는 집적에 관한 하나의 대안이다. 지면이 겹쳐지고, 독립된 연결고리로 내부공간과 외부공간이 혼재되는 제안이다. 이를 통하여 고밀의 현실·복합의 현실에서, 느슨한 여유를 획득한다. 그래서 여기서의 형태는 전통적 비례감을 가진 아름다움의 창조가 목표가 될 수 없다. 여기서의 형태는, 단순히 영역을 표상하는 매스mass일 뿐이다. 내부의 기능을 대변하기보다 내부의 혼돈을 정리하는 질서는 외관으로 결정되고, 기능과 질서가 대비되며 만들어낸 결과는 불규칙의 다양성이다.

이어서 많은 전략적 아이디어들 또한 개발된다. '형상figure·바탕ground'으로 건축의 속성을 구분하기도 한다. '형상'은 자기가 스스로 관심을 갖고 있고 또 그만큼 채워져 있는 것처럼 보이는 부분이며, '바탕'은 관심이나 흥미의 대상이 아니며 사고의 영역에서 비워져 있는 부분이다. 채워져 있는 것 못지않게 비워져 있으며, 그 둘이 함께 선명한 구도를 만들어낸다.

이러한 실험과 재정의의 과정을 통해 결과된 '허유재병원'은 하나의 작은 도시이다. 이 집 속에는 주택도 있고, 사무실·생산 공장·학교·병원·상점 등이 있고, 이 집들을 잇는 길이 있고, 쉴 수 있는 공원이 있으며, 이 도시를 걸으며 사람을 만나고 근사한 풍경을 만난다.

'허유재병원'은 김영준 특유의 탐구정신이 풀어낸 우리 시대의 도시이다. 그는 통계나 패턴, 자본의 흐름 같은 것들을 분석적으로 다루는 기계론자가 아니라 마치 시인이 자연풍경을 읊듯이 이야기하기 때문인지 일견 냉정한 현실주의자의 모습이다. 그러나 그가 지금까지 작업해온 과정을 들여다보면 오히려 정열적인 이상주의자의 모습에 더 가깝게 느껴진다.

허유재병원은 비록 작은 시작이지만, 우리 도시의 집들이 통념적 공간 구성이나 아름다운 형태의 창조를 넘어, 산 높고 골 깊은 건축의 지형地形, topography을 더욱 풍부하게 만들 수 있을 것이라는 미래의 가능성을 크게 열어 우리들에게 보여주고 있다.

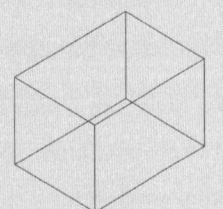  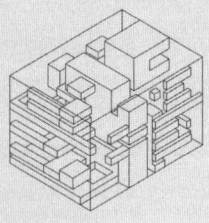 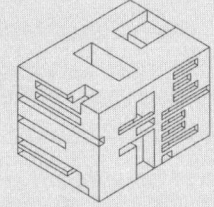

도시적 프로그램의 집적 과정

단면도

허유재병원 **위치** 경기도 고양시 일산구 장항동 780 **지역·지구** 중심상업지역, 지구단위계획구역 **용도** 의료시설, 병원 **대지면적** 2,298.7㎡ **건축면적** 1,564.45㎡ **연면적** 13,656.63㎡ **규모** 지하 3층, 지상 8층 **높이** 33.05m **구조** 철근콘크리트 구조 **외부마감** 케라트원, 압출성형시멘트패널, 알미늄패널, 투명복층유리 **내부마감** 미텍스, 색락카스프레이, 무늬목, 대리석 **주차대수** 103대 **설계담당** 박종률, 김미희, 이기석, 강상훈, 강정은, 김지훈, 박현, 백은정 **감리** 이기석 **구조** ALT구조 **기계설비설계** 한국설비 **전기설비설계** 우림전기 **토목설계** 한진지오 **외부조명** 이온에스엘디/링크맨 **시공사** 삼협건설 **인테리어** 중앙디자인 **설계기간** 2001. 1 ~ 2001. 10 **시공기간** 2002. 1 ~ 2004. 3

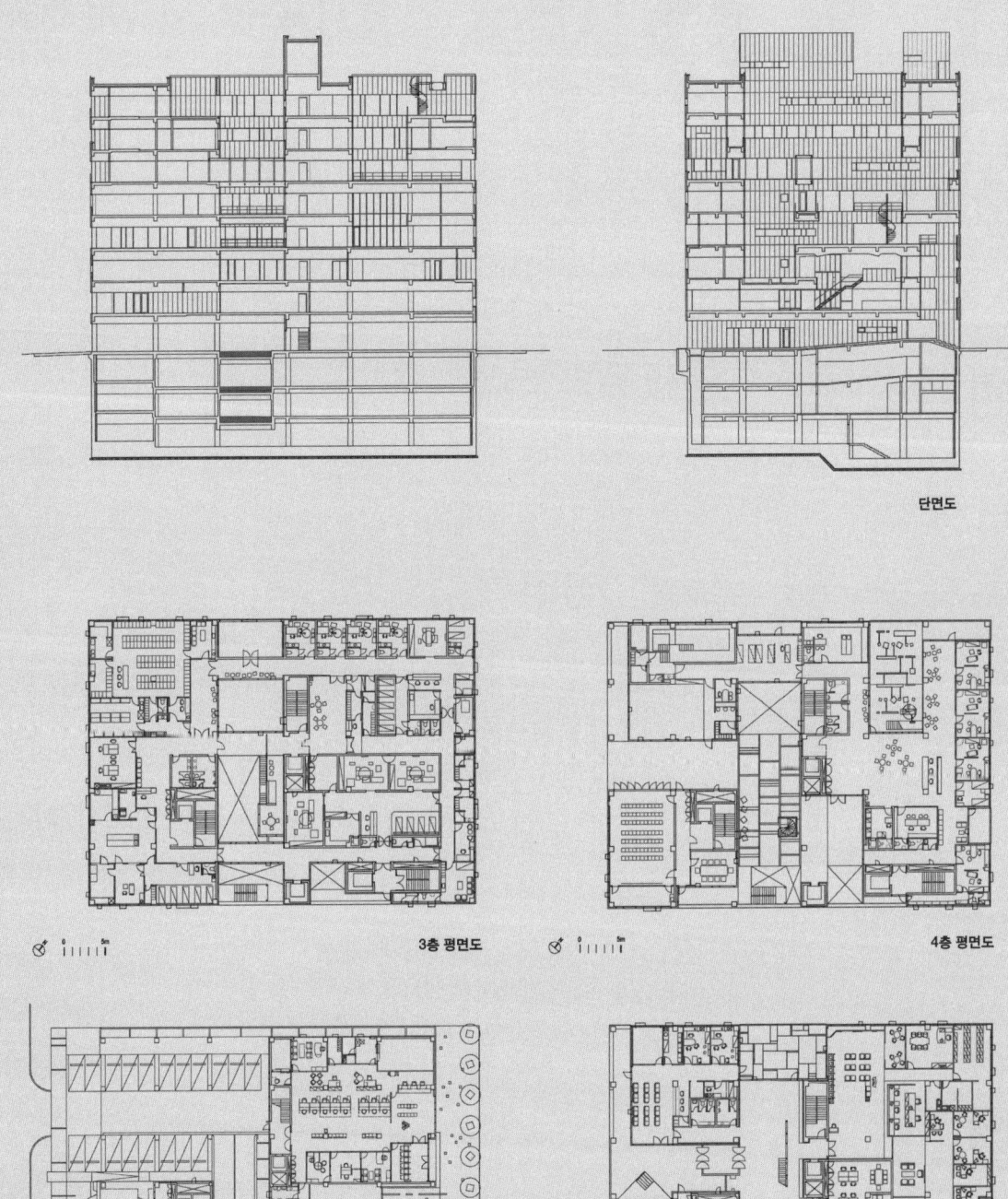

단면도

3층 평면도

4층 평면도

1층 평면도

2층 평면도

건축을 길로 구축한 집
최문규 | 쌈지길

통로通路, 이것은 인간에게는 숙명적이면서도 멈추게 할 도리가 없는 시간의 경과를 건축적인 구조로서 공간화하려는 가장 위대하고 일관된 시도라고 말할 수 있다.

공연예술의 메카로서 "대학로", 대안문화의 발전소generator로서의 "홍대앞", 포스트포디즘의 유연축적 방식이 만든 "동대문시장", 한옥의 아름다움을 여전히 간직하고 있는 "북촌마을", 여피yuppie들의 퇴폐적 감각이 넘치는 "압구정동" 등이 서울의 명소로 굳건하게 자리 잡고 있다. 이들 모두가 제각기 독특한 도시환경을 가지고 있긴 하지만, "인사동"만큼 유니크한 도시적 풍경을 가진 곳도 드물다.

인사동 문화를 한마디로 이야기하기에는 이제 너무 복합적이 되긴 했어도 이곳의 모든 공간들을 채우고 있는 살거리와 먹거리 그리고 볼거리에 "전통적"인 빛깔, 소리, 냄새, 촉감, 맛 등이 서울의 어느 곳보다 가장 진하게 배어 있다. 물론 조잡한 중국산 싸구려 상품들이 가게 쇼윈도를 가득 채우고 있고, 전통에 기댄 복고풍의 왜곡된 문화들이 오리지널리티를 많이도 손상하고 있으며, 특히 관광을 빙자한 상업주의가 이곳을 마구 어지럽히고 있음도 사실이다. 하지만 탄탄하고 건강한 '갤러리 문화'를 바탕으로 그나마 "한국적"인 맛을 즐기려면 이곳만 한 곳이 없으며, 외국인에게 작은 선물이라도 할 양이면 이곳을 기웃거리는 게 상책이다. 인사동의 이러한 독특한 문화를 수용하는 공간은 이곳에 특별하게 조직되어 있는 "길"이다.

근대도시가 너무나도 기능적으로 명확히 분류되고 공공재산과 사유재산으로 너무 뚜렷이 분해되어버린 것은 참으로 불행한 일이다. 근대도시는 미로迷路들을 기능의 이름으로 지우고 원근법의 풍경을 강조하여 길을 직선화했으며, 더욱이 자동차의 출현은 걷는 이들을 위한 도시공간의 연속적인 질서를 무너뜨렸다. 전통적 유럽 도시의 거리는 자동차로 점령되었더라도 그나마 광장이란 게 있어 간신히 주 공간의 연속성을 확보하고는 있지만, 전통적으로 공공의 영역으로 광장보다는 길이 그 역할을 담당해왔던 우리 도시의 거리에 자동차가 넘친다는 것은 주 공간의 유기적인 연속성을 완벽히 단절하는 일이었다.

우리에게 길은 흐름을 수용하는 기능적인 장치로서의 도로가 아니라 생활공간으로서의 가로였기 때문이다. 그나마 개개 건축들이 품고 있던 중간 영역으로서의 마당들은 이제 아무나 넘볼 수 없는 철저한 사유 영역이 되어버렸다. 그래서 과거의 기억을 현재화하기 위해, 온갖 사물과 사건을 파편적인 이미지들로 대하고, 그것들을 변증법적으로 또 다른 이미지로 변모시키기 좋아하는 게으른 만보객漫步客, flaner이 배회할 곳은 근대도시에서 없어진 지 오래다.

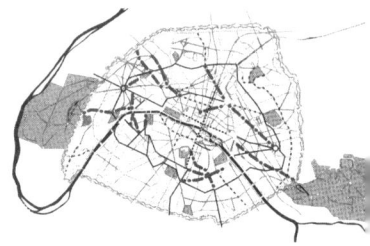

Paris, Capital of Modernity 오스망의 새 대로가 건설되는 과정의 여러 단계(David Harvey, *Paris, Capital of Modernity*, p.112, Figure 36).

드물기는 하지만, 아직도 길이 건강하게 살아 있는 곳이 우리의 도시 곳곳에 산재해 있긴 하다. 북촌 한옥 지구의 골목길이 그러하며, 김기찬(『골목안 풍경』의 사진작가)이 그토록 사랑한 꼬방동네의 골목길이 그러하다.

넓은 종로의 한 켜 뒤에 채 2m도 되지 않는 좁은 피맛골을 눈여겨 살펴보자. 지저분하다고 핀잔을 듣기도 하지만, 아직도 길이 건강하게 살아 있는 곳이다. 길의 양측 집들은 마당으로 열려 있고 길에 면한 방들이 가게로서 사용되기도 하여, 걷는 이들 누구나 쉽게 들고날 수 있다. 길과 집의 내외공간이 서로 연속적 관계를 맺고 있다. 더구나 마주보는 집들은 목청을 높이지 않더라도 서로 이야기하기에 충분히 가깝다. 도시에 황혼이 깔

김기찬의 골목길 풍경, 서울 중림동, 1977년 8월

피키오니스의 길

릴 즈음부터 갑자기 싼 먹거리를 찾는 사람들로 붐비게 되면서, 이 길은 바로 시민 생활의 장이 되며, 개개의 생활공간을 도시로 이어주는 장場이다.

기쇼 구로가와黑川紀章, 1934~가 쓴 『길과 건축』에 적어놓은 '피키오니스의 길' 이야기도 우리에게 많은 점을 시사한다.

아크로폴리스의 언덕으로 이어지는 관광객의 행렬을 따라서 나는 히로파파스의 언덕으로 걸어갔다. 아테네 아크로폴리스 언덕을 오르는 피키오니스의 길. 시냇물을 막아서 돌의 벤치를 조립하고, 진실로 건축적 처리로 설계된 길. 이 길은 "사람이 걷기 위한 건축" 혹은 "길의 건축"이라 부르는 것이 지당하다. 이 길의 공간을 무의식중에 즐기며 아크로폴리스로 향하는 사람들의 무리를 본다. 파르테논이 죽은 그리스의 형체라면 피키오니스의 길은 생생한 그리스의 공간일지도 모른다.

인사동길은 외통수처럼 그냥 한 줄기이다. 길이라고 해야 종로 2가에서 안국동까지 1km를 넘지 않는다. 쭉 가면 10분도 채 안 걸린다. 그 사이의 골목은 깊이가 얕고, 이상하게 막다른 골목이 많다. 그러니 골목길이 인사동에 공간적 힘을 보태는 데에는 한계가 있다. 박길룡朴吉龍(현 국민대 교수)이 지적한 대로, 가능하다면 건축들이 자신의 공간에서 이들의 골목길을 연장하여, 많이 품어 내주어야 하지만 대부분 건축들이 여기에 미치지 못하고 있어 못내 아쉬움을 금치 못한다.

최문규의 '쌈지길'은 이 점을 주목하고 있어 우리를 즐겁게 한다. 여기서 최문규는 흔히들 건축이 노리는 아름다운 공간을 디자인한 것이 아니라 마당과 길을 만들 뿐이다. 나아가 길을 건축화했다기보다는, 건축을 길

---

1. D. 피키오니스(Dimitris Pikionis, 1887~1968)는 길을 이렇게 예찬한다. "우리가 이 땅을 걸을 때, 우리의 가슴은 새롭게 경험한다. 큰 기쁨, 우리가 처음 어린아이였을 때 처음으로 공간 속으로 움직일 수 있다는 능력을 발견했을 때-교호하는 분열과 복귀의 균형-그것이 걷는 것이다. 인간의 걷는 행위를 분석하면서 로댕은 '사람은 걷는 성당이다(Man is a walking cathedral)'라 말하지 않았는가." (Dimitris Pikionis, *Architect 1887~1968 A sentimental Topography*, AA, 1989, p.68)

아름다운 공간을 디자인한 것이 아니라, 마당과 길을 조직한다 ■
이곳은 사람의 행태들이 스스로 만들어가는 곳이며, 사람들이 만들어가는 사건으로 이곳의 가치가 드러난다_오른쪽 면 ■

로 구축하고 있다.

　　　　인사동길을 걷다가 문득 쌈지길의 마당으로 들어선다. 켜켜이 쌓인 길로 둘러쳐진 마당은, 늘어뜨린 배너들, 벽면을 가득 채운 광고물들, 그리고 거리 공연들의 소음, 난장을 벌인 호객꾼의 악다구니, 먹거리가 풍기는 달콤한 냄새 등으로 잔뜩 치장하고 있다. 우리의 시각, 촉각, 후각, 청각, 미각 등 모든 감각에 호소하고 있지만, 대부분 지나치는 사람들은 갑옷으로 무장한 듯 짐짓 무심하다.

마당에서 이어진 길을 따라 오르며 우리는 과거의 기억이 그득한 가게들을 만난다. 큰 쇼윈도를 통해 들여다보이는 고가구, 목기木器, 칠기漆器, 조각보, 한복, 침구, 다기茶器, 도자기, 장신구, 족자 등의 상점. 인사동길에서 흔히 볼 수 있는 것들과는 구별되는 정교하고 세련된 물건들이다. 이 모든 일상용품들이 옛것의 정취를 한껏 지니고 있다는 점이 더욱 오늘의 일상에 파고들기에 충분하다. 특히 생산과 소비가 한 장소에서 일어나고 있다는 점이 신뢰감을 더욱 부추긴다. 그것을 증명이라도 하듯, 가끔씩 길이 넓어지는 곳에는 가볍게 구매할 수 있는 난장이 벌어지기도 하여, 청소년들의 호기심과 모험심을 부추긴다. 장신구에 직접 이름을 새겨 넣어주기도 하고, 얼굴을 그려 넣어주기도 하고, 아니면 자신이 직접 무언가를 보태기도 하는 그 부산스러움이 우리를 즐겁게 한다.

인사동길의 3차원적 연장

북인사마당　　　　　　　　　　　　　　　　　　　　　　　**인사네거리**

하지만 정작 이곳을 이곳답게 하는 것은 어깨를 부딪치면서 만나는 사람들이다. 한 무리의 교복을 입은 여학생들을 만난다. 재잘거리며 디지털 카메라로 사진을 찍고 자기들만의 세계에 몰입된 듯하지만, 까르르 웃는 틈틈이 또래의 한 무리 남학생들에게 짐짓 무심한 듯 눈을 번득인다. 이제 막 작업을 시작한 듯한 서툰 연인들을 쉽게 만난다. 카메라에 풍경을 스케치하기에 열중하는 듯 구태여 이곳의 타자(他者)인 체하는 백수 예술가들, 아이스크림을 베어 물고 칭얼거리는 아이 손을 꽉 잡고, 유모차를 끌면서 끊임없이 쇼윈도를 기웃거리는 젊은 아줌마, 진열된 상품 하나하나에 젊은 날의 기억을 이어보려는 한복 차림의 노부부를 만나기도 하고, 소음과는 초연한 듯 근엄하게 어슬렁거리는 노신사, 담배를 피워 물고 길가에 주저앉아 세상살이의 고달픔을 한탄하는 청소부 아줌마들을 만난다. 그들 사이를 비집고 무언가를 거래하려는 삐끼들을 만난다.

점포의 주인들은 정작 물건을 살 사람으로 보이는 고객에게는 자기 상품에 대한 전통 장인의 자부심을 드러내며 짐짓 고고하지만, 속내는 팔기 위해 안간힘을 쓰고 있음도 역력하다. 기웃거리기만 할 사람은 체득적으로 구별해내고, 쌀쌀맞게 대함을 보아서 능히 짐작하고도 남는다.

온통 장바닥처럼 열린 소통의 장소라고는 하지만 이들을 엮는 공동체적 공감대가 형성된다기보다는, 모두들 눈을 번득이며 잠깐씩 주고받는 눈빛은 각자의 욕망에 충실할 뿐이다. 그 순간들 사이는 마치 갑옷으로 무장한 듯 모든 접속을 끊어버리고는 자기만의 세계에 몰입한다. MP3 플레이어로 귀를 막고, 선글라스로 눈을 가리며, 옷깃을 올려 타자와의 접촉을 막는다.

곧지 않은 길은 쌈지공원을 지나고, 억새풀의 오솔길을 지난다. 그리고 여정의 끝, 정상에서 인왕산과 북악산 너머 서쪽 하늘을 만난다. 운이 좋다면, 검게 실루엣을 그리는 능선들 위에 붉게 타는 노을을 만날 수 있다. 그것은 갑자기 확 무언가로 열리는 듯한 소름 돋는 감동이다. 일상을 떨쳐버리고 피안의 세계로 이끄는 강한 힘, 이 길에서 마지막으로 만나는 가치이다.

'쌈지길'이 인사동길에 면한 길이는 50여 미터에 지나지 않지만, 이 집이 안에 품고 있는 길을 곧게 펴면, 모두 500m에 이른다. 인사동길의 절반만 한 길이가 생긴 것이다.

만일 여기서 고유한 건축공간의 감동을 기대한다면 크게 실망할지도 모른다. 그래서 사람들이 빠져나간 한밤중이나 아침 일찍 이곳에 와서 이 건축이 지닌 고유한 공간의 가치를 찾으려는 사람은 크게 허탈할 것이다. 소위 "건축은 빛 속에 자태를 드러낸 매스들의 교묘하고 정확하며 장엄한 유희이다Architecture is the mastery, correct and magnificent play of masses, brought together in light"라고 정의된 르 코르뷔지에의 '공간'은 없다.

르 코르뷔지에, 롱상교회 두터운 벽에 모듈러 원칙으로 뚫은 빛의 통로들.

르 코르뷔지에, 롱상교회 건축은 빛 속에 자태를 드러낸 매스들의 교묘하고 정확하며 장엄한 유희이다.

여기에 구축된 길의 공간은 이곳을 채울 사람들을 위한 배경이 되는 장치일 뿐이다. 그래서 여기서의 미학은 사람의 행태들이 스스로 만들어가는 곳이며, 사람들이 만들어가는 사건으로 드디어 이곳의 가치가 드러나기 때문이다. '쌈지길'은 공간의 건축이 아니라 바로 시간의 건축이기 때문이며, 여기서 벌어지는 사건 자체를 위한 틀만으로 존재 이유가 있는 건축이기 때문이다.

'쌈지길'은 시간의 건축이기 때문에 우리는 이 건축이 나이 들어가면서 여기서 벌어지는 사건들이 기억이 되고 이들 기억들이 쌓여 일상이 될 때 이 건축은 바로 I. 칼비노Italo Calvino, 1923~1985'의 클로에Chloe에 근사하게 자리 잡게 될 것이라 기대해도 좋다.

로마 판테온

---

2. 쿠바에서 출생하였고, 이탈리아 산레모에서 성장했다. 2차대전 당시 북이탈리아가 독일의 점령하에 있었을 때 그는 빨치산 운동의 멤버이기도 했다. 그때의 경험을 바탕으로 쓴 소설 The Path to the Nest of Spiders로 광범한 찬사를 얻게 된다. 세계의 인식과 그 문학적 형상화에 있어 기호론적 가능성과의 관계에 대한 성찰을 보여주는 그의 후기 작품인 『보이지 않는 도시(Invisible Cities)』는 많은 건축가들의 상상력을 부추긴다. 탐험가 마르코 폴로가 정복자 쿠빌라이 칸에게 그가 방문했던 대제국의 도시들을 설명하면서, 서로의 비전을 교환하는 형식을 취하고 있는 이 소설은 지금 우리가 살고 있는 여러 도시들의 모습이기도 하고, 또한 한 도시의 다른 모습들이기도 하다. 그의 다섯 강의록을 책으로 엮은 Six memos for the next millennium에서 우리는 새로운 시대를 예측하는 그의 지혜를 읽을 수 있다.

거대한 도시, 클로에Chloe에서 거리를 배회하는 사람들은 모두 낯선 이들입니다. 마주치는 사람들마다 그들은 서로에 관해서 수천 가지를 상상합니다. 그들 사이에 자리 잡는 만남, 대화, 예기치 못한 방문, 포옹, 생채기 내기. 그러나 아무도 서로 정다운 인사를 나누진 않습니다. 몇 초간 잠시 눈을 머물러 화살처럼 힐끗 쏘아보고는 다른 눈을 찾습니다. 이러한 일을 잠시도 멈추지 않습니다.

한 소녀가 그녀의 어깨에 파라솔을 빙글빙글 돌리며 다가오고 있습니다. 그리고 그녀의 둥근 엉덩이도 역시 약간씩 빙글빙글 돌리고 있습니다. 검은 옷을 입은 한 여인이 다가오고 있습니다. 꽉 찬 나이를 드러내 보이고 있는 그녀는 베일 밑으로 눈을 쉴 새 없이 굴리면서, 그녀의 입술은 떨리고 있고. 문신한 거인이 다가오고 있습니다. 백발의 젊은이, 여자 난쟁이, 산호 빛 옷을 입은 쌍둥이 두 소녀도 다가오고 있습니다. 무언가가 그들 사이로 달려가고 있고, 한 모습과 다른 모습을 이어주는 선과도 같은 일별一瞥이 교환됩니다. 그 일별은 서로 간에 화살을 그리거나 또는 서로서로 간에 별, 삼각형을 그리기도 합니다. 모든 조합이 한순간 쓰이고 나면 다른 캐릭터들이 등장합니다. 가죽 끈으로 묶은 치타를 몰고 있는 맹인, 낙타 깃털의 부채를 든 창녀, 애패배(고대 그리스시대에 18~20세의 젊은이를 일컫던 말), 뚱보 여인. 아케이드 아래에서 비를 피하기 위해 모였거나, 바자르(상터)의 치앙 밑에서 모이게 되거나, 광장에서 밴드의 연주를 듣기 위해 잠시 머물거나, 한 떼거리의 사람들이 같이 만나게 되면 만남·유혹·성교·주연 등등이 한마디 말의 교환 없이, 손가락 하나 건드림 없이, 눈 한번 치켜뜸 없이 그들 사이에서 완료됩니다.

관능적인 진동이 끊임없이 가장 순결한 도시 클로에를 헤집고 있습니다. 만일 남자와 여자, 그들의 덧없는 꿈이 여기서 현실이 된다면 모든 유령은 사람이 되어 그와 함께 추적, 위장, 오해, 격돌, 학대 등의 이야기가 시작될 것이고 그리고는 환상의 회전목마는 멈출 것입니다〔I. 칼비노, 『보이지 않는 도시(*Invisible Cities*)』 중에서 「장사하는 도시 2("Trading Cities 2")」〕.

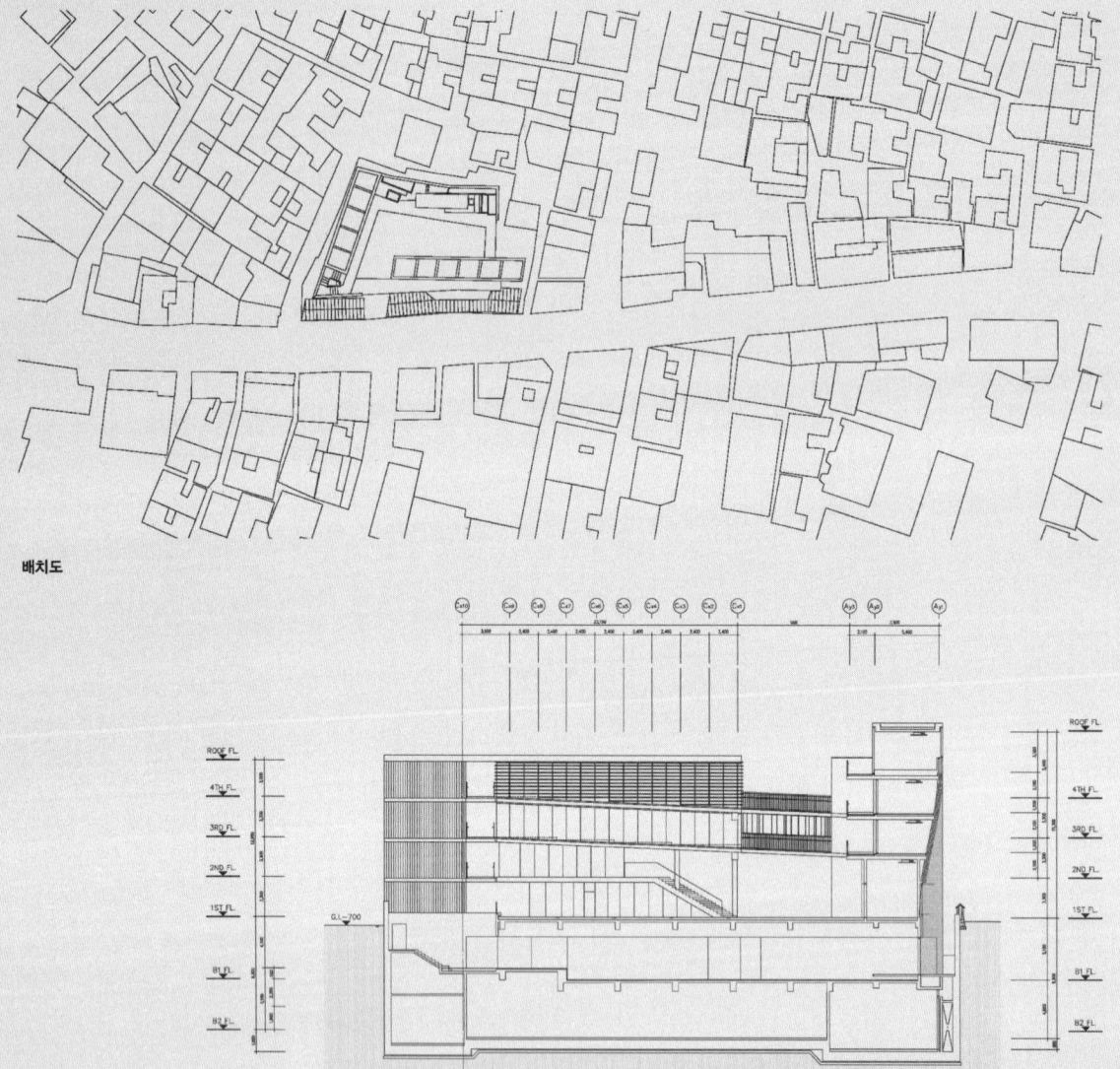

배치도

단면도

쌈지길 **위치** 서울 종로구 관훈동 38 **지역·지구** 지구단위계획구역, 일반상업지역, 문화지구 **용도** 근린생활시설 및 문화 및 집회공간 **대지면적** 1,503.2㎡ **건축면적** 894.06㎡ **연면적** 4,065.01㎡ **건폐율** 59.48% **용적률** 144.7% **규모** 지하 2층, 지상 4층 **구조** 철근콘크리트 구조 **외부마감** 노출콘크리트, 전벽돌(파편) 반토막 치장 쌓기, 항록, 압출성형시멘트판, T24/T12 강화유리 **내부마감** 노출콘크리트, 압출성형시멘트판, 아파넬 깔기, 화강석 사고석깔기, 석고보드 위 비닐페인트 **건축주** (주)쌈지 **기본설계** 가아건축사사무소(최문규)+Kroiz Architecture(Gabriel Kroiz) **실시설계** 강인철, 윤태권, 송봉기, 김정희, 차공호, 고대곤, 강제용 **감리담당** 인철, 송봉기, 김정희 **구조설계** 하우구조 **토목설계** (주)경인ENG **기계설비설계** (주)한온ENG **전기설비설계** (주)라인ENG **조명설계** 이온에스엘디 **시공사** (주)장학건설

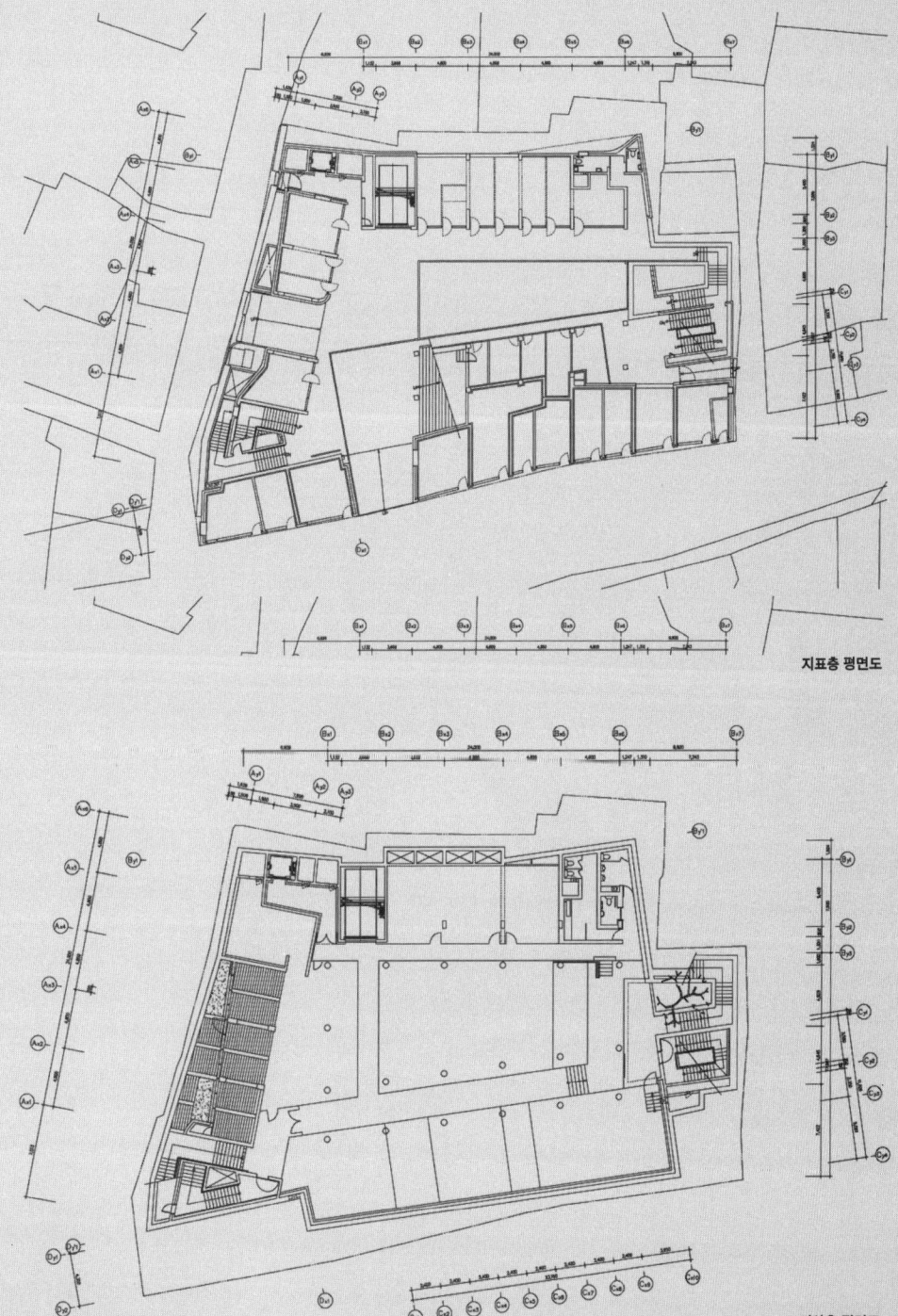

지표층 평면도

지상층 평면도

공동성이 실천된 지혜의 도시

프로리안 베이글+민현식+승효상+김종규+김영준 ｜ 파주출판도시 ｜

We shape our buildings, thereafter they shape us.
(W. 처칠, 『타임』지 time, 1960, 6)

1990년대 초, 일군의 출판인들이 '출판도시'를 꿈꾸기 시작했다. 이 위대한 프로젝트의 동인動因은 우리 사회가 본격적인 정보화시대로 진입하면서, 새로운 매체媒體, media와 출판산업 등과 연관된 다양한 프로그램으로 조직된 문화 공동체를 건설하는 것이었다. 이는 새로운 시대에 걸맞은 새로운 삶의 창조를 뜻한다. 조합을 결성하고, 부지를 물색하고, 도시설계 그리고 정부로부터의 인허가 등, 매우 어렵고 복잡다단한 과정이 있었음에도 불구하고 그분들의 강한 의지와 희생적 노력으로, 꿈은 현실이 되었다.

150ha(450,000평)에 달하는 땅에 출판사, 인쇄 공장, 출판물 유통센터, 아시아정보문화센터를 비롯한 문화시설, 상업시설, 주거시설 등 160여 채의 건물들이 들어서면서 이제 '책의 도시', '지혜의 도시', '아름다운 삶이 있는 도시'로 작동되고 있다.

서울대학교 환경대학원의 황기원 교수 팀이 만든 '도시설계'를 바탕으로 여기에 들어설 건축물들의 설계 지침을 만들기 위해 F. 베이글, 승효상, 김종규, 김영준 그리고 민현식 등 다섯 건축가들이 참여하였고, 서울과 런던을 오가는 6개월간의 강도 높은 작업 끝에 '파주출판문화산업단지 건축설

출판도시의 꿈을 현실로 만든 사람들

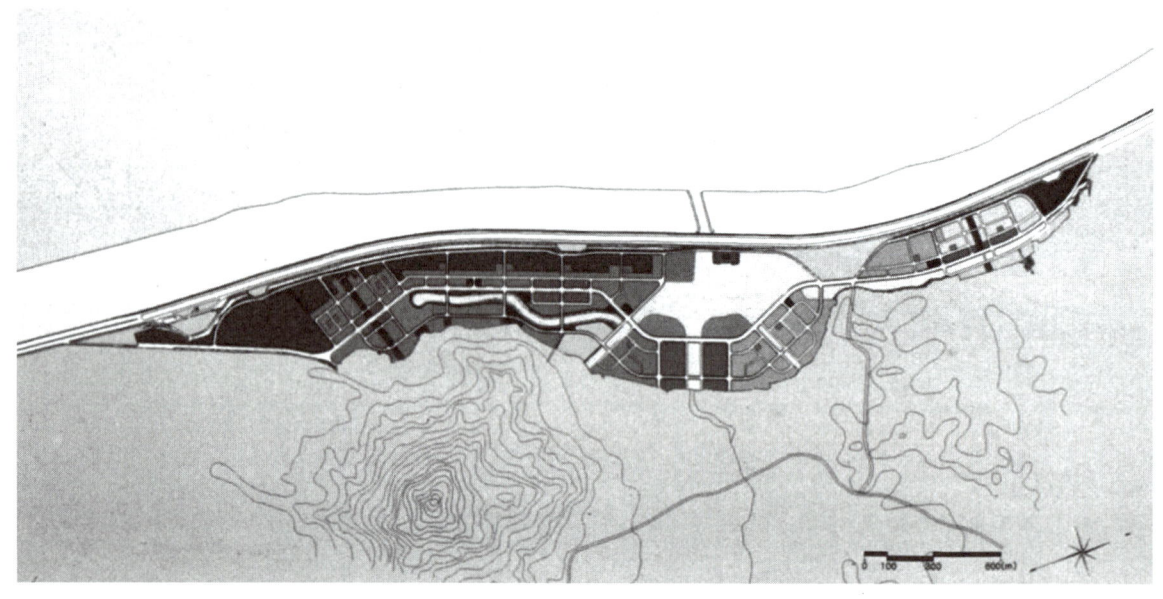

황기원, 파주출판도시 마스터플랜

'계지침–파주 풍경 쓰기Paju Landscape Script'라 명명한 새로운 '도시설계'가 완성되었다.

우리에게 조건으로 주어진 도시설계는 70년대식 '목적도시'를 목표로 '마스터플랜'의 방법에 의해 수립된 전형적인 근대도시의 모습이었다. 우리는 근대도시의 성향에 대한 성찰을 통하여 '출판문화산업단지'라는 목적도시의 태생적 한계를 극복하기 위해 거듭된 논의 끝에 '새로운 시대의 새로운 도시'에 대한 개념들을 생산하고, 도시를 다시 정의하며, 여기에 따라 주어진 도시설계를 조정하고 재조직하여, 여기에 부합한 건축설계지침을 수립하고자 했다. 이것이 다소 생경한 '풍경 쓰기'라는 이름을 가지게 된 연유이다. 물론 이러한 논의는 미래의 건축주인 조합원들의 적극적인 참여가 있었다. 수차례의 국내외 여행, 심포지엄 등을 통하여 진지한 논의와 설득 그리고 합의의 과정을 거친 산물이었다.

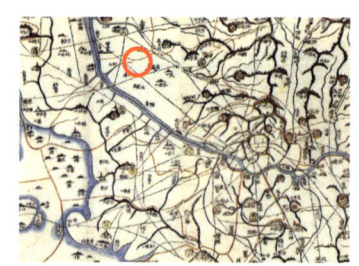

대동여지도 부분 표시한 부분에 파주출판도시가 위치한다.

이 지침을 완성한 후에 우리는 이러한 정신에 동의할 수 있는 국내외 건축가들을 초빙, '공동성Communality'이라는 제목을 건 건축 전시회를 열어 미래의 건축주들에게 그들의 작업을 선보였다. 이 건축전에 참여한

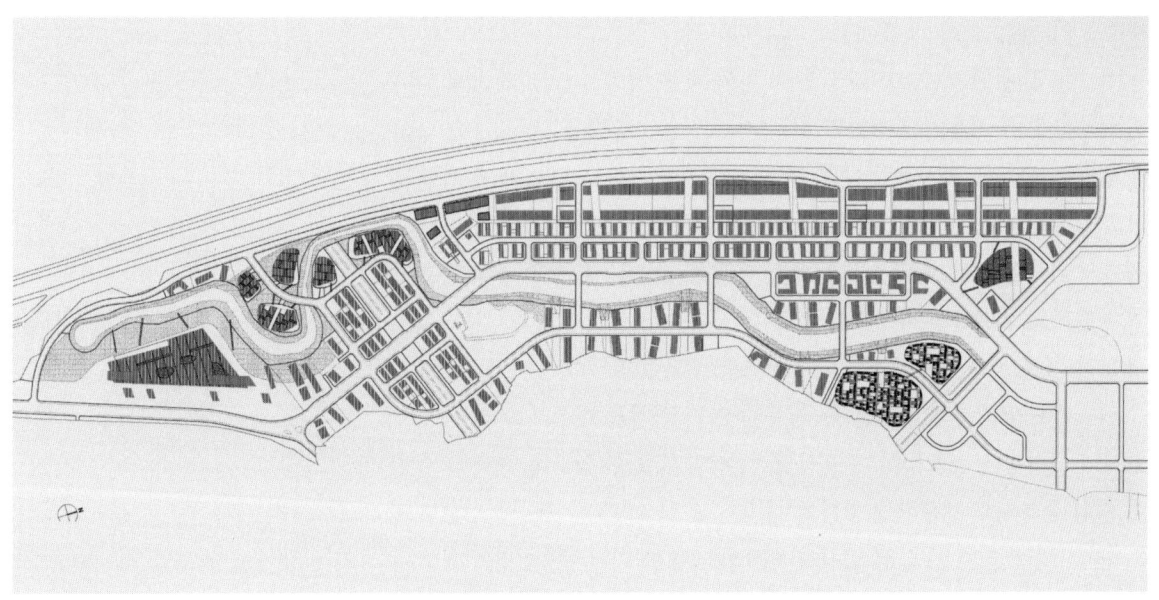

출판도시 배치도

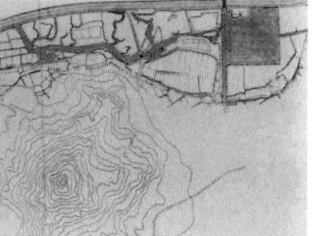

현황측량도

건축가들에 의해 대부분의 개별 건물들이 설계되었고, 이제 그 모습이 우리 눈앞에 드러나게 되었다.

'파주출판도시'의 부지는 자유로에 면한 좁고 긴 땅이다. 서해를 따라 흐르는 자유로는 서울 IT산업의 근거지로 새롭게 탄생한 상암 월드컵경기장에서 출발하여 파주출판도시, 헤이리 아트밸리, 임진각 평화공원을 지나, 비무장지대DMZ에서 멈춘다. 가까운 미래에 한반도가 통일을 이루게 될 때, 자유로가 개성과 평양에까지 이어져 한반도 서부의 거대한 문화벨트가 되기를 소망했다.

정치적으로 그리고 문화적으로 중요한 이 땅은 또한 특별한 생태적 환경을 가지고 있다. 우리는 이곳의 습지에 숨겨진 아름다움을 발견하는 기쁨을 누렸다. 원래 한강 하류의 삼각주三角洲, delta로 형성된 이 습지는, 자유로의 건설로 얻은 폐천부지廢川敷地이다. 강 건너 산의 흐름(山徑)·한강·자유로 그리고 부지 내의 수로는 거대한 평행선을 그리고 있고, 논의 구획선·그 사이를 흐르는 지천支川 등의 세밀한 지문地文, land script들이 이곳을 채우고 있었다.

　　　마치 이 땅의 수호신과도 같이 우뚝 솟은 심학산尋鶴山 기슭에, 대부분 논(水田)으로 이용하고 있었던 이 습지wet land의 중앙을 가로지르는 2km에 달하는 수로를 중심으로 갈대 등 수생식물이 자라고 있으며, 특이한 종의 민물고기와 다양한 야생동물을 키우며, 계절을 따라 철새가 날아들고, 여기에 더하여 한강의 낙조는 환상적 풍경을 만들고 있었다. 이러한 기존의 생태계를 보전하는 것, 이러한 기존의 자연적 컨텍스트를 파괴하지 않는 것 또한 이 도시를 디자인하는 중요한 조건이 되었다.

　　　이곳의 지문을 가능한 한 지우지 않는 원칙을 대전제로 하였고, 이 도시에 세워질 구축물들이 이 지문을 더 강화시킬 수 있도록 했다. 그것은 이 땅의 생태계를 보존하는 최선의 길이며, 또한 이 땅의 역사에 신생 도시를 편입시킴으로써 이 신생 도시의 역사의 깊이를 더 깊게 할 것이다. 기존의 지문과는 무관하게 기능에 의해서 그어진 도로와 필지의 구획선을 크게 변경하지 않기 위해서, 기존 지문의 세밀한 관찰이 선행되었다.

　　　이러한 땅의 흔적痕迹, trace을 쫓아, 이 땅의 풍경에 '비움을 구축하는 일'이 핵심적인 개념으로 상정되었다. 통상적 관점에서 건축은 시각예술로 이해되어왔으며, 건축가는 형태 창조자form giver로 역할해왔다. 이것과는 대조적으로 '의도적인 비움'이란 개념은 상당히 생소하게 들릴지도 모른다.

　　　'비움'으로 드러나는 이 공간은 일반화한 '건축공간'에 반하여 상대적으로 투명성·비물질성의 속성을 가지고 있어 가벼움·덧없음의 성향을 보이며, 대상이 그 자체 속에서 고갈되고 소진되는 현상, 표상중심주의적 예술의 가치가 무의미한 것이 되어버린 현대예술의 상황과도 유사하여, 그 사라짐의 미학이 오히려 특이성이 되는 탈근대의 아이러니를 지니고 있

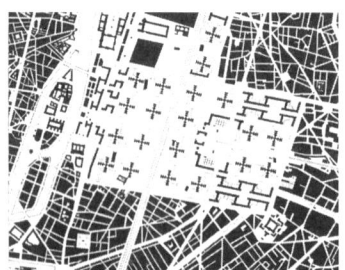

르 코르뷔지에의 빛나는 도시, 배치도면과 모형

1.　예를 들어 르 코르뷔지에의 건축공간에 대한 정의 "Architecture is the mastery, correct and magnificent play of masses, brought together in light(건축은 빛 속에 자태를 드러낸 매스들의 교묘하고 정확하며 장엄한 유희이다)."

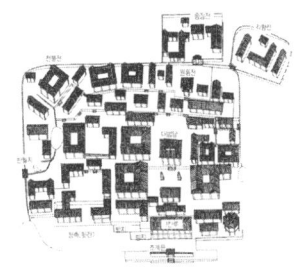

선암사 배치도

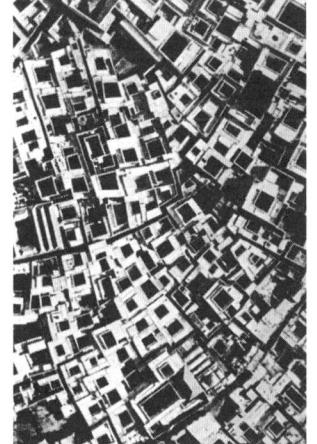

모로코 페즈

다. 여기, '비움'에 침잠한 어쩔 수 없는 허무의 냄새를 어찌할 것인가가 진지하게 반문될 것이지만, 그럼에도 불구하고 의도적인 비움의 구축을 통하여 표상중심주의의 건축을 극복하는 대안으로서, 대상화의 수준을 넘어서는 건축의 다른 차원은 없는가를 탐색하려는 것이다.

이러한 제안은 환경결정론環境決定論, environment determinism, 사회공학社會工學, social engineering, 그리고 이것들을 설득하기 위한 수단으로 동원되었던 상징적 표현symbolic expression 등이 핵심이 된 20세기 모더니즘의 건축과 도시를 극복하기 위한 대안을 궁리하기 위함이다.

우리는 즉 탈중심성脫中心性, decentralization과 차이差異, difference가 중심성이나 기념비적 상징성보다 더 중요한 새로운 시대의 새로운 도시를 위한 가장 유용한 대안이라고 믿었다. '비움'은 기능적 관점에서 '불확정적 공간indeterminate space'이며, 미학적 관점에서 현상학의 미학을 가지는 '특별한 불확정적 공간specific indeterminate space'이며, 상징적 표현보다는 상대적 관계가 오히려 중요하기 때문에 미학美學, aesthetics에서 자연과 인간에 대한 윤리倫理, ethics로 이행되기를 원한다.

이러한 의도에서 우리는 이 땅에 건물들을 채움에 앞서, 여러 장소에 여러 가지 '비움'을 먼지 계획했다. 수로에 직교하여 땅을 동서로 가로지르는 여러 녹도綠道, green corridor들, 건물과 건물의 사이공간 그리고 전 부지에 퍼져 있는 불확정적 공간들이 그것이다. 이 비워진 공간은 특별한 땅의 지문과 생태계를 보존하고 더욱 더 고무하는 디자인 조건을 가진다.

이러한 비움에 의해 창조된 영역들에는 각각 그곳의 특성에 의해 도출된 적합한 건물 유형들이 제안되었다. 이들 건축물들은 앞에서 서술한 대로 인간의 상상력을 펼칠 수 있는 방room으로서의 공간이며, 컨텍스트, 장소, 재료 등에 의해 그 성격이 규명될 것이며, 예측한 용도들의 조합에 따라 규정하지 않으며, 알지 못하는 미래 용도까지도 수용할 수 있을 것이다.

따라서 이곳에서 건물 유형은 기능 또는 용도에 의한다기보다, 우선

1, 2　김승희, 천일문화사
3　　 프로리안 베이글, 열화당
4　　 이민아+다니엘 바예, 교문사

5 민현식, 말과 창조사+민중서관
6 민현식, 북센
7 조성룡, 돌베개

벽식 유형wall type(벽의 일정한 질서를 따라 병립함으로써 생기는 공간의 조합이 건축화된 건물), 가젤 유형gazelle type(습지의 영양과 같이 기둥에 의해 가볍게 걷는 듯 긴 다리를 가진 건물), 기단 유형podium type(갈대밭의 습지에 놓인 거대한 암석과 같은 기단 위에 축조된 건물) 등 세 가지 건축의 구축적tectonic 방법에 의하여 기본 유형을 설정하고, 각각의 영역별 장소의 주변 상황, 재료 등에 의해 다음과 같이 변이되도록 한다.

1. 고속도로 그림자highway shadow

자유로의 레벨 아래 위치하는 인쇄 공장. 폭 18m 내외의 대형帶形, linear의 건물이 작업장을 사이에 두고 자유로와 평행하게 2열로 놓인다. 이 건물들의 절대 높이는 자유로의 그림자와 함께 더 이상 높지 않으며, 얕은 경사의 지붕은 잔디 등으로 덮여서, 도시 내부 및 자유로에서 도시의 조망을 확보하며, 거대한 평행선을 이룬 이 땅의 질서에 순응하게 한다(ex. 천일문화사).

2. 서가 유형bookshelf type

마치 건물의 볼륨을 동서의 방향으로 썰어낸 듯한 건물. 2개 층의 하층부는 도로 또는 수로와 연계되고, 모든 건물의 3~4층의 상층부는 한강과 심학산으로의 시각적 통로를 공유한다(ex. 열화당).

3. 중추부 유형spine type

고밀도의 중정형 건물. 하층부는 도로 또는 수로와 연계되고, 상층부는 한강과 심학산과 연계되어 그곳으로의 조망이 확보된다.

4. 수변 유형canal lofts

수로와 직교하여 놓이는 폭 9m의 좁고 긴 건물 또는 18m의 넓고 짧은 건물이며, 건물 사이의 외부공간은 쇄석 포장의 주차장과 야생초의 공간이 교호되어 동서의 시각적 통로를 확보하면서, 수로를 따라 리드미컬한 시적 풍경을 만든다(ex. 교문사).

한강변을 따라 전개되는 출판도시의 야경

5. 암석 유형 stone type

수로가 돌아드는(蛇行) 습지에 암석巖石과도 같은 기단基壇, podium 위에 반투명의 유리 피막을 가지거나, 암석이 놓인 듯한 벽으로 둘러싸인 건물. 갈대숲 속에 빛나는 거대한 조명기구의 효과를 기대한다(ex. 말과 창조사+민중서관).

6. 도시의 섬 urban island

폭 9~12m의 좁고 긴 건물이 폭 5~7m의 골목길을 사이에 두고 병렬로 배열된다. 판상형 건물의 일부는 필로티, 공중정원 등으로 뚫려서 서로 투시되고 연결된다. 도심의 골목길 풍경을 기대한다(ex. 돌베개).

7. 인공의 언덕 artificial hill

출판물 유통센터를 위한 유형이다. 거대한 규모의 이 건물이 도시 전체를 위압하지 않도록, 언덕을 인공적으로 축조하여 마치 자연 지형인 것처럼 느껴지게 한다. 경사진 언덕 형상의 거대한 야생초 매트의 지붕 아래 광대한 공간이 확보된다. 바로 지형공간이다(ex. 북센).

　이렇게 제안된 건축 유형은 그것의 기능에 의해 형태가 결정된 것이 아니라 위치하는 땅의 조건에서 연유한 것이며, 건축은 자연의 힘에 종속되어야 한다는 개념을 바탕으로 한 것이다. 특히 고속도로 그림자, 서가 유형, 수변 유형이 그리는 긴 띠 모양(帶狀)의 건물군은 거대한 평행선을 그리고 있는 이 땅의 기존 질서에 따른 것이며, 이 질서를 더욱 더 보강할 것이다. 우리는 이들 모든 건물이 건축적 풍경 architectural landscape 또는 도시생활의 하부 구조 infrastructure of urban life로 이해되기를 바란다.

유니크한 도시경관을 가지도록 하기 위하여 건물의 외장 재료는 엄격하게 제한했다. 재료의 선택 기준은 구축적 방법에 의해 분류된 3종류의 기본 유형에 적합할 것, 재료가 이미 시간성을 가지고 있어 자연의 변화에 적극적으로 감응하는 자연 재료일 것, 경제성을 가지며 일시에 대량 공급이 가능

1 카즈요 세지마, 동녘
2 와로 키시, 신원에이전시
3 알레한드로 자에라-폴로, 들녘
4 영허 장, 삼호뮤직

한 재료일 것 등으로, 옅은 색의 벽돌pale yellow brick, 내후성강판耐候性鋼板, corten steel plate, pc 콘크리트 판pre-cast concrete plate, 투명 또는 반투명 유리, 자연산 목재, 아연판 등의 금속판 등이 권장되었고, 알루미늄 판의 크래딩, 화강석 판재, 암갈색의 벽돌, 컬러 유리, 반사 유리 등은 규제하였다.

이러한 모든 도시적·건축적 개념의 실천을 넘어, 이 특별한 도시에서 진정으로 성취하고자 했던 것은 우리들의 삶을 풍부하게 할 '공동성communality'의 실현이다. 이 도시는 새로운 도시지만 우리는 이곳이 생소한 새로운 땅으로 보이기를 원치 않았고, 오히려 우리들의 아름다운 과거의 기억에 기반을 둔, 모든 이들에게 친근한 도시이기를 바란다.

파주출판단지 풍경 ■

'공동성'은 지난 시대, 위계位階, hierarchy가 있는 중심화된 도시 centralized city를 선호하지 않는다. 탈중심의 도시decentralized city이며, 오히려 계획되지 않는 듯 보이는 도시여서, 여기서 '도시의 부분a piece of city'은 '전체로서의 도시city as a whole'보다 더 중요하며, 부분들의 '차이difference'가 '통일성unity'보다 더 존중받을 것이다. 그래서 환경의 조건이 건축의 조건이 되어 창조의 이름으로 파괴하기보다는 기억과 자연이 보존되고, 거대담론보다는 도시의 일상이 더 중요한 도시이기를 희망한다.

국내 건축가뿐 아니라 많은 외국 건축가들이 개별 건물의 설계를 위해 초대되었다. 우리는 새로운 주장, 새로운 경향을 보이고 있던 그들의 진정성과 창의성을 믿었으며, 서로의 성취들을 바탕으로 이곳이 다양한 소통과 진지한 논의의 장이 되기를 바랐고, 이는 새로운 시대를 위해 새로운 논의가 활발하게 벌어지는 건축의 한마당을 위해 참으로 의미 있는 것이라 여겼다. 이것은 수차례의 국내외 전시회를 통하여 확인되고 있다.

이 글을 맺으면서, 나는 파주출판도시의 조합원들과 참여 건축가들에게 깊이 경의를 표하고 싶다. 건축설계 작업을 시작하면서, 건축주들과 건축가들은 인포룸에 다같이 모여 단 한 페이지의 계약서를 작성했다. 여기에는 통상적인 계약서에 기술되는 각각의 권리와 의무를 세세히 밝힌 조항들이 없다. 단지 이 일을 성실히 수행하겠다는 약속, 단 하나의 문장만 있었고 다같이 기쁘게 서명했다. 우리는 이것을 '위대한 계약서'라 부른다. 이 도시의 첫 걸음에서 실현된, 공동성의 실천을 보여주는 아름다운 상징적 행위였다. 이러한 정신은 지금까지 이어져오고 있으며, 나는 이것이 이 훌륭한 도시를 만든 근원적이며 현실적인 힘이라고 생각한다.

'인포룸info-room' 설계 기록

인포룸은 information+room의 조어(열화당 이기웅 이사장 작명)로, 파주출판도시를 건설하는 동안만 기능하는 임시 건물이다. 이제 이 건물은 그 기능을 다하고 허물어야 하지만, 기억을 남겨야 한다는 이사장님의 배려로 진입 경사로와 전망탑이 수정되어 지금은 한 출판사가 입주해 있다.

    파주출판도시의 글에 사족같이 이 기록을 덧붙이는 것은, 내가 이 프로젝트에 참여할 수 있었다는 것만으로도 자랑스럽고 더욱이 이 의미 깊은 도시에 제일 처음 세워진 집을 설계할 수 있는 행운을 누렸기 때문이기도 하지만, 이 글이 이 도시와 이 도시의 건축들을 이해하는 데 작은 도움을 줄 수 있으리라 생각하기 때문이기도 하다. 그리고 이 이해는 공감대를 이루어, 이 새로운 도시를 만들어가는 본래의 태도를 잊지 않기 위함이기도 하다. 도시란 어떤 고정된 무엇, 마스터플랜에 의해 목적을 향해 일도매진一到邁進하는 게 아니라 매 시간 축적하고 소멸되는, 살아가는 그 과정process 자체이기 때문이다.

1999년 2월 20일, 출판단지 건축을 위한 유럽 도시·건축기행의 마지막 날, 이기웅 이사장, 승효상 선생, 김영준 선생 등과 함께 파리 라 빌레트 공원, 음악 도시의 카페에서 와인을 마시고 있었다. 중세 도시 로텐버그에서 통일된 베를린을 거쳐 20세기의 마지막 신도시 릴에 이르는 유난히도 길게 느껴지는 시간 여행이었다. 이러한 여행 뒤끝의 포만감이 주는 나른함과 이제 현장으로 다시 돌아가야 하는 현실의 조바심이 겹쳐서 우리를 많이 마시게 만들었다.

    뒤셀도르프의 뮤지엄 인셀 홈브로이히Museum Insel Hombroich, 베를린 국립미술관과 베를린 필하모니 홀 등 이런 저런 거쳤던 여행지들의 감상을 서로 주고받기도 하고, 앞으로 지을 파주출판도시의 건축을 얘기하다가, 언제 어디서나 현실감을 잊지 않으시는 이기웅 이사장께서 포츠담광장Potzdamerplatz의 '인포-박스 Info-box' 같은 걸 우리도 파주 현장에 당장 짓자

슈나이더+슈마커, 포츠담광장의 인포-박스

미이스 반 데어 로에, 베를린 국립미술관

조각가 에르빈 헤리히+건축가 헤르만 뮐러, 뮤지엄 인셀 홈브로이히

고 불쑥 제안하셨다. 아마 바로 그 현장에서, 그러한 유類의 집이 우리의 사업에 엄청난 추진력을 줄 것임을 이미 확신하고 계신 듯했다.

돌아가는 즉시 일주일 만에 설계를 끝내고, 한 달 공사하면 4월 초에는 집을 쓸 수 있을 것이다. 그리고 건축가에 대한 예우도 아니고, 건축 창작의 원칙을 벗어나는 일이긴 하지만, 이번만은 이 집을 위해서 새로운 아이디어를 내느니보다, 지금까지 축적해놓았던 내 '건축의 창고'에서 끄집어내어야 할 것이라는 얘기도 빠뜨리지 않으셨다.

돌아오는 비행기 안에서 스케치를 끝냈고, 돌아와 즉시 실시설계를 착수하여, 말 그대로 일주일 만에 도면을 완성하였다. 김영준 선생의 도움이 없었다면 불가능하였을 것이다. 공사의 진행은 말같이 그리 쉽지 않았으나, 우여곡절을 겪으면서 집이 완공되었고, '인포룸info-room'이란 이름을 붙여, 1999년 9월 9일 9시 특별한 숫자가 겹치는 날을 골라 준공식을 벌일 수 있었다.

이 집을 생각하기 시작하면서, 이 집의 쓰임새 이외에 별도로 몇 가지 목표를 세웠다.

첫째, 이 집이 앞으로 이곳에 세워질 집들의 표본적 유형 중 하나가 될 것.

둘째, 앞으로 이곳에 집을 짓고자 하는 분들에게 자신들의 집을 구체적으로 상상하는 척도가 되도록 할 것, 즉 집의 수평적 수직적 치수들, 일정 높이에서의 경관, 구조, 공법, 재료, 공기 등을 직접 체험하는 장소가 될 것.

셋째, 이 집이 이곳의 땅과 공기의 성질에 대한 각종 기술적 데이터들, 즉 지반 조건, 부동침하不同沈下, 각종 미기후 현상micro-climate 등을 수집하는 장소로 활용될 것.

마지막으로 최소한의 공사비를 들이지만 품위가 있을 것 등이다.

그러나 가장 중요한 조건은 무엇보다 이 집의 공간들은 가변적이어야 한다는 것이다. 미리 정해진 기능이 있지 않아야 하고, 그렇기 때문에 오

메인 레벨까지 긴 경사로의 진입로가 있고, 처음 맞닥뜨리는 벽은 시간성을 이미 품고 있는 내후성강판이다 ▪

마당은 심학산과 한강의 낙조를 잇는 축상에 놓인다

히려 상상할 수 있는 모든 활동이 간단한 조작으로 그리 무리 없이 가능한 공간이어야 한다.

우선 꺼낸 파일은 우리 전통건축의 '마당'이다. 마당이야말로 이 집의 공간이 가져야 할 속성을 모두 다 가지고 있다. 지금까지 지속적으로 해오던 말대로, 우리 전통건축의 마당은 하나의 기능이 주어진다기보다는 항상 중성적으로 남아 있다가 때에 따라 어떤 특유의 기능 또는 행위가 도입되었을 때 비로소 의미를 가질 수 있도록 철저히 비어 있다. 건축의 방법은 그것의 공간을 점유하는 방법에 따른다는 원칙이 가장 강하게 적용되는 곳이다.

그런 다음에 꺼낸 파일이 주변 자연환경과의 관계 맺기이다. 이 집과 관련하여 이곳의 자연환경에서 가장 주목할 만한 것은 이 땅의 수호신과도 같이 우뚝 버티고 서 있는 심학산과 서울 근교에서 가장 아름답다는 한강의 낙조이다.

이러한 성격의 공간에 대한 관심을 "특별한 불확정성 공간specific indeterminate space"으로 다르게 표현할 수도 있겠다. 이러한 불확정적 공간을 "중성적 공간neutral space", "구속되지 않은 또는 자유의 공간uncommitted or free space"(Cedric Price)이라고 말하기도 하고, "정의되지 않은 공간indefinite space"(카즈요 세지마)이라고도 하며, 어떤 관점에서 근대의 건축가들이 추구한 "보편적 공간universal space"(미스 반 데어 로에)이라고 해도 무리는 없다.

이 특별한 불확정성 공간을 좀 더 설명해보자.

특별한 불확정성 공간은 수수께끼 같은 빈 공간이다. 그것은 어떤 일이 일어나기를 기다리고 있는 공간이며 사람이 혼자 있을 수도, 여럿이 떼 지어 있을 수도 있는 공간이다. 또한 서로 다른 용도의 수용, 사용의 밀도, 용도 변환 등의 변수에 따라서 한시적으로 적절히 대응하는 공간이다. 본질적인 형식에 있어서 이 공간은 무대공간과 무척이나 닮았다. 여기서 여러 가지 희곡들이 상연될 수 있다. 무대란 프로그램에 따라 변하는 전형적인 불확정성 공간이다. 항상 비어 있으며, 뭔가 점용占用해주기를 기다리

심학산 전경과, 서울 근교에서 가장 아름답다는 한강의 낙조

고 있다. 때문에 그곳에는 수직 구조물이 있을 수 없다. 변화에 대응하기 위해서 무대의 주변, 하부 및 상부에 서비스 구조물들을 가지고 있을 따름이다. 무대공간의 연극적 잠재력은 이러한 서비스 구조물들의 종류와 역량에 달려 있다.

무대공간과 같이 '특별한 불확정성 공간'은 건축적 하부구조infra-structure에 의해 형성된다. '특별'하면서 동시에 '불확정적'이라는 것은 의미상 모순된 두 낱말이 조합되어 있는 것처럼 보인다. '형태는 기능을 따른다form follows function'라고 근대건축에서 기능주의가 주장하듯, 지금까지 어떤 공간의 특성은 대부분 그것이 담아야 할 기능이 결정한다고 여겨왔다. 만일 한 공간의 성격을 결정짓는 주 요인을 용도 또는 기능에 두지 않는다면, 우리는 대체적으로 그 공간이 일반적이고 다목적이며 비특정적인 것으로 생각할 것이다. 여기에 위험이 도사리고 있다. 특별함을 배제하면 성격 없는 건물 또는 블랙박스가 만들어질 수밖에 없다. 이러한 특별한 성격이 없는 공간을 만드는 일은 창조하는 사람이 할 일이 아니다.

이러한 불확정적 공간의 특별함은 장소성-그 장소의 특별함-에서 도출한다. 따라서 장소의 상황에 대한 깊은 인식을 고양시킬 필요가 있다. 순간적으로 일별하더라도 인접한 공간 또는 장소에 대한 관점을 새롭게 함으로써 풍경landscape에 또는 도시의 한 구석에 매력과 감흥을 일게 할 수 있다. 기존의 지형에 척도를 부여하는 것, 주어진 장소에 새로운 관계들을 조성하는 것, 적당한 위험과 흥분을 제공하는 것, 잃어버린 정보를 밝혀내는 것 등은 공간에 주의와 특별함을 부여하는 또 다른 방법들이다.

또한, 그러한 공간은 우리가 일상생활에서 경험하는 흐르는 듯 혼란스런 움직임들을 일정 거리를 두고 바라보게 하여 특별한 회상이나 명상을 유발할 것이다. 이렇듯 관점을 새롭게 함으로써 우리가 일상에서 필요악이라고 여겼던 것이나 별 것 아니라고 생각했던 것들 즉 하늘, 구름, 날씨, 흙탕물에 떨어지는 빗방울까지도 보는 이로 하여금 심미감審美感을 일으키도록 할 것이다.

특별함은 또한 그곳의 물성物性으로부터 비롯될 수 있다. 좀 더 정확

하늘로 열리는 마당 ■
습지에 영양처럼 조심스럽게 걷는 인포룸 _ 오른쪽 면 ■

히 말하자면, 물료物料의 진정성眞正性으로부터 온다고 할 수 있다.

J. 실레트Jeanne Sillet가 얘기하듯, 땅 위의 새롭게 지어진 축조물은 그것이 서 있는 땅과의 끊임없는 상호 간의 재기measurement를 통하여 또 다른 새로운 땅이 되어가는 과정을 겪는 것과 같으며, L. 칸Louis I. kahn이 강조하는 자연의 변화에 따라 끊임없이 변화하는 공간의 질을 상기하게도 한다.

병산서원 강당에서 만대루를 통해 바라본 풍경

R. 쿨하스Rem Koolhaas는 '특별한 불확정성'이란 개념을 다음과 같이 적절하게 정의하고 있다. "만일 앞으로 '새로운 도시관都市觀'이 창출된다면 그것은 이제 더 이상 질서와 전능이라는 한 쌍의 환상에 근거하지는 않을 것이다. 그것은 불확정성을 발판으로 전개될 것이다. 그것은 이제 더 이상 영구적인 오브젝트들을 어떤 규율에 따라 적절히 배열하는 것이 아니라, 잠재력이 있는 영역들을 무심한 듯 흐트러놓음이 될 것이다. 그것은 더 이상 안정적인 구성을 목적으로 하지 않으며, 최종의 형태로 정형화되기를 거부하면서 과정들이 수용되는 가능성의 장을 창조할 뿐이다."(Koolhaas and Mau, S,M,L,XL, 1995, p.969)

L. 칸, 소크 생물학연구소

우선 서로 상대적으로 다른 두 개의 공간을 설정한다. 하나는 넓고 낮은 공간(7.8m×3.15m×29.4m)이고, 또 다른 하나는 좁고 높은 공간(5.1m×5.85m×29.4m)이다. 두 개의 길이가 같은 공간을 9m의 사이를 두고 병치竝置시킨다.

둘 사이에 새로 생긴 옥외공간을 포함하여, 결과된 세 개의 공간은 각각 독립적인 공간이기도 하고, 서로 필요에 따라 조합하여 다양한 공간을 만들어낼 수 있다. 그러기 위하여 사이의 벽은 쉽게 열릴 수 있어야 할 뿐 아니라, 바닥의 마감을 같은 재료로 하는 것이 중요하다. 무엇으로 미리 결정되지 않은 불확정성 공간들이다.

다음으로, 가운데 마당을 심학산과 한강의 낙조의 축에 놓아서 그들과 친밀하게 교접하도록 한다. 병산서원의 비어 있는 마당이 다른 서원의 마당과 다른 것은 바로 이 마당이 그 아름다운 낙동강 건너 병산을 향하여 열려 있기 때문이고, 소크 생물학연구소의 마당은 태평양으로 향해 열려 있기 때문에 의미가 있는 것처럼, 이곳의 공간의 특질은 이곳의 주변 환경에서 기인한다.

파주출판단지가 들어서는 땅은 한강의 하류, 자유로가 건설되면서 생긴 폐천부지를 매립한 습지이다. 가운데로 갈대와 부들, 그리고 수생식물이 왕성한 수로가 가로지르고 있다. 이 습지 위에 조심스럽게 긴 다리를 내리며 가볍게 이 집이 서 있다. 마치 초원 위를 걷는 영양gazelle과도 같은 형상이다.

그래서 메인 레벨까지는 긴 경사로의 진입로가 있다. 처음 맞닥뜨리는 벽은 내후성강판耐候性鋼板, corten steel plate으로, 시간성을 이미 재료 안에 품고 있는 경이로운 철판이다.

가운데 마당에 회화나무 한 그루를 심는다. 학자목學者木, scholar tree이라는 별명이 붙은 이 나무는 예로부터 선비들이 좋아했으며, 마을을 지키는 당나무로도 자주 심어져왔다. 지혜의 도시, 파주출판단지의 꿈의 상징이다.

그리고 주변, 정리되지 않은 빈 터엔 메밀을 뿌린다. 일시적으로 손쉽게 조경을 할 수 있는 수법이기도 하지만, 이곳에 오는 이들에게 이효석의 정감을 줄 수 있을 것이다. 이번 겨울엔 보리를 심을 수 있다면 좋겠다. 겨우 내내 푸르름을 선사할 것이고, 내년 늦봄, 우리는 황금빛 물결을 즐길 것이다.

9월 9일 밤, 우리는 다시 이 마당에서 와인을 마셨다. 지혜의 도시, 파주출판단지가 우리 눈앞에 현실로 다가오고 있었다.

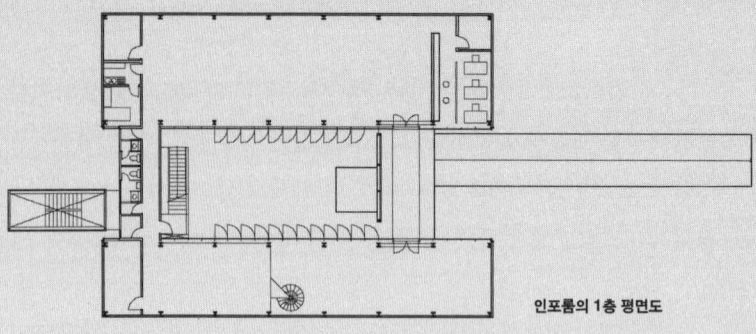

인포룸의 1층 평면도

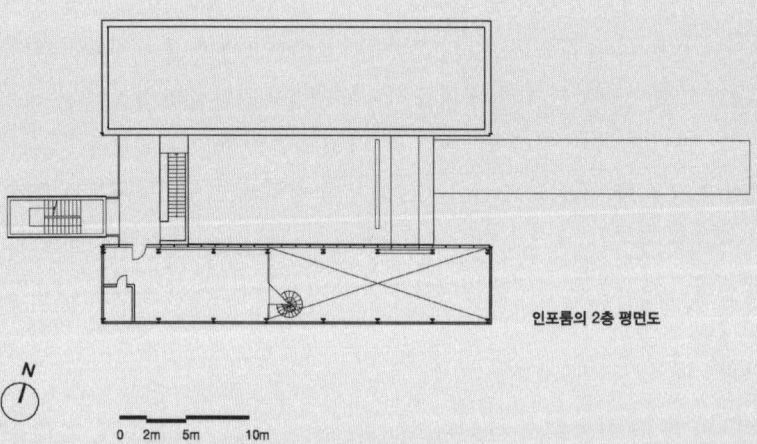

인포룸의 2층 평면도

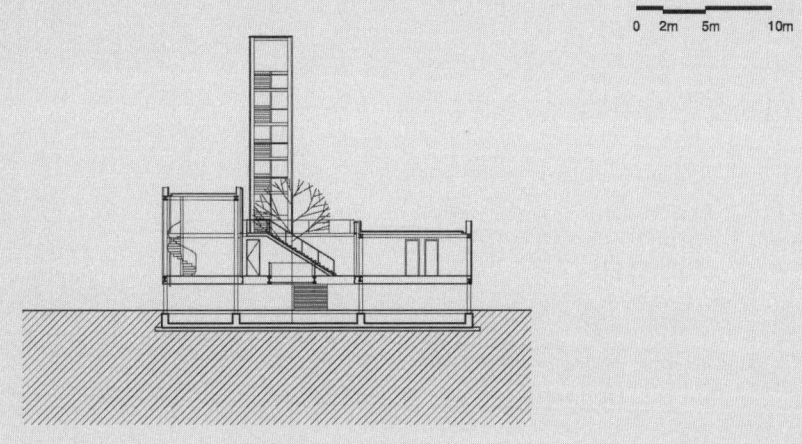

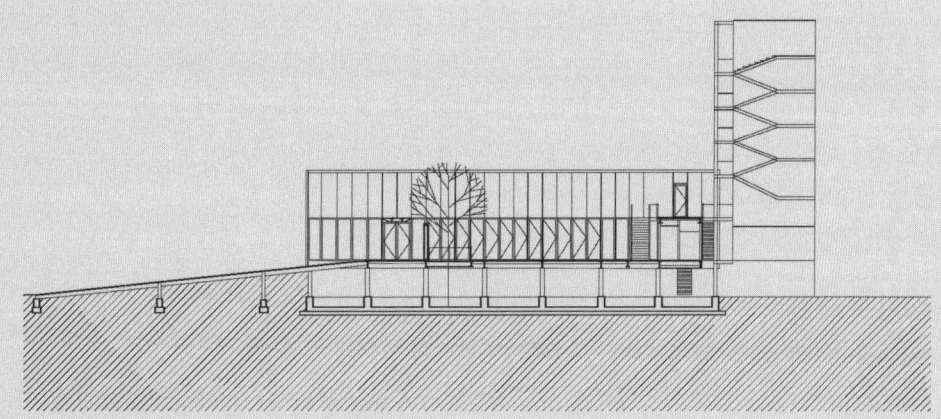

인포룸의 입단면도

민현식 _도시건축론

이 시대, 우리의 도시

도시는 하나의 사물事物, a thing로서 물상화시키는 것이 아니라 하나의 과정 過程, a process으로서 인식되어야 한다.

앞으로 수년간, 신행정복합도시를 위시하여 혁신도시, 기업도시 등의 이름으로 우리 국토 전역에 20여 개의 신도시가 세워질 것이고, 기존의 도시들 역시 재개발 등의 이름으로 크게 그 모습이 변혁되려 하고 있다. 지방자치제도가 정착되어가는 과정에서, 지방도시민들은 개발의 상대적 소외감을 표출하고 있으며, 인기에 야합할 수밖에 없는 민선 자치단체장과 의원들의 선거공약은 개발의 프로그램으로 가득 차 있다. 또다시 개발의 논리가 우리 사회를 당분간 지배할 것으로 보인다.
  이러한 발상의 논거가 표면적으로는 국토의 균형 발전 그리고 인본주의, 문화주의, 지역적 정체성 구축 등 근사한 논리로 포장되어 있긴 하지만, 실상 이들 모두 마땅한 투자처를 찾지 못한 적체된 자금을 투자하여 개발의 이익을 노리는, 시장市場의 논리가 깊이 개입되어 있는 천박한 배금주의가 지배하는 지역이기주의의 발로임을 부정하기 어렵다. 더불어 대부분의 신도시들이 기존의 도시를 포기하듯 버리고, 백지(tabula rassa) 위에다 꿈을 그리기 위해 빈 땅을 찾아 나서기 때문에, 또다시 전 국토가 온통 파헤쳐지는 토건국가로 회귀할 것이라는 우려가 앞선다.

이럴 때일수록, 우리 도시환경의 리얼리티에 대하여 진지하게 성찰하고, 우리의 삶에 대하여 근본적인 의미를 다시 질문할 필요가 있다.

1. 도시란 무엇인가

나의 도시와 건축에 대한 상상력을 근사하게 부추기는 책이 하나 있다. 바로 I. 칼비노Italo Calvino, 1923~1985의 소설 『보이지 않는 도시Invisible Cities』이다. 이 소설의 두 에피소드를 읽어보자.

도시와 기억 3 (cities and memory 3)
고결하신 쿠빌라이시여, 저는 높은 보루堡壘의 도시 차이라Zair를 폐하께 묘사하는 헛된 시도를 하려 합니다. 마치 계단과도 같은 오르막길이 얼마나 많은 단으로 형성되어 있는지, 그리고 아케이드가 만든 곡선의 각도가 몇 도나 되는지, 그리고 어떤 종류의 아연판 기와들이 지붕을 덮고 있는지를 저는 아마 폐하께 설명할 수는 있을 겁니다. 그러나 저는 이러한 묘사들이 폐하께 아무 것도 얘기하지 않음과 같음을 이미 알고 있습니다.
이 도시는 이러한 눈에 보이는 것들로 구성되었다기보다 이 도시 이러한 공간들의 치수와 그것과 관련 맺은 과거의 사건들 사이와의 관계로 구성되어 있기 때문입니다. 즉 가로등의 높이와, 교수형 당한 침탈자의 흔들리는 다리와 땅 표면으로부터의 거리와의 관계: 가로등 기둥에서 맞은편 난간까지 드리워진 줄과, 여왕의 결혼행렬의 도정을 치장했던 꽃 줄 장식과의 관계: 물홈통의 기울기와 간부姦夫가 창문으로 미끄러져 들어가듯 그 홈통을 따라 같은 창문으로 기어드는 도둑고양이와의 관계: 곶 넘어 갑자기 나타난 군함의 함포 사정거리와 그 홈통을 부숴버린 포탄과의 관계: 고기잡이 그물의 찢어진 틈새들과, 부두에 앉아 그물을 수선하면서 강보에 싸서 그곳 부두에 버려졌던 여왕의 사생아일거라는 그 침탈자의 군함 얘기를 백 번도 넘게 되풀이하는 세 사람의 늙은이와의 관계 등입니다.

이러한 기억들의 물결이 또다시 밀려들면 도시는 해면과도 같이 흠뻑 빨아들이고 구석구석으로 넓게 퍼져갑니다. 차이라의 묘사에는 오늘의 일뿐 아니라 모든 이 도시의 과거들이 모두 포함되어야 합니다.

그러나 도시가 자신의 과거를 말로 서술하지는 않습니다. 그 과거의 기억들이 거리의 모퉁이에, 창문의 창살에, 계단의 난간에, 깃발 게양대에, 피뢰침의 안테나에, 그리고 모든 부분 부분에 흠집으로 각인되고 무늬같이 새겨져 마치 손에 그려진 손금과도 같이 담겨져 있을 따름입니다.

도시와 욕망 5 [cities and desire 5]

거기로부터 여섯 낮과 일곱 밤이 지나면, 당신은 초베이데Zobeide에 도착합니다. 달빛 아래 환히 펼쳐진 도시. 이곳의 모든 길들은 마치 실타래처럼 겹겹이 짜여져 있습니다. 사람들은 이 도시의 기원을 이렇게 이야기합니다. 여러 나라의 사람들이 똑같은 꿈을 꾸었습니다. 그들은 알지 못하는 한 도시에서 긴 머리채를 날리며 벌거벗고 달려가는 한 여자를 보았습니다. 그들은 그녀를 뒤쫓았습니다. 그러나 자꾸 길을 쫓아 돌고 도는 사이 그 여자를 놓치고 말았습니다. 꿈에서 깨어난 후 그들은 그 미지의 도시를 찾으러 나섰으나 아무도 그 도시를 찾지 못했습니다. 그러나 그들은 서로들 사이에서 그 도시를 알아차리고, 그들 꿈속의 도시와 똑같은 도시를 만들기로 결심했습니다. 길의 배치는 각자가 자기의 추적의 노정을 재현했습니다. 그들이 그 여자를 잃었던 곳에 이르러서는 더 이상 달아나지 못하도록 꿈속에 있었던 것과는 다르게 공간과 벽들을 배열했습니다. 이것이 초베이데라는 도시입니다. 그들은 이곳에 정착하여 살면서 꿈속의 무대가 이곳에 재현되는 밤을 기다렸습니다. 그러나 그들 중 아무도 깨어 있을 때나 잠을 잘 때거나, 그 여자를 다시는 보지 못했습니다. 이제 도시의 길들은 그들 일상의 일터를 향해 오가는 길이 되었을 뿐 꿈속의 추적과는 아무런 관련이 없게 되어버렸습니다. 그것은 이미 오래전에 말끔히 잊혀졌습니다. 새로운 사람들이 다른 곳에서 또 왔습니다. 같은 꿈을 꾼 그들은 초베이데의 길들이 꿈속의 길들과 거의 유사함을 알았기 때문입니다. 이들은 그들이 추적한 여자의 노정에 더 유사하게 하기 위하여 회랑과 계단들의 위치를 수정하였습

H. C. 브레송, 그리스 시프노스 1961

남부 이탈리아 마을의 풍경

니다. 그리고 그 여자가 사라진 지점에 와서는 역시 탈출할 수 있는 길을 남겨두지 않았습니다. 처음 이 도시에 왔던 사람들은 이 새로운 사람들이, 초베이데, 이 추한 도시, 함정 같은 이 도시의 무엇에 매혹되었는지 이해하지 못했습니다.

이 에피소드에서 드러나듯, 도시는 "기억"과 "욕망"의 산물이다. 도시는 오랜 시간을 거쳐 오는 동안 쌓인 기억의 적층 위에 또 다른 새로운 욕망이 덧씌워진 그 총체이며, 그러한 적층을 이루어가는 과정 자체이다. 그 도시만의 고유한 기억들의 축적은 도시의 정체성正體性, Identity을 드러내며, 그 위에 덧씌워지는 새로운 욕망들로 하여 도시는 지속 가능Sustainable 하다.

이런 뜻으로 "좋은 도시"는 긴 시간의 도시 고유의 기억들을 도시 곳곳의 장소와 공간, "모든 부분 부분에 홈집으로 각인되고 무늬같이 새겨져 마치 손에 그려진 손금과도 같이" 새겨 축적하고 있어, 그것이 바로 다른 도시와는 다른 정체성이 되며, 그 도시의 매력이 된다. 여기에 더하여 도시는 시대마다의 욕망 즉 시대정신이 생산한 가치를 구현하고 실천하면서 항상 새롭게 거듭나는 것이며, 이러한 힘이 그 도시를 지속 가능하게 한다. 기어이 축적 위에 새롭고 건강한, 합의된 시대적 가치가 끊임없이 쌓여가면서 그 도시의 일상이 될 때, 우리는 그 도시를 "좋은 도시"라 말한다.

2. 개발시대 도시에 대한 성찰적 반성

근대近代, modern age는 신대륙의 발견, 종교개혁, 프랑스 대혁명, 영국의 산업혁명 그리고 계몽주의 등의 역사적인 사건들로 시작하는 시대이며 근대성은 전통적으로 서양이 가지고 있던 합리화의 궤도 위에 발전된 것이다. 즉 근대성Modernity이란 타율적인 계급사회에 반하여 '자율적인 주체'가 이룩한 것이며, 각 주체의 자율성의 증대는 정체停滯와 순환의 고리에서 벗어나 지속적으로 나아질 것이라는 희망에 근거하여 '진보進步, progress'를 믿는다. 또한 왕권과 교권敎權으로부터 해방되어, 모든 '민중들의 삶이 역사'가 되는 시대이기도 하다.

이러한 근대가 성취한 과학과 기술의 발전, 종교의 세속화, 도덕과 예술의 자율화, 민주주의의 원리, 언론의 자유, 비판적 공론 영역의 형성 등은 돌이킬 수 없는 역사적 결과이며 동시에 양보할 수 없는 가치가 되었다.

더불어, 인간의 이성을 최상의 가치로 인식하는 근대주의Modernism는 인간과 자연이 분리되는 의식 체계를 의미한다. 이제 사람은 자연 위에 군림하면서 자연을 완전히 새로운 세계로 대체하는 가능성을 가진다.

아테네헌장Charte d'Athenes에서 드러나듯이, 이러한 모던 프로젝트를 실현하는 과정 또한 지극히 합리적인 '계획Planning'이라는 방법론을 채택한다. 즉 모든 사회현상을 선택적으로 분류하고, 가정을 세워 가치를 상정한 후, 이것이 당위성을 획득하는 일련의 합리적 과정을 거친다. 즉 도시의 기능을 거주habitation, 작업work, 운송transportation 그리고 여가선용recreation 등으로 나누고(zoning), 이들 나뉜 구역을 잇는 도로 조직망을 만들며 그 길들을 따라 필지를 나누어 거기에 걸맞은 건물을 세웠다.

르 코르뷔지에, 찬디가르

이러한 근본적인 방법론은 건물을 오브제화하게 되고 그것의 '형태'에 관심을 집중할 수밖에 없었다. 이러한 연유로 지난 세기 대부분의 건축이론을 설득하는 도구로서 상징적 표현으로 실천해왔고, 이러한 방법론은 공간의 질과 아름다움에 대한 탐색이어서 문화적이고 예술적인 것에 지나치게 경도되어왔다.

이러한 근대성을 바탕으로 구축되어온 근대도시는 위에서 언급한 양보할 수 없는 가치들을 획득했음에도 불구하고, 현실에 근거하지 않고 상정된 그래서 환상일 뿐인 획일적 인간관(3M; Modern Mythic Man)을 바탕으로 표준적 인간을 위한 표준적 도시를 추구해왔다는 비판을 면하기 어렵다.

이는 다양한 인간과 다양한 환경에 대한 인식의 회피라는 태생적 원죄와 함께 도시 형성(탄생+변화)의 과정을 무시한 채 마스터플랜이라는 합리주의적 방법론에 의거하여 계획됨으로써, 완성된 다음에야 작동할 수밖에 없는 도시이다. 이로 인해 끊임없는 변화에 적응하지 못하는 경직성과 더불어 창조적 파괴라는 이름으로 기억을 지움으로써 균질화 또는 평준화되어, 각각의 도시들은 변별할 수 있는 정체성을 상실한 매력 없는 도시가 되었다.

결국 도시계획 이후에 개입된 건축가들의 조형적 능력에 의존할 수밖에 없게 되었고, 이들 양식樣式, style에서 해방된 현대 건축가들은 미래의 시점을 현재의 기준으로 판단할 수밖에 없었으며, 생산의 주체가 사라지고 축소판miniature을 만들 수밖에 없는 원초적 모순 때문에, 그들에게 건축은 처음에는 삶을 공간으로 변용하는 방법이고 도구였으나 합리적이라 위장하고 '전지전능'·'무소불위'의 착각 아래 조작하면서 서서히 파시스트가 되어갔다.

시대의 전설적인 인물은
독재자처럼 행동한다.
처음엔 순수하게 시작하나
곧 걷잡을 수 없게 되고
신성함을 유지하기 위해
절망에 찬 인간을 이용한다.
(영화 〈까미유 끌로델〉의 대사 중에서 'V. 위고'(Victor Hugo)의 말을 인용한 부분)

근대의 합리주의가 탄생시킨 부르주아사회는 끊임없는 변혁, 모든 사회관계의 부단한 교란, 지속적인 불확실성과 동요를 특성으로 하며, '모든 고정된 것은 연기 속에 사라지고 모든 신성한 것은 모독되는'(K. 마르크스, 『공산당선언』 중에서) 사회가 되었다. 또한 우리가 붕괴하고 있다는 것이야말로 그것이 살아 있고 건강하다고 할 수 있는 근거가 되어버린 사회현상을 드러내면서, 자본주의사회는 끊임없는 확대재생산이 지속되어 자원이 고갈되고 그에 따라 생태계가 교란되면서, 인간은 생존 자체를 위협받게 되었다.

이러한 비판은 모두, 그곳 바로 그 도시의 리얼리티 즉 현장의 진실을 외면하고, '합리'란 이름 아래 거대담론을 세워 모두에게 동일하게 적용하려는 무리함과 오만함에 그 원인이 있다. 출발은 이성적이었지만, 결과는 늘 이성을 배반했기 때문이다.

이런 와중에 우리나라는 제국주의의 식민정책에 의해 정상적 근대화 과정과 국민국가 건설에 실패하였다. 근대화에 뒤늦게 뛰어들면서 그 과정에서 우리의 모든 도시들은 일본제국주의의 식민 지배, 이데올로기의 갈등 그리고 전쟁, 파시즘에 흐른 군사독재정권, 왜곡된 자본주의와 개발논리, 그에 따른 급격한 도시화와 역사성의 파괴, 배금주의의 과도한 욕망들과 전통적 가치관의 전도 등 한국 현대사의 어두운 족적을 고스란히 밟아왔다. 특히 지방 도시들은 '서울'에 비해 상대적으로 소외당하기도 했고, '지방'은 외래품을 복사한 '서울'을 그대로 다시 복사하는 우를 범하면서, 더 극단적인 왜곡이 진행되어왔다.

이러한 인식을 바탕으로, 지금까지의 도시에 관한 고정관념들 또는 보편성이라는 이름으로 무소불능의 도구가 되었던 왜곡으로 치닫는 '이성', '합리'의 뒤틀린 환상들에 대하여 깊이 성찰할 필요가 있다. 여기서 왜곡 혹은 뒤틀린 이성이라고 말하는 것은 바로 근대성이 과거와는 철저히 단절하고, '창조적 파괴'가 지고의 가치여야 한다는 오류를 지적함이다. 그것은 지금의 시대가 또 다른 단절을 불러올 위험이 깊이 도사리고 있음이 감지되기 때문이다.

3. '이 시대의 가치 있는 욕망'에 관한 논의

21세기로 진입하면서 또다시, 모두들 새로운 시대가 되었다고들 한다. 과학의 획기적인 발전이 가져온 정보화시대, 다양성의 시대, 다중심의 사회 그리고 신자유주의의 무한경쟁시대가 되었다고들 한다. 전 지구적 신경망이 된 인터넷에 현란한 디지털 영상이 범람하고, 생명공학의 유전자 조작기술로 복제된 생명체가 등장하며, 또한 나노기술을 통해 박테리아만 한 극소 기계의 발명이 추진되고 있다.

이러한 또 다른 전환의 상황에서 이 시대의 가치 있는 욕망에 관한 몇 가지 키워드들을 추출하고 그것들에 대하여 근본적 의미를 묻는 작업은 이 시대, 우리의 도시를 위해 매우 유용할 것이다.

(1) 문화, 그리고 문화도시에 관한 논의

새로운 도시를 논의하는 모든 장場의 첫머리에 '문화' 그리고 '문화도시'란 말이 어김없이 등장한다. 이는 우리 사회에 가장 중요한 가치로 합의를 이루고 있음을 드러내는 현상으로, 참으로 다행스럽기는 하다.

문화에 대한 고전적 정의는 "지식, 신앙, 예술, 법률, 도덕, 관습 그리고 사회의 한 구성원으로서의 인간에 의해 얻어진 다른 모든 능력이나 관습을 포함하는 복합 총체"이며, 바로 "인간의 삶 자체이며 삶을 디자인하는 행위"까지를 포함한다.

또한 통상적으로 문화라 함은 "정치, 경제, 사회, 문화 등 분과 영역으로 나눌 때의 문화를 지칭하는 것으로 여기에는 문학과 예술, 음악과 체육 등에 한정된다."라고 말해지기도 한다. 문화는 "인간이 이룩한 최고, 최선의 것(독일어로 Kultur)"이라는 개념으로 위의 두 개념을 통합하기도 한다. 그러므로 문화란 단순히 문학이나 예술이 아니라 사람들의 다양한 생활과 생존 방식 또한 진지한 노력의 결과이며, 문학이나 예술같이 결국 인간생활의 질을 높이는 것과 관련된다.

또한 문화란 독특한 삶의 양식life style과 세계를 바라보는 견해 등을 지칭하는 것으로서 사람들이 각자의 세계관, 삶과 사회적 지위에 대한 태도를 형성하고 표현하기 위해 사용하는 자료나 자원, 암호, 틀 등을 의미하기도 한다. 문화는 정체성identity의 기초가 되고 있으며 또한 끊임없이 변화하면서도 고유한 지속성을 가지고 있다.

과거에는 문화가 공유되며 하나의 전체를 이룬다는 점에 주목하고 이를 강조해왔다. 즉 하나의 집단이 하나의 문화를 공유하고 있다는 점을 강조했고 그것이 그 집단의 정체성으로 인식되어왔다. 이러한 문화의 배타성에 비하여 최근에는 하나의 집단 내에도 여러 다양한 목소리가 있을 수 있다는 사실에 대한 인식이 강조되고 있다. 이러한 관점에서, 문화는 오늘날 세계화의 이름으로 통합되고 탈중심의 이름으로 분화되는 개별 공동체를 다시 아우를 수 있는 가장 유력한 요소이다. 동시에 그러한 '문화'는 개인과 사회가 요구하는 삶의 조건들을 향상시켜나갈 수 있는 중요한 기제mechanism가 되는 동시에, 이 시대의 상황 속에서 새로운 산업들과 결합되고 전환되어 생산과 소비의 경제적 선순환을 만들어내기도 한다.

따라서 문화도시는 단순히 문학과 예술의 도시가 아니다. 그것은 문화의 고양과 밀접히 관련되어 있으며, 또한 여러 다양한 삶들이 나름대로 발전하고 또 고양될 수 있는 도시라야 한다.

이러한 문화의 개념이 개입된 도시 즉 문화도시는, 문화산업과 소비를 염두에 두고 있을 수도 있으며 생활의 질보다 소비의 질을 강조할 수도 있다. 특히 문화의 소비, 문화상품의 소비는 도시를 매력적으로 만듦으로써 관광과 거주를 흡인할 수 있고 교류에 기여할 수 있다.

문화의 도시를 만든다고 할 때, "문화는 누구의 문화인가?", "누가 보기에 문화적인 문화인가?", "계층, 성gender, 세대, 민족성ethnicity 등을 고려할 때 어떤 것이 문화적인 것인가?", "누가 문화적 헤게모니를 갖는가?" 등 문화의 주체에 대한 끊임없는 질문은 우리에게 주어진 근본적 과제이다.

이렇다면, 모든 도시는 문화도시이다. 그리고 "도시"는 근대가 발명한 가장 대표적인 문화의 총체라 할 수 있다. 그러나 협의의 그리고 통상적

---

1. 여기서 말하는 '인본(人本)'은 서구 철학의 두 축을 이루고 끊임없이 갈등과 긴장 그리고 역전을 거듭해온, 신본주의(神本主義)와 대립되는 인본주의(人本主義, Humanism; J. P. 사르트르가 "실존주의는 휴머니즘이다"라고 했을 때의 휴머니즘)가 아니라, 통상적 개념으로 "사람"을 위한 도시, 인륜적 뜻으로서의 휴머니즘과도 같은 가벼운 의미로 쓰인 것이다. 이러한 주석을 굳이 붙이는 이유는 우리의 전통적인 인간관과 서구의 휴머니즘과는 많은 차이가 있기 때문이다. 이런 뜻으로 이 글에서의 문화도시에 대한 기본적 관점은 오히려 시민이 주체가 되는, 정체성이 뚜렷하고, 지속가능한 도시라고 말 할 수 있다.

수준에서의 문화도시는 무엇보다 인본人本의 도시이며, 시민들이 쾌적하게 일상생활을 영위할 수 있는 도시를 말한다. 시민들의 일상이 쾌적하다면 그 도시는 방문객들에게도 쾌적한 도시이다. 그러한 도시가 아름다운 도시이고 동시에 문화도시이다.

그래서 문화도시는 미술관, 박물관 등 문화시설이 많은 도시만을 말하는 것도 아니고 문화예술 정책 지원이 풍부한 도시만을 말하는 것도 아니다. 문화도시는 그 도시(또는 시민)가 지향하는 삶의 진정한 의미와 가치가 구현되는 지극히 정상적인 도시를 말한다.

이렇게 문화도시를 논의하는 문제의 뜻은 근대 자본주의사회의 도시 특히 한국의 도시들이 자본주의의 시장경제 논리에 의해 확장되고 변화되어왔으며, 이런 도시가 만든 현실은 시민들 사이의 소외, 상대적 박탈감, 갈등을 만들어왔을 뿐 동시대 같은 공간을 사는 시민으로서의 공동체의식 형성에는 실패했다는 성찰적 반성이다. 이런 뜻으로 한국의 도시를 이끌어오던 20세기 후반의 개발독재 패러다임은 이제 크게 수정되어야 한다.

시민을 징집하듯 내몰던 개발의 바람은 더 높고, 더 크고, 더 많고, 더 값비싼 도시가 선善이라는 정량적이고 기계적인 가치관을 형성해왔다. 이것은 도시는 상품이고 우리의 인생도 상품이며 모든 것이 "교환가치"로 측정되는, 반인문적인 가치관을 도시에 가득 불어넣어왔기 때문이다.

따라서 문화도시는 아무 것도 없는 상황에서 새로운 것을 만들어내는 것이 아니며 이미 끈끈하게 이어온 삶의 흔적들을 되풀어내어 공간의 구조로 구축한 결과물이다. 그러므로 문화도시를 논의한다는 것은 단순히 도시의 형태적 문제에 관한 것이 아니라, 도시에서 벌어지는 시민들의 삶의 양식의 문제에 관한 것이다.

이런 관점에 서면, 문화는 흔히들 통계학에서 차용하여 동원되는 지표로 설명되지 않는다. 그렇다고 해서 추상적인 개념으로 설명하는 것도 옳지 않다. 문화는 형식과 제도가 아닌 구체적인 현실이고 우리가 가진 삶의 내용 그 자체이며, 우리의 삶의 내용은 우리의 역사와 자연 그리고 우리가 주체적으로 참여하는 도시의 형성 과정에 들어 있기 때문이다.

    문화도시를 실천함에 있어 다소간의 조심스러운 계몽이 필요하다. 그 계몽은 슬로건에 의해 강제로 내모는 계몽이 아니고, 실제로 도시에서 이렇게 살아갈 수 있음을 스스로 보여주는 실천적인 모습이 되어야 한다. 그 계몽은 몇몇 거점 지역을 만들어서 여기에서 구체적인 현실에 기반을 둔 문화도시의 예를 만들며 이 움직임에 시민들이 동참할 수 있도록 하는 것이다.

    이렇게 형성된 거점의 확대는 결국 도시 구성원 모두가 문화도시의 객체가 아니고 문화도시의 주체라는 의식을 심어줌으로써 이루어진다. 문화도시의 삶은 창조와 참여를 전제로 하기 때문이다.

    (2) 공동의 가치와 차이의 가치, 그리고 다원적 민주주의에 관한 논의
시간 혹은 역사를 연속적인 것으로 파악하려고 하는 역사주의는 공통적인 형식을 가져야 함을 강조한다. 이는 한 시대의 정체성을 규명함과 동시에 그 이전의 것들과 어떤 연관성을 모색하고, 더 나아가 다가올 경향을 예견 혹은 조장하려고 한다.

    이에 반하여 역사를 연속성으로 파악할 수 없다는 포스트모더니즘의 조건을 인식하는 부류는 오히려 차이를 강조하고 있으며, 동시에 동일성이 생산하는 전체주의적 경향 그리고 개별성을 억제하고 차이들을 차별하는 폭력성의 위험을 경계하고도 있다.

    '차이'는 어떤 대상의 특정한 조건을 밝혀준다. 이를 통해 각 대상의 특이성을 선명하게 인식시킴으로써, 여러 개체들이 하나의 동일성 속에 함몰되기보다 각기 복수화複數化된 상태로 존재할 조건을 부여받으며, 삶의 다양성을 그 자체로 긍정하게 한다.

각각의 개인, 주체, 혹은 예술작품의 특정한 조건을 규정할 수 있게 하는 것은, 그것의 차이들이다. 동일한 것에 대한 지식은 오로지 동어반복을 허용할 뿐이다. 주어진 상황이나 대상에 특성을 부여할 수 있는 가능성은, 차이에 그 토대를 둔다. 차이의 인식은 복수적인 것을 긍정적인 것으로 유도한다. 복수적인 문

화는 차이들을 자신의 모습, 자신의 뚜렷한 윤곽, 자신의 특성으로 만드는 문화다. 우리 동시대 건축의 현재 상황을 차이들의 문제로 기술記述하려는 접근 방식은, 복수성複數性을, 출발점으로서뿐 아니라, 우리 동시대 현실에 자리 잡고 있는 어떤 단편斷片도 다양성 중의 하나로 위치한다는 것을 뜻한다(이냐시 데 솔라 모랄레스 지음, 이종건 옮김, 『차이들-현대건축의 지형들(Differences Topographies of Contemporary Architecture)』, 시공문화사, 2004).

이러한 양면성을 드러내는 담론들은 이제 우리에게 한 시대, 한 지역을 지배하는 도시의 어떤 "유형"에 크게 열린 유연성을 가질 것을 강하게 권고하고 있다.

이럴 때, 우리는 R. 세네트Richard Sennett의 말에 귀 기울이게 된다.

…… 다원적 민주주의는 중앙 집중화된 권력을 목표로 하지 않는다. 그것은 시민정신을 단순히 '권리'와 '의무'같은 하나의 대상으로 파악하는 것을 거부하는 것이며, 오히려 서로의 차별성이 발전의 주체라고 본다.
다원적 민주주의는 현대도시와 긴밀한 관계가 있다. 도시들은 인간의 공동체와 긴밀하여야 하며, 이것은 아리스토텔레스가 "Synoikismos"라는 개념-한 공동체 안에서 서로 다른 다양한 가치를 추구하는 것-에서 실현하려고 했던 것이다. 현대 세계에서는 도시 공동체의 파편화가 급속하게 증가하고 있다. 다원적 민주주의는 이러한 파편화로부터, 지방 사회의 요구와 학교 공동체 간의 조화, 복지정책 혹은 건물 유형 등의 대안을 수립할 것이다.
다원적 민주주의는 또한 특별한 물리적 형상을 가지고 있다. 이 민주주의적 비전은 거대하고 집중적인 건물들이 표현하는 상징보다는 공동체의 뒤범벅되어 보이고 여러 가지 언어가 적층된 건축을 선호한다. 또 이는 도시 중심부의 집단적 개발을 배격하며, 도시 전반에 걸쳐 더욱 느슨한 성장의 방식을 추구한다.
궁극적으로 다원적 민주주의를 표방하는 형상은 전체로서의 도시를 표현하는 이미지를 철저히 부서뜨리는 결과를 만드는 것이다……

(R. Sennett, *Raoul Wallenberg Lecture*, 1998)

이러한 논점에 의한 새로운 도시관은 R. 쿨하스Rem Koolhaas의 적절한 정의를 상기시킨다.

만일 앞으로 '새로운 도시관都市觀'이 창출된다면 그것은 이제 더 이상 질서와 전능이라는 한 쌍의 환상에 근거하지는 않을 것이다. 그것은 불확정성을 발판으로 전개될 것이다. 그것은 이제 더 이상 영구적인 오브젝트들을 어떤 규율에 따라 적절히 배열하는 것이 아니라, 잠재력이 있는 영역들을 무심한 듯 흐트러 놓음이 될 것이다. 그것은 더 이상 안정적인 구성을 목적으로 하지 않으며, 최종의 형태로 정형화되기를 거부하면서 과정들이 수용되는 가능성의 장을 창조할 뿐이다(Koolhaas and Mau, S,M,L,XL, 1995, p.969).

(3) 철저한 단절과 창조적 파괴

근대는 과거와는 철저하게 단절하고 새로운 것의 창조라는 화두가 지배했던 시대였다. 세계를 과거와 상관이 없거나 과거가 끼어들더라도 그것을 지우고 새로운 것을 기록할 수 있는 백지(tabula rassa)로 보았다. 따라서 근대는 온건하고 민주적인 것이든 혁명적이고 권위적이며 상처를 남기는 것이든, 종류를 불문하고 항상 "창조적 파괴"였다. 수많은 아방가르드들이 이 "창조적 파괴"에 골몰했고, 독창적이고 새로운 것이면 지고의 가치를 획득한 듯했다.

그러나 생시몽Duc de Saint-Simon, 1675~1755과 K. 마르크스의 말을 인용한 D. 하비David Harvey, 1935~는 그것이 신화일 따름이라 단정한다. "철저한 단절이라는 개념이 가지는 힘은 설득력이 강하고 광범위하게 적용되지만, 정황적으로는 그런 힘이 발생하지도 않았고 발생할 수도 없다는 증거가 얼마든지 있기 때문이다. (중략) 어떤 사회 질서도 기존의 여건 속에 이미 잠복해 있지 않던 변화를 만들어낼 수 없다."(D. 하비, 김병화 옮김, 『모더니티의 수도 파리Paris, Capital of Modernity』, 생각의 나무, 2005, p.9)는 것이다.

독창적이란 것은 두 가지 의미를 가진다. 그 하나는 근원으로 돌아가는 것

위니테 다비타시옹 L. 멈포드(Lewis Mumford)는 그의 책 *The Highway and the City*(A Mentor Book, published by New American Library, 1964. 5)의 6장 "the Marseille Folly"에서 위니테 다비타시옹 역시 하나의 'folly'에 지나지 않는다고 말한다.

을 말하는데, 이 근원은 모든 후속의 것들을 만들어낸 첫째 것을 이른다. 또한 독창적이란 말은 이전까지는 전혀 일어나지 않았던 것을 발견해냄을 의미한다.

이들 두 의미가 모순 없이 결합된 경우 우리는 비로소 독창적이라 부를 수 있다. W. 벤야민Walter Benjamin, 1892~1940이 『아케이드 프로젝트Das Passagen-Werk』에서 행한 파리의 연구는 이러한 점에서 우리에게 시사하는 바가 크다. 그는 제2제정의 파리가 어떻게 작동했는지, 자본과 근대성이 어떻게 특정한 장소와 시간에 만났는지, 이 만남에서 사회적 관계와 정치적 상상력이 어떻게 활기를 얻었는지를 최대한 잘 재구성하고 있기 때문이다.

어떤 사회질서도 새로운 것의 특징들이 기존의 상태에 이미 현존하지 않고서는 변화할 수 없으며, 철저한 단절처럼 보이는 것 아래에 깔려 있는 깊은 연속성을 간과할 필요가 있다. 이런 뜻으로 근대의 단절 또는 창조적 파괴는 후자의 의미만을 고양한 듯한 느낌을 지울 수 없다. 독창성의 이름으로 시각적 미학에만 경도된 수없이 양산된 폴리folly들을 그저 '이상하지? 재미있잖아!'라는 말로서만 넘어갈 수 없기 때문이고, 이러한 폴리들이 우리의 도시를 물신주의가 지배하는 곳으로 크게 오염시켰음을 상기할 필요가 있다.

(4) 일상성의 회복

오랫동안, 우리는 도시에 과거를 기념하기 위한 기념물 또는 장소를 만드는 일에 지나치게 골몰해왔다. 20세기의 대표적 거장인 르 코르뷔지에Le Corbusier의 시대를 앞서가는 위대함은 부정할 수 없지만 변화와 삶의 실체를 소홀히 하고 있으며, 근대의 걸작으로 회자되는 위니테 다비타시옹Unite d'Habitation 역시 이집트의 피라미드같이 시각적 미학에 집착하여 땅의 역사를 파괴한 기념물일 뿐이라는 비판을 피하기 어렵다.

기념물은 그 자체를 숭배의 대상으로 제시하고, 변함없는 예전의 광채와 업적을 영원히 상기시킨다. 이러한 관행은 모든 건물과 장소 또한 기념비적인 것으로 만드는 풍조를 만연케 했고, 도시는 오독된 과거의 기록으로 거짓된 역사를 주지시키며 동시에 시민들을 기만하는 만들어진 전통으로 그득해지는 오류를 범했다. W. 벤야민은 "개선 행진에 의기양양하게 참석하는 사람이라면 누구나 패배하여 굴복한 사람들 위를 가로질러 넘어간다…… 모든 문명의 기록은 동시에 야만의 기록이다."(W. Benjamin, Illumination, p.258)라고 쓴다. 한편으로 이러한 야만은 상대적으로 도시의 일상적 삶을 외면하는 또 다른 오류를 범하게 된다.

기념물의 의미는 그 자체의 역사 속에서 변화하는 속성을 지닌다. 승리의 기념물도 때가 되면 어쩔 수 없이 패배의 기념물로 변화될 운명을 지나칠 수 없다. 어떤 대상이 몰락함에 따라 건축물들과 함께 자부심은 산산이 무너지고, 언젠가는 진실이 드러날 터이다. 도시의 자랑스러운 기념물이 역사의 영광스러움을 가장 명료하게 표현하기는 하겠지만, 기념물의 이후 삶에서 똑같은 구조물들을 통해 도시가 신화적 망상의 장소임이 언젠가는 폭로될 것이다. 기념물을 비판적으로 독해하면, 기념물들은 도시가 자기 기만과 어리석음, 무지와 비인간성, 신화와 근시안적인 생각임을 드러나게 한다. 도시는 끊임없이 쌓인 과거의 잔해들로 구성되어 있기 때문이다.

한편으로 이러한 야만은 상대적으로 도시의 일상적 삶을 외면하는 또 다른 오류를 범하게 된다. 이럴 때 우리는 M. 마프졸리Michel Maffesoli의 일상사회학을 들추게 된다. 그는, 모든 사회는 어떠한 하나의 논리가 지속하는 것이 아니라, 끊임없이 변화한다는 점을 주목한다. 이전의 K. 마르크스, M. 베버 등 사회학자들은 세상 전체를 일관하는 하나의 관점을 발견하거나 만들려 했다. '도시란 무엇인가?', '왜, 사람들은 모여 사는가?', '이러함에 일반적인 법칙은 없는가?' 등 일견 사회는 무질서해 보이지만 그 구성 원리가 있을 것이라는 소위 거대담론에 경도傾倒되어 있었다. 이러한 원리 또는 법칙을 발견할 수 있다면 그것으로 사회의 구조를 파악할 수 있으며, 문제점을 드러내어 치유할 수도 있을 것이라는 과학적 태도였다. 즉 사회를 객체 또는 객관적으로 놓고 보려는 과학적 방법론이 주류를 이루었다. 그러나 이러한 일반화시키려는 논거 속에 '자신'을 배제하게 되는 위험이 도사리고 있음을 간과하는 우를 범한다.

4·19혁명 당시 이승만 동상의 철거 장면

사회는 호락호락 하나의 이론으로 파악할 수 있는 것이 아니다. 그저 사후약방문死後藥方文일 뿐. '진실은 감추어져 있고[심층(深層)의 세계], 겉으로 드러난 현상[표층(表層)의 세계]은 가짜다.'라는 관점에 대립하는 '심층의 세계는 없고, 모든 드러난 일상성만이 있을 뿐'이라는 인식의 도전이다.

매일 매일의 일상보다 중요한 것은 없으며, 그것이 우연이든 필연이든 일상이 쌓여서 그 흔적이 역사가 된다. 그래서 아주 미세한 것들, 하찮게 여겼던 것들이 중요한 가치를 가진다. 대대로 살아온 조그만 마을을 그려보자. 집과 일터, 느티나무 그늘, 우물, 학교, 장터를 오가는 일상이 바로 '선조들의 삶의 양식'이며 그 일상을 반복하는 나 자신도 그 '삶의 양식'에 편입되는 것이다. 따라서 나의 할아버지가 걸었고, 나의 아버지가 걸었으며, 또 내가 그 길을 걷는다는 것은 나의 매일 매일이 그 역사에 편입되는 것을 의미한다.

일상적 삶의 흔적이 누적되어 개개인의 역사, 공동체의 역사, 사회의 역사가 된다. 이 세상을 변혁시키는 것은 이제 거대담론이 아니다. 그것은 과거와 미래가 하나의 연속된 현재가 된 건축과 도시, 일상적이고 세속적이며 평범한 것을 회복하는 것, 일상의 하찮은 것에 형식을 부여하는 일 등으로서 변혁되는 것이며, 이로써 우리는 일상을 넘어 초월적 세계에까지 도달할 수 있을지도 모른다. 그래서 역사적 구성은 이름 없는 것들의 기억에 헌정되어야 한다.

⑸ 건축적 풍경, 그리고 현상학적 미학

상술한 논의를 보편적으로 확장하면, 근대의 건축과 도시의 미학을 총체적으로 성찰할 수 있다.

우리는 오랫동안 건물들의 형태의 아름다움을 추구해왔다. '저 푸른 초원 위에 그림 같은 집'이 우리 건축미학의 목표였다. 그리고 이는 비단 건축뿐 아니라 모든 시각예술의 목적이었고, 이에 따라 상징적 표현, 오브제적 미학에 집착하여 기념비만이 아니라 기념비적 건축을 양산해왔다. 전술한 바와 같이 만일 건축 또는 건축공간이 생활의 배경일 따름이며, 상황에 따른 변화와 변태가 주된 목표가 되고, 환경의 조건에서 건축의 조건을 추상해내는 것이라면, 이제 미학에 대한 패러다임의 전환을 요구받을 수밖에 없다.

지금까지 미학의 교과서로 취급되었던 자연 그대로의 의미로서 자연은 현재의 삶 속에서는 지극히 찾아보기 힘들게 되었다. 우리 주위의 환경을 구성하고 있는 자연물들도 어떠한 형태로든 인공적인 힘이 가해져 변형되어버렸다. 시간이 지남에 따라 자연과 인공물은 대립의 관계가 아니라 서로 녹아들어 같이 진화하게 된다. 이러한 인위적인 자연 속에서 건축 작업은 점차 인위적 환경이 진화한 상황에 구체적으로 대응specificity하게 되고, 동시에 그러한 상황을 추상화하여 일반화시킴으로generality 현대성modernity을 획득하려 하며, 이러한 추상화 작업을 통해 자연이 가지고 있는 본질적인 구조에 가까이 가려고 한다. 이렇게 인위적으로 의도되어 만들어진 형상을 '건축적 풍경'이라 부를 수 있다.

이러한 관점에서 미학의 주된 목표는 주변 자연환경과의 행복한 관계이며, 그래서 그것이 위치하는 땅의 지형과 지세, 태양의 오리엔테이션, 바람의 흐름, 주변의 풍경 등을 포함한 모든 특별한 조건들이 건축공간과 장소를 디자인하는 조건이 된다. 따라서 '어떤 특정의 공간 또는 장소'는 기능적 관점으로는 다른 것과 다를 바 없이 중성적이며 불확정적 공간이지만, 그것의 주변환경의 특별한 조건들이 특정 건축가의 지적 감수성에 의해 주목되고 선택되고 새롭게 해석되어 그것들 상호 간에 특별한 관계를 맺게 됨으로써, '다른 공간 또는 장소'와 구별되는 고유한 정체성을 획득한다. 바로 '특별한 불확정성 공간specific indeterminate space'이다.

그래서 디자인은 땅이 이미 가지고 있던 제한조건들을 한 가지도 놓치지 않고 붙들어 매어 예민한 관계를 맺도록 새롭게 편집하는 일이다. 결국 이들 공간이 이루어놓은 것은 공간의 형상이 아니라 주변과의 상대적 관계들이고 그래서 경계들은 유연하게 와해된다. 이는 우리 도시와 건축의 역사를 땅의 역사에 잇닿아 놓음으로써 그 깊이를 더욱 깊게 만드는 작업이기도 하다.

이 공간의 동선 역시 위계나 체계를 구태여 가지고 있지 않다. 그래서 이 공간의 동선은 예상한 흐름에서 조금씩 비켜서 있고, 그 때마다 우리에게 특별한 풍경을 보여준다. 이들 경계가 허물어진 내외공간을 헤집고 다니는 길을 따라 움직여갈 때마다, 우리를 매혹시키는 모순과 긴장의 장을 창조해낸다. 그래서 전체는 사라지고, 매 순간 만나는 풍경의 시리즈가 의미를 가지게 된다.

그것은 특별한 풍경이 아닐지도 모른다. 오히려 일상의 풍경을 새롭게 보게 만든 것이다. 부유富有한 도시의 부유浮遊하는 모습을 아주 낮은 틀을 짜서 보여주기도 하고, 늘어선 특별한 나무들의 표피는 옆집의 벽을 배경으로 더욱 밝게 빛나 회화적 풍경을 만들기도 하며, 갑자기 특별한 물성이 드러나는 벽과 맞닿은 좁은 골목에서 고개를 들면 조각난 도시의 하늘을 신선하게 만나기도 한다. 이렇게 동선을 따라 정밀하게 편집된 풍경들의 결합은 마치 몇 장의 스틸사진을 동영상처럼 연속시켜 보여줌으로써, 우리의 일상을 깨어 있게 하는 강한 힘으로 작용한다.

그래서 이러한 공간과 이곳에서의 생활의 관계는 역동적이며, 그들 사이에 지속적인 갈등이 유발된다. 생활의 본질적 성격이 그러하기도 하지만, 생활이 공간 안에 있는 것이 아니라 공간 자체에 각인刻印된 듯이 함몰되어 공간과 함께 지속적으로 자율성을 가지고 움직인다. 한시적으로 점유되는 생활이 끝나면 언제라도 함께 끝나버릴 것 같은 위기감마저 예상케 하지만, 매 경우에 따라 만들고 있는 아우라Aura를 보아 지속될 수 있는 이 공간만이 가지는 본연의 질質이 도사리고 있음을 안다.

이는 공간을 구태여 디자인한 것이 아니라 관계와 상황을 디자인했기 때문에 가능한 것이다. 건물이 주역이 되어 특별한 프로그램을 수용할 목적으로 땅 또는 장소를 변형하기 위해 존재하는 것이라기보다, 이제 땅의 조건들이 건물을 변형시키는 것이며 건축은 자연의 힘들을 드러내기 위한 조역일 뿐이다.

따라서 이곳에서 공간과 생활이라는 분류는 무의미해진다. 한시적 생활이 수용되었다기보다는 오히려 공간 자체가 생활의 협조를 받아 순간 특유의 분위기를 창조하고 있다. 그래서 바닥을 밟고, 공간으로 진입한다기보다는 공간의 안으로 걸어 들어가 공간과 생활이 일체화하여 안정될 때까지 갈등 상황을 매 순간 만들어내고 있다.

공간의 의미는 직접적으로 현전現前되지 않으며 오히려 무한히 연기되고 달라지는 현전現前과 부재不在의 끝없는 교체라는 점에서 J. 데리다 Jacques Derrida, 1930~2004의 차연differance에 가깝다. 이것은 공간적인 차이나 시간적인 대기의 의미를 지닌 어긋남이며, 상호 모순이 동거한다. 즉 서로 대립되는 주체와 타자를 아우르고 있는, 모순적인 것들이 함께 생성하는 창조의 원천이 된다.

이러한 공간은 '공간'에서의 2자 즉 공간과 생활의 만남이 고양되는 순간을 위한 일종의 의식儀式이고, 그래서 이곳은 행위行爲, performance가 현상現象, appearance으로 재현再現, representation되는 가능성으로 충일充溢한 공간이다.

따라서 우리는 문화 지형(culture-geography, culture-landscape, culturescape, kulturlandschaft(독))으로 관심을 돌릴 수 있다.

조경의 관념을 땅과의 경직된 관계에서 떠나게 하여 도시성에 대한 이해로 전환시킬 때, 과학적 한계와 범주를 뛰어넘는 새로운 세계를 전개할 수 있다. 문화 지형의 관점에서 도시의 형상은 시각적으로 하나 혹은 몇 개의 건축물로 정해질 수 없다. 이는, 기념비적 건축이나 상징적 조형물은 더 이상 새로운 도시의 환경이 아니라는 것을 의미한다. 기념비나 상징물을 필요로 하는 시대는 선전과 구호의 시대이며 그것은 미개한 사회이다.

단 하나의 단위에서도 이 도시가 가진 가치가 구현되어야 하며, 모든 건축과 공간은 공유하는 재산이다. 따라서 공공 영역의 확대는 개별 영역에까지 확대되어 공동성의 성취를 목표한다. 새로운 시대는 부분이 전체보다 결코 덜 중요하지 않으며, 개체가 전부보다 더욱 중요할 수 있다. 혹은 부분이 전체를 다 표현할 수도 있으며 전부를 유지하기 위해 모든 개체를 다 필요로 하지도 않는다. 새로운 도시의 이미지는 개체가 모여서 만드는 집합의 아름다움을 갖는다. 서로 다르지만 그 차이를 인정하고 문화를 매개로 서로 어울려 전체의 조화를 이루는 아름다움, 이것이 도시와 건축이 갖는 새로운 미학이 된다.

(6) 산보하는 도시

인간이 생물체이지만, 다른 생물체와 구별되는 것은 의식意識을 가지고 있다는 사실이다. 따라서 인간에게는 이 두 가지 사실에 상응하는 두 가지 시간이 공존한다. 수태되고 자라며 성숙하고 늙고 죽어가는 시간 즉 육체의 시간이 그 하나라면, 의식의 시간이 다른 하나이다. 실제로 우리는 항상 두 가지 시간 사이에 있다.

도시는 이러한 단선적 육체의 시간과 의식의 시간을 담보할 공간이 공존해야 한다. 바로 산보하는 도시, 만보객漫步客, flaner의 도시가 바로 그것이다.

이 도시의 사람들은 근사한 장소들을 자기 것으로 알고 자기를 그에 맞추며 사는 사람들로, 도시를 자기를 낳아준 어머니의 역할로 받아들인다. 물리적인 것·보이는 것이 아니라, 보이지 않는 것·시간·장소성을 사랑하고, 어떤 편견도 갖지 않고 도시를 즐겁게 어슬렁거리는 사람들이(flaner) 사는 도시다. 마치 프랑스 파리의 사람들처럼.

네다섯 시, 조개껍질 내부에 유약처럼 번져오는 어두운 분홍 진주 빛 기운. 북쪽으로부터 세느강을 향하여 대각선 방향으로 걸어 가로지르며, 우리는 파리를 한껏 들이마신다. 젖은 꽃들과 채소더미, 커피, 눅눅한 포장도로, 밤과 낮의 혼합된 향기. 우리는 길의 수를 다 세지 못한다. 우리 자신의 존재마저 망각한다. 약속은 끝이 없고, 그것은 삶에의 약속이었다.

이 도시 속에서 궁극적으로 사람들은 영혼을 가득 채우고, 도시를 이루는 모든 요소들과 교감을 이룬다.

특히 우리가 주목하는 것은 아직도 최소한의 활기를 유지하고 있으며, 수많은 이야기들이 흔적으로 쌓여 있는 미로와도 같은 골목길이다. 죽어가고 있는 블록block, 가구(街區)의 내부를 재활한다면, 이는 근대 이후 직선화한 도시 조직에서보다 다원적인 다양한 삶의 방식을 가장 적절하게 수용할 수 있을 것이다. 바로 '미로迷路의 도시'가 부활된다면, 새로운 문화가 생산되고 소비되는 장소로 재활할 수 있는 엄청난 잠재력을 갖게 된다. 미로의 도로 조직에 적절하고 고유한 건축 유형, 외부공간 유형 등을 개발하는 것이 우리의 새롭고 즐거운 과제가 된다.

(7) 현대의 유목민을 위한 '방의 도시'

문명은 유목생활로부터 정착생활로의 전환에서 시작되었다. 농경의 발견과 진보는 생존의 문제로부터 인류를 해방시켰고, 그것을 바탕으로 문명을 일굴 수 있었다. 이것은 인류의 역사에서 가장 위대한 혁명적 변화라 할 수 있다. 이는 모든 문명의 발상지에서 확인할 수 있으며, 전 인류의 보편적 현상이었다. 언제부터인가, 유목민이었던 한민족이 한반도에 정착하면서 한민족의 독창적 문명을 일구어온 것이.

이탈리아 산 지미니아노의 골목길 풍경

그러나 지난 백오십 년 동안, 동서양을 막론하고 이러한 문명화와 버금가게 중요한 변화가 또 하나 있었다. 정착 사회의 긴긴 시간에 비한다면, 지독히도 급격한 변화라 할 수 있다. 산업화와 자본주의가 전례 없던 규모와 새로운 종류의 폭력으로 인간의 이주移住를 요구했고, 지금처럼 사람들을 뿌리째 뽑는 시대는 이전의 그 어느 때에도 없었다. 자의에 의해서든 강제로든, 국경을 넘어가거나 시골에서 도시로 옮겨 가는 이주는 우리 시대의 일반화된 경험이다.

"그들은 이전의 민족대이동이나 십자군운동을 무색하게 만들어버린 원정을 이끌었다."라고 1872년 마르크스가 말한 이후 O. 슈펭글러Oswald Spengler, 1880~1936에 이르기까지, 모든 근대 사상가들은 이주를 우리들 시대의 대표적 현상으로 확인해왔다.

조선 건국 이후 200년의 화평한 시대를 상기한다면 전례 없는 규모와 새로운 종류의 폭력으로 한민족의 이주가 강제된 것은 임진왜란에서 그 전조를 찾아볼 수 있겠지만, 일제강점 이후의 유랑과 걸식, 일제에 의한 태평양전쟁의 강제 동원, 해방공간과 한국전쟁 중 이데올로기 투쟁이 초래한 이산離散 등 타의에 의한 그리고 폭력적이었던 한반도에서의 이주는 그 어느 곳보다 비극적이었고 또한 집단적이었다. 그리고 최근 50년 근대화의 이름 아래 행해진 산업사회로의 급격한 전환에 기인한, 도시화로 야기된 또 다른 대규모의 이주 또한 그러하다.

만일 건축이 시대의 표상이라면, 이러한 뿌리를 통째로 뽑은 황량하기까지 한 한반도에서의 이주들은 우리의 도시와 건축 또한 뿌리 뽑힌 것으로 만들었다.

박길룡은 "대원군의 경복궁 중건으로 한국의 역사 양식은 사실상 종언된다."(박길룡, 『한국현대건축의 유전자』, p.14)라고 단언한다. 이어서, 기독교 건축을 시초로 이 땅에 이식된 건강하지 못한 서양건축의 경험은 열등의식을 조장할 뿐인, 그저 "놀랄 만한 건축적 사실"일 뿐이다. 이런 건강하지 못한 시작을 바로 고치고, 다시 독창적 본원으로 돌아가고자 하는 몸부림은 한국 현대건축을 일그러진 모습으로 드러내왔다.

이러한 뿌리 뽑힌 우리의 현대도시에서 마치 독버섯처럼 특이한 형식외 공간이 만들어졌고, 급속도로 번지고 있다. 바로 '방의 도시'이다. 이는 점점 유목민화되고 있는 현대도시인들의 생활을 표상하는 중요한 현상이다. 우리가 '방'을 주목하는 이유[2]는 단순히 현대 한국 도시의 현상이기 때문만이 아니라, 이는 모더니즘 건축의 핵심적 논리인 기능주의를 극복하는 하나의 키워드가 될 수 있기 때문이고, 변화하는 사회와 도시의 요구에

방의 도시

2. 2004년 베니스건축비엔날레 한국관의 주제는 '방의 도시'였다(커미서너 정기용). 한국의 도시들에서 지금 특별히 나타나는 이 현상을 주목하고, 그것의 가능성을 검증해보는 의미 있는 전시였다. "…… 그래서 이제 방은 사적인 영역이 아니라 그 자체로 세계가 되었다. 우리는 방에 들어가 세계와 만난다. 방은 사회의 개체화되고 고립된, 막다른 사적인 영역이 되면서 동시에 세계를 향해 열려 있고, 지식의 바다에 부유하는 새로운 공간이 되고 있다. 방은 '지금 여기'이면서 즉각적으로 '저기'이고 또한 '미래'이다. 나의 방 속에는 셀 수 없는 수많은 방들이 겹쳐져 있는 바로 이 사실을 주목하는 것이, 베니스비엔날레 국제건축전 한국관에서 깊이 들여다볼 관심사인 것이다."

적절히 대응하는 하나의 해답이 될 수도 있기 때문이다. 이러한 현상이 한국에서 유독 발달하고 있는 것은 전통적으로 공간에 관한 우리의 태도가 소위 "불확정성 공간indeterminate space"이었기 때문일 것이다.

만일 이러한 방들이 거점據點, node들로 역할해준다면, 그것들의 네트워킹을 통해 새로운 시대의 새로운 도시로서 기능할 수 있는 잠재력을 갖게 된다.

여기서 언급하는 거점은 지역개발론에서의 '성장거점'과는 달리 문화적 거점이었으면 한다. 문화적 거점은 문화적 현상이 도시의 전반적 영역에 깔려 있는 일상과 현저하게 겹쳐질 수 있는 영역을 말한다. 이곳은 그러한 문화적 현상을 추동推動하는 정책적인 역량이 집중되는 곳이다.

문화적 거점들은 독립적이어서는 안 된다. 중요한 것은, 충분한 네트워크의 체계가 마련되지 않은 고립된 거점들은 도시 내에서 온전하게 거점으로 작동하지 못한다는 것이다.

거점node의 두 모습인 허브hub와 클릭click은 네트워크 이론의 핵심 개념들이다. 허브는 매우 많은 연결고리를 갖는 거점으로 다양성을 바탕으로 새로운 아이디어가 태어나고 성장하는 곳이다. 이에 반해 클릭은 동질성에 기초하고 있으며 혁신보다는 시스템의 완성과 고착화가 진행되는 곳이다. 한국의 도시들은 허브가 되고자 하면서도 여전히 클릭의 특성을 버리지 못하고 있다.

클릭으로서의 특성은 도시와 건축에서 거대한 동질성으로 나타난다. 이것은 혁신적인 아이디어가 나타날 수 있는 도시적 풍경이 아니다. 이러한 거대한 동질성은 도시의 경계선에 담을 두르고(그린벨트·행정구역), 도시가 외부 세계와 무관하게 독립적으로 존재할 수 있으며 그것이 바로 정체성이라 강변하는 것은 시대착오적인 환상일 뿐이다.

(8) 포디즘에서 포스트포디즘으로의 사회, 창발적 공간

현대는 포디즘Fordism의 사회 즉 소품종 다량 생산의 축적 방법에서, 포스트포디즘Post-fordism 즉 다품종 소량 생산의 유연축적 방법의 경제체제로의 전

환을 뜻한다. 이는, 앞으로의 사회는 스스로 생산하고 창조하는 도시로의 이행을 의미한다.

이러한 도시의 공간(또는 지역)은 서로 위계에 의해 조직된 단일 공간(또는 지역)들이 가지지 못한 창발적 성질創發的 性質, emergency properties을 가진다. 이 성질은 다음과 같이 규정할 수 있다.

복잡한 거시적 행동은 단순한 요소들의 개체군이 생성하는 상호 작용들로부터 자연발생적으로 나타날 수 있다. 철학적 맥락에서 이것은 환원주의와 분석적 사고의 한계를 드러낸다. 물질과 에너지를 아무리 정확하게 계산해도 그것으로부터 어떤 조직화organization가 발생할지 예측할 수 없다. 생물학은 물리학으로 환원되지 않는다. 또 전체는 부분들의 합이 아니기에 분석적 사고는 설득력을 잃어버린다. 때문에 분석을 종합으로 보완할 필요에 봉착하게 된다.

전체를 부분으로 해부해서 그 부분들의 조합으로 설명하는 환원주의적 분석적 사유 대신에, 부분들의 복잡한 상호 작용을 통해서 그리고 비결정성indetermination의 개입을 통해서 일정한 전체가 형성되는 과정에 주목할 필요가 있다. 이로부터 잠재적 환경virtual environment의 개념이 요청된다.

발생적 요소들genetic elements로서의 부분들이 복잡하게 상호 작용할 때, 거기에서 생겨날 수 있는 조직화들·전체들은, 잠재적으로(말하자면 점선으로) 그려지고 있다고 할 수 있다. 이 잠재적 차원을 '잠재적 환경'이라 부를 수 있다.

이러한 창발적 공간으로 이루어진 잠재적 환경을 구축하기 위해서 앞서의 여러 논의들과 토론들이 종합되기를 기대한다. 즉 도시공간이 삶의 인프라로서 지속 가능하도록 하기 위해서이다.

⑼ 생태환경, 그리고 한국의 전통적 관계론

'건축은 위험한 분야이다'라는 R. 쿨하스의 말을 깊이 이해하고 있지는 않지만, 인간을 유한한 존재로 보는 생태의 시대의 중심 화두인 소위 '개발'과 '환경보존'의 대립과 갈등은 건축과 도시를 포함한 모든 인공 환경의 존립을 근본적으로 위협하고 있다.

그럼에도 불구하고 건축이란 것이 지속된다면, 건축의 본원적 역할인 '21세기를 위한 새로운 삶의 장소의 창조' 그리고 그러한 작업의 바탕이 될 '인간적인 것에 대한 새로운 정의'를 탐색해야 하며, 그러기 위해서 '인간생존'이라는 벼랑에 서서 우리의 사고 패러다임을 크게 전환하여 '인간과 자연의 화해'가 지선至善의 가치로 상정되어야 한다.

이러한 논의는 단순한 생태환경 회복의 차원을 넘어, 자연과 인간의 관계에 대한 철학적 성찰과 더불어 실천의 문제 즉 윤리학의 논의로 옮아가게 된다. 이럴 때, 우리는 한반도의 땅의 공간과 그 공간을 보는 한국의 전통적 자연관, 그 철학에 의해 땅을 점유하는 방법 등을 탐색하는 필연이 있다.

우선 한국의 땅이 만드는 경관 조직을 가장 극명하게 보여주는 한국의 고지도古地圖를 주목하자. 한국의 전통적 지리학〔지도(地圖)와 지지(地誌)〕, 특히 조선 후기 지리학의 가장 특징적인 관점은 산경山徑과 수경水徑의 개념이다. 이는 땅을 인식하는 독특한 방법론이다. 산을 고립된 산봉우리가 아닌 능선의 연속적인 흐름(山徑)과 그 분수령이 만드는 물의 흐름(水徑)이 유기적으로 조직된 총체로 인식한다. 해서 고지도古地圖는 2차원의 평면도로 그려졌으나 우리에게 거대한 지형적 공간으로 보인다. 여기서 강의 흐름과 산의 흐름이 만드는 풍경이 보인다. 그리고 이 땅의 독특한 산하에 경작지를 고르고 집을 짓고 마을을 이루어 살던 한국인들의 삶이 보인다.

여기에 드러나는 한국의 전통적 공간관은 원시 유학儒學과 도가道家의 자연관, 불가佛家의 선사상禪思想 등이 종합된 것으로 천·지·인天·地·人을 하나의 커다란 유기체로 인식하는, 인간과 자연의 공존의 철학이다. 즉 한국인들은 땅을 생적生的 및 동적動的인 존재로 인식하고, 인간을 땅으로 대표되는 자연의 일부라고 생각해왔다.

이러한 한국의 전통사상은 아름답고도 심원한 생태적 지혜를 간단없이 보여준다. 그 사유는 시적詩的 이자 미학적美學的이며, 협소한 인간중심주의를 넘어 인간과 자연, 인간과 만물이 근원적으로 동일한 존재로서 이른

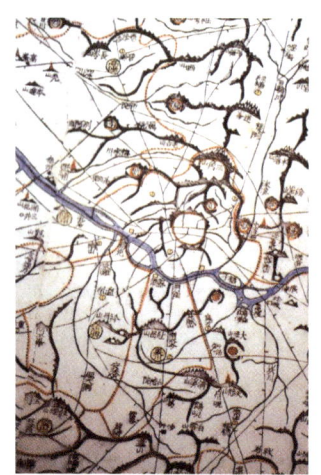

대동여지도 부분

바 '하늘이 사람(人)과 물체(物)를 끊임없이 낳는 이치'(生生之理)에 따라 생명의 율동을 구가하고 있음을 강조하고 있다. 그 생각의 움직임은 도구적이거나 조작적 이성理性에 익숙한 우리 현대인으로서는 상상하기 어려울 정도로 심오하고 근원적이다. 사물의 외관이 보여주는 차별성 너머에 존재하는 생명의 근원적 동일성을 주목한 것이다. 생태계를 장엄한 생명의 장 커다란 조화와 공생의 장으로 이해한 것이나〔매월당(梅月堂) 김시습(金時習)〕인과 물에 차별성이나 가치적 위계位階가 있을 수 없고, 인간과 물이 근본적으로 대등하다고 보는 '인물균人物均'의 관점에 선다〔담헌(湛軒) 홍대용(洪大容)〕.

이는 인간과 다른 생물의 관계에 대한 새로운 윤리의 모색일 뿐 아니라, 더 나아가 인人과 인·인과 물物·물과 물 사이에도 피아彼我의 차별을 뛰어넘어 그 '개별성'을 긍정케 함으로써, 개별적 존재 각자의 삶을 존중하는 윤리로 발전되고, 평등의 이념에 이르고 있다.

'평등'이라는 이념은 인간과 인간 사이에 대해서는 물론이고, 인간과 자연, 자민족自民族과 타민족他民族, 지구와 다른 별의 사이에까지 대체로 일관되게 관철되는 양상을 보여준다. 이 점에서 여기에 제기된 '평등'이라는 이념은 서구 근대사상의 평등 개념보다 훨씬 호한浩瀚하며, 생태적인 각성을 그 바탕에 깔고 있다는 차이가 있다. 이는 특정한 존재나 특정한 민족, 특정한 행성이 '중심'이며 그 이외의 것은 '주변'이라는 생각을 깨뜨리고, 상대적인 관점에서 볼 때 모든 존재, 모든 민족, 모든 행성이 다 중심일 수 있다는 생각으로 발전된다. 췌언贅言한다면, 중심을 비워두면 모든 주변이 균均한 주체로 화할 수 있음을 보여준다.

이렇듯 한국 사상에는 물物의 관점에서 인간을 봄으로써 인간의 본성과 행태行態, 그리고 인간이 이룩한 문명에 대해 반성적으로 인식해온 전통이 존재한다. 이러한 발상은 그 자체에 이미 인간과 물이 깊은 내적 관련을 가진다는 것, 그리고 인간과 물이 상대적 관점에서 파악되어야 한다는 사실을 전제하고 있다.

그래서 물을 존중하고, 그것을 제한적으로 이용하여 인과 물의 조화와 공존을 강조한다. 이는 만물이 저마다 하늘로부터 받은 본성에 따라 살아가고 있다(各率其性)는 인식이다〔계곡(谿谷) 장유(張維)〕.

조선의 석학들, 이규보李奎報, 김시습, 장유, 유몽인柳夢寅, 박지원朴趾源, 홍대용 등은 근대 이후 우리가 망각해가던 사물을 보는 또 다른 하나의 관점, 즉 자연과 인간을 분리하지 않고 내면적으로 깊이 결부시켜 파악하는 관점을 일깨워주고 있다. 이성과 자연과학에 뿌리를 두고 있는 오늘날의 서구적 합리주의 세계관으로 본다면 이러한 관점은 신비주의적이거나 비합리적인 것으로밖에 보이지 않을지도 모른다. 그러나 생태적 관점에서 볼 때 합리주의적 세계관은 협소하고 편협하다는 지적을 면하기 어렵다. 인과 물의 근원적 평등에 대한 주장은 과학(혹은 지식)보다 더 높은 차원이라 할 수 있는 '생태적 지혜'의 차원에 속한다.

이런 생태적 지혜는 협소한 과학적 합리성을 변증법적으로 지양하면서 '생태적 합리성'을 모색해나가는 데 하나의 큰 방향을 제시할 것이다. 그것이 근대적 합리성의 기저에 놓인 기계론적 세계관을 극복하고, 인간의 이성을 '열린 이성'으로 가져다줄 것이다.

그러므로 땅은 능동적 존재로서 만물을 키워내는 활력을 가지며, 이 활력의 얇거나 두터운 정도에 따라 인간에게 길흉화복吉凶禍福이 부여된다고 보았다. 요컨대 현대 지리학에서는 땅을 오직 무생물로 취급하여 인간의 이용에 맡겨진 피동적 존재로 보는 데 반하여 전통지리에서는 땅을 활동적 존재로 생각하며, 땅이 가진 생기는 직접 인간에게 영향을 준다고 믿어왔다. 이른바 명당明堂이란 그러한 기가 모이는 곳으로서 자연의 조화가 극치를 이루는 장소이다.

이러한 자연관을 가진 한국인들은 오랫동안 이 땅을 인공화·추상화하여 경관의 공간 조직을 만들어왔다. 즉 등을 산으로 둘러싸고 앞으로 물을 흐르게 하여背山臨流 지형과 지세를 따라 단형의 논, 경사진 밭으로 이어가는 경작지를 일구며, 이미 존재해온 지형적 공간 안에 집을 놓아 집의 내부공간과 외부의 기존 지형공간과 관계를 맺는 전형적 점용의 기법을 시대의 정신에 따라 세련시켜왔다.

이 공간에 우리 삶을 담는다. 여기에 우리의 일상이 쌓인다. 사회는 어떠한 하나의 논리가 지속하는 것이 아니라 인간과 자연(하늘과 땅)과의 관계가 끊임없이 변화한다는 점을 주목한다.

그래서 이러한 빈 공간과 장소들의 집합은 끊임없는 부정의 반복과 재귀적 해석의 과정을 통해 서서히 실체에 접근해가는 구조를 지니며, 이는 바로 '비움'을 구축해가는 과정이다. 건물에 진입하면서 시지각視知覺의 변화와 깨달음頓悟을 이루게 하는 장치들로 인해 반복적인 대상성의 제거와 의식의 환기 작용이 이루어지며, 목적 공간에 다다르면 상징성을 띠는 요소들인 마당과 집들의 대상성을 제거하고 공의 상태를 이룸으로써 대상이 그것 자체, 있는 그대로를 드러내도록 한다.

결국 대상성의 제거와 공空, sunyata을 이루어내는 것, 그리고 일상성의 건축이라는 세 가지의 건축적 목표에 다다르려는 것이다.

그래서 태허太虛에까지 이른다.

태허太虛는 맑고 형체가 없으니, 이를 일컬어 선천先天이라 한다. 그것은 공간적으로 가없고, 시간적으로 시초가 없으며, 그 유래를 알 수 없다. 그 맑고 비어 있고 고요함이 기氣의 본원本原이다. 太虛湛然無形, 號之曰先天, 其大無外, 其先無始, 其來不可究, 其湛然虛靜, 氣之原也.

4. 문화풍경

이러한 키워드들에 대한 근본적인 질문을 계속하면서, 내 머릿속에 끊임없이 떠오르는 두 도시가 있다. 하나는 모로코의 페즈Fez이고 다른 하나는 전남 순천의 선암사仙巖寺이다.

이 두 도시 모두, 개체들이 동등한 위계를 가지고 집합되어 하나의 전체를 이루고 있기 때문이다. 도시를 구성하는 하나의 요소가 다른 요소들에 군림하지 않으며, 하나의 강한 이미지가 지배하지 않는 도시적 풍경을 이루고 있다. 즉 그것들은 부분이 전체보다 덜 중요하지 않으며 개체가 전부보다 더욱 중요할 수 있는 풍경을 구축하고 있다. 선언적인 어투를 조심한다면, 이들 도시들이 뿌리하고 있는 철학은 다음과 같이 종합될 수 있다.

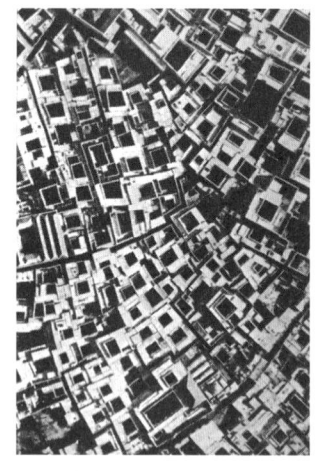

모로코의 페즈

(1) 배치의 도시에서 흐름의 도시로

배치는 계획planning의 산물이다. 대상을 지배하려는 시도이기도 하다. 계획가들은 자신의 의지를 통하여 끊임없이 현상을 규정하고 대응하며 결과물을 이끌어내려 했다. 그러나 도시의 현실은 그렇게 의도대로 움직이지 않았다.

이제 도시에서 중요한 것은 계획에 앞서 도시가 가진 정치·경제·사회적인 흐름들을 파악하는 것이며, 계획의 방향 또한 흐름에 반응하고 조율하는 계열적인 사고를 필요로 한다.

(2) 미학의 도시에서 가치의 도시로

다양한 성격과 코드를 가지고 얽혀 있는 현대도시 속에서 발생하는 문제들 즉 빈부의 격차, 고밀도, 환경 등의 문제 속에서 과연 우리는 무엇을 하려고 하는가. 단지 아름다운 건물의 디자인에 치중하는 것이 아니라 직면하는 문제를 정확히 인식하여 인공 환경이 인간과 자연에 대한 윤리에 바탕함으로써 인간과 자연의 균형을 찾아나가는 역할을 계획가들은 하여야 한다.

새로운 천년을 여는 "베니스건축비엔날레 2000"의 주제인 'Less Aesthetics, More Ethics'는 근대에서 탈근대로 이행하는 패러다임의 전환에 많은 것을 시사하고 있다.

(3) 존재의 도시에서 생성의 도시로

도시는 제한된 계획에 의해 정체해 있는 모습으로 존재하기보다는 많은 의지들이 쌓여 움직이는 모습으로 드러난다. 즉 도시는 정치, 경제, 사회 그리고 윤리를 포함한 수많은 요소들이 전개되는 총체적 과정의 한 단면을 보여주는 것이다.

그와 같은 상황 인식은 도시가 이루어지는 시간적 요소에 더욱 주의를 기울이게 한다. 즉 도시를 완결된 형태로 존재하는 대상으로 보는 것이 아니라, 자체가 자율적으로 움직여나가면서 새로운 무엇인가를 생성시키는 과정의 유기체로 파악한다.

반복하건대, 도시는 하나의 사물事物, a thing로서 물상화시키는 것이 아니라 하나의 과정過程, a process으로서 인식되어야 한다. 이는, 도시가 작동하는 시스템을 궁리하여 실현함으로써 새로운 자원이 생성되고, 또다시 조정되어나감을 지속함으로써 우리의 도시들이 끊임없이 변화하는 삶의 양식을 담는, 참으로 살 만한 도시로 변혁되기를 희망하기 때문이다.³

선암사 중창건도 부분

선암사 중창건도

3. 이 글은 "파주출판도시", "아시아문화중심도시 광주 기본 구상", "문화지형―대장골 METAPOLIS", "수원화성역사문화도시 기본 구상" 등 도시 프로젝트에 참여하면서, 그리고 2005년 원도시건축과 한국예술종합학교 건축과가 진행한 세미나 "new urbanism" 등을 통해 벌였던 '이 시대, 우리의 도시'에 대한 토론을 통해서 얻게 된 것이다. 따라서 이 글에 포함된 일부의 논의들은 이 작업에 동참했던 많은 분들, 특히 이종호 교수(한국예술종합학교 건축과), 건축가 승효상(이로재 대표), F. 베이글 교수(영국 런던 메트로폴리탄대학 건축과), 건축가 김영준(yo2건축연구소 대표), 김종규 교수(한국예술종합학교 건축과), 서현 교수(한양대 건축대학원), 건축가 정기용(기용건축 대표), 역사지리학자 조명래 교수(단국대 도시지역계획학과), 철학자 이정우 교수(철학아카데미 대표), 김광우 교수(전남대 지역개발학과) 등 여러분들의 것이기도 하다.

제2부 **삶의 본원적 가치에 대한 질문**
SK빌딩 | 기적의도서관 | 한국전통문화학교 | ㅁ자집 | 자두나무집 | 필당

변화가 없으면 진보도 없다

김종성 | SK빌딩 |

'현대도시'를 머릿속에 그릴 때 우리는 종종 뉴욕을 떠올린다. 수정같이 반짝이는 초고층 빌딩들이 숲을 이루고 있는 맨해튼의 풍경은 현대의 '도시성都市性'을 대표하고 상징하는 것으로 우리의 뇌리에 깊이 각인되어 있다. 이들의 대부분을 차지하고 있는 고층 사무소 건축은 20세기라는 새로운 시대가 요구한 새로운 건축 유형의 하나로, 현대 도시생활의 핵심적 역할을 수행하는 동시에 도시의 풍경을 주도하고 있다. 바로 모더니즘과 자본주의의 결합이 창조해낸 건축으로, "이 시대의 예술"로까지 격상하였다.

이러한 흐름에 발맞추어 우리의 도시도 모더니티modernity 즉 근대성의 물결에 휩싸이게 된다. 한때, 건물의 규모나 층수에만 급급했던 시대를 벗어나 이제 눈부신 경제개발의 지원을 받은 우리의 도시에도 근대적 의미의 본격적인 고층 사무소 건축의 출현이 가속화된다.

국제주의 양식International Style을 옮겨 심은 삼일로빌딩(설계 김중업, 현 산업은행 본점)을 시점으로 우리의 도시를 채워나가는 고층 사무소 건축은 주일 미국대사관을 그대로 옮긴 교보빌딩(설계 C. 펠리, 미국), 70년대 신도시 여의도를 채우는 고층 사무소 건물들을 이어서 LG쌍둥이빌딩(설계 SOM, 미국)과 동양 최고最高를 꿈꾼 63빌딩, 천의 얼굴을 가진 용산의 국제빌딩(설계 CRS, 미국), 무역의 단선서비스one-line service를 목표로 한 무역센터(설계 日建設計, 일본) 등으로 계속된다. 대부분 외국 건축가가 그린 이 건물들이 우리의 감수성

현대도시의 풍경, 뉴욕 맨해튼(위)과 홍콩

에 적합한 풍경인가는 비껴놓더라도, 우리의 도시풍경을 현대적인 감각으로 바꾸어왔음 또한 현실이다.

90년대에 들어서면서 서울의 풍경이 다시 크게 바뀌었다. 강북 강남 가리지 않고 초고층 빌딩이 우후죽순兩後竹筍처럼 들어섰고, 그것도 지금까지의 전통적인 형태에서부터 동시대의 속성을 반영하듯 한결 다양한 시도들이 밤낮을 가리지 않고 우리들의 눈을 즐겁게(?) 한다.

포철사옥·현대산업개발·LG타워 등을 비롯한 강남을 장식하는 초고층 하이테크 빌딩들, 화신백화점을 대체한 종로타워, 새로운 상권을 주도하고 있는 동대문 일원의 두타빌딩과 밀리오레 등 복합건물군들, 그리고 도심 재개발 프로젝트에 근거한 휘황한 건물들이 우리들의 밤을 잠 못 이루게 한다.

외세와 타의에 의해 근대화가 시작되면서, 우리의 사무소 건축은 당시 세계 건축의 주류였던 신고전주의 양식에서 출발하였다. 해방과 전쟁의 소용돌이를 지나 우리의 손에 의해 본격적 근대화가 진행된 70년대, 서구사회의 건축은 이미 모더니즘modernism을 지나, 포스트모더니즘post-modernism 그리고 해체주의de-constructivism 건축에까지 급속하게 이행하고 있었고, 이들 사조가 선후를 가리지 않고 거의 동시에 밀고 들어온 우리의 도시는 마치 이들 건축을 한곳에 진열해놓은 전시장을 보는 듯하다.

이러한 와중에도 건축가 김종성은 한국 현대건축의 중요하고 가치 있는 하나의 흐름을 주도해오고 있다. 지난 30여 년, 대부분의 한국 건축가들이 외부에서 물밀듯이 밀려들어 오는 새로운 사조에 편승하거나 한국 전통건축에 바탕을 둔 한국 현대건축의 정체성 찾기에 골몰해 있을 때에도, 김종성은 이러한 물결에 흔들리지 않는 미이스 건축철학의 철저한 실천자였다. '귀머거리는 들어라spoken into the void'라고 외치며 껍데기 건축을 힐난하면서 출발하여, 시대정신이라 불리는 새로운 정신에 의한 건축을 실천함으로써 정통성을 획득하며 20세기를 줄곧 군림해온 모더니즘 건축, 그것이 이제 힘을 잃고 접을 수밖에 없다고들 이야기하는 게 주류가 되어버린 지금까지

SK빌딩 ▪

도, 그 주류들이 만든 참을 수 없는 가벼운 건축들에 결연히 맞서 아직도 위력적이고 감동적임을 입증하고 있다.

70년대 초 미이스 건축의 진면목을 실현한 효성 제1빌딩을 시작으로 대우그룹의 주요 사옥을 위시한 여러 사무소 건축으로 한국 사무소 건축의 한 전형을 창조하였으며 육군사관학교 도서관, 올림픽공원 역도경기장(서울), 힐튼호텔(서울, 경주) 등과 선재미술관(서울, 경주), 서울대학교 박물관(서울), 서울역사박물관(서울) 등 일련의 미술관 건축으로 미이스 건축철학의 '추상적 보편성' 위에 김종성의 '구체적 개별성'을 구축하여 이제 더 이상 미이스 건축이라고만 할 수 없는 독창적 공간의 예술성을 획득한다.

효성빌딩 전면

이렇듯 건축가 김종성이 보여준 건축은 많은 모더니즘의 선구자들이 조금씩 다른 표현으로 앞 다투어 선언한 "우리 시대의 건축은 우리 시대의 수단으로" 구축해야 한다는 시대의 의지意志 즉 시대정신時代精神, Zeitgeist의 발현이다. L. 힐버자이머Ludwig Hilberseimer, 1885~1967는 우리 시대의 성격을 과학정신과 테크놀로지라고 정리한 바 있거니, 모더니스트 선구자들과 마찬가지로 김종성 역시 우리가 살고 있는 시대의 과학정신에 입각한 객관적 접근 방법으로 우리 시대와 사회가 개발한 진보된 테크놀로지로 건축을 창조하는 것이 순리라고 생각한다.

효성빌딩 전경

이러한 철학의 산물인 김종성의 건축작품 모두에 일관되게 나타나는 특성은 효용성, 투명성, 융통성, 그리고 기능의 명쾌한 표현 등이며, 이와 더불어 르네상스의 장인들과도 같은 고전주의적 건축 실천이념을 견지하고 있다. 여기서 말하는 고전주의는 역사적 양식이나 그러한 양식의 채용을 의미하는 것이 아니라 오히려 그것의 미학적인 태도를 일컫는다. 그것은 예술에는 절대미가 존재하고 있으며 각 장르의 고유한 법칙의 준수와 숙달을 통해서 그러한 미적 조화와 완벽함이 달성된다는 주지주의主知主義적 태도이다.

건축은 인본적人本的 질서를 표현하는 최고의 추상적 예술이자 지성의 예술이며, 그 표현에서 비례와 스케일감의 세련됨 그리고 부분과 전체의 화합을 통하여 예술로서 수준 높은 작품을 만들 수 있을 것이다. 미이스가 건축의 근본적인 가치는 공간, 형태, 비례 그리고 상세詳細, detail의 질質에 있다고 생각했듯이("God is in detail").

김종성에게도 이 점은 예외가 아니다. 특히 이들은 비례, 구법 그리고 재료의 물성物性, materiality에 집요한 관심을 보인다. 대담하고 새로운 구조를 사용하는 것이나 감동적인 공간을 만들어내는 것이나, 기본적으로 비례가 좋아야 하고 사용된 재료들은 그 자체가 아름다워야 하며 그것들이 섬세한 디테일을 매개로 상호 조화 또는 적절한 대조를 이루어야 한다는 것이다. 더군다나 비례는 건축 표현의 제일 좋은 수단임에 이론의 여지가 없다고 단언한다.

그러나 김종성의 비례는 산술적인 절대적 비례 수치가 아니라 스케일과 각별히 연계되어 있고 지역적 감수성을 항상 염두에 두고 있으며, 수치적으로 증명된다기보다는 건축가의 개인적 감각에 의한 것이기 때문에 독창적일 수 있으며, 김종성만의 오리지널리티를 획득할 수 있다.

바로 이러한 독자성이 미지안Misean이지만 미이스를 극복하고 한 걸음 더 진보하는 길을 열어준다. 미이스에게 배운 건축의 철학과 방법이 김종성의 작품 속에서 재현되는 것이 우선적이지만, 그러함을 의식적으로 싸워서 이긴다기보다 미이스에게 배운 것을 기초로 하여 그 후에 일어난 상황을 얼마나 잘 조화시키는가 하는 것은 자신과의 투쟁이라고 그는 생각한다. 그러한 뜻에서 미이스에게서 얻은 교훈들은 짐작하건대 끝까지 남을 것이고, 그것이 그에게 경쟁관계라고 생각하지는 않는다.

반면에 어떠한 새로운 임팩트가 있다면 새로운 개척이 이루어질 것으로 생각하고 거기에 대해서 그는 지극히 느긋한 생각을 가지고 있으며 또한 혁명적으로 변신할 계획은 갖고 있지도 않고 원하지도 않으며 단지 미이스적 철학과 방법을 바탕 삼아 도약하기를 바랄 뿐이다. 그렇기 때문에 포스트모더니즘이나 최근의 해체주의 등에도 초연하며 한국 현대건축의 일부를 패션의 와중으로 몰아넣고 있는 새로운 것을 추구해야 한다는 강박관

종로의 풍경을 정제지키는 SK빌딩의 외관 ■

념에서 자유롭다.

　　　　김종성은 '미이스가 남긴 교훈을 어떠한 조형적인 차원의 모델로서가 아니고 건축에 대한 철학의 차원에서 하나의 기본 정신으로 생각'하며, 그에게 미이스가 '건축 기법의 문제가 아니고 건축과 시대관時代觀 또는 시대정신과 건축의 연관 관계 차원에서의 좀 더 깊은 고민이나 생각의 바탕을 마련해준 것으로 생각'하고 있기 때문이다. 즉 스승의 철학 위에 자신의 눈과 감수성을 끈질기게 계발啓發해내는 것이다.

이러한 과정을 지나오고 있는 김종성은 최근에 종로의 풍경을 정제시키고 있는 SK빌딩으로 미이스를 완벽히 극복하고 진일보進一步한 김종성 건축의 또 다른 모습을 우리에게 보여주고 있다. 지금까지의 일련의 작품에서 탐색해온 미지안의 철학을 그대로 견지하면서도 김종성 특유의 언어를 창조적으로 재생산하고 있다.

　　　　우선 기준층을 주목해보자. 기준층은 코어core(service space; 엘리베이터와 계단의 수직동선, 화장실, 설비공간)와 이것의 지원을 받는 사무공간(served space)으로 명확히 구분되어 있다. 철저한 계산에 의하여 마련된, 마치 기계와도 같이 정해진 기능들로 구성된 코어에 비하여, 사무공간은 미리 정의되지 않은 자유로운 공간이다. 후자가 자유로울 수 있는 것은 바로 서비스하는 전자의 공간이 존재하기 때문이며, 그 서비스의 질과 양에 따라 자유로움의 수준과 정도가 결정된다. 그래서 전자가 미리 정의definite · 결정된determinated 공간임에 비하여, 후자는 정의되지 않은indefinite · 불확정적인indeterminate · 구속되지 않은uncommitted · 가변적flexible 공간이다. 무한히 자유로울 수 있는, 바로 모더니즘 건축의 핵심이 된, 미이스가 창조해낸 보편적 공간Universal Space이다. 그래서 이 사무공간은 하나로 보이지만, 실은 모든 설비가 균등하게 지원되는 최소 생활단위의 "스페이스 모듈space module"의 집합체이다. 스페이스 모듈은 이에 따라 외피의 분할, 구조, 설비 등의 단위들이 따라서 결정되는 핵심적 치수dimension이다. 이 공간은 필요에 따라, 힘을 받지 않는 가동벽movable partition이 기본 모듈을 따라 자유롭

내부공간

게 분할되고 통합될 수 있다.

이러한 개념에서 출발하여, 어떤 스페이스 모듈을 쓰는가에 따라 김종성의 독창성이 발현된다. SK빌딩에서 사용된 스페이스 모듈은 3m×3m로 기능적인 것에서 출발하지만, 외피의 비례와 창의적으로 연계되어 이 건물의 미학적 핵심을 이룬다. 마치 고딕 성체와 같은 미이스의 외피에 비하여 한 걸음 나아간 유연성을 보이면서, 부드러운 외장재의 물성과 함께 우리들만의 감수성(흔히들 이야기하는 '한국적'이라고만 말할 수 없는)에 다가가려 하고 있으며, 또한 C. 펠리Cesar Pelli의 내외 경계만 남은 듯한 모호한 막膜, membrane 또는 박판薄板과도 같은 외피보다는 강건함이 확실하게 드러나는 외관을 형성하고 있다.

미이스 반 데어 로에,
시그램 빌딩(Seagram Building)

여기에 더하여, 20세기 후반에 들어서면서 대부분의 고층건물이 5개 층 내외의 기단基壇, podium을 이루는 저층부를 두고 이것이 도시 맥락context의 연속성을 유지하기 위한 것이라는 논리에 따라 상층부와는 구별되는 디자인의 변화를 보이기 일쑤이지만, 김종성은 과격해 보일 정도로 탑의 엄격함을 지표에 그대로 꽂아서, 모더니즘의 상징성을 강렬하게 드러내어 미지안적 전통을 고수하고 있다. 포스트모더니즘의 절충적 태도에 결연하게 맞서려는 의지가 크게 돋보인다.

미이스 반 데어 로에,
베를린 국립미술관 신관

21세기에 들어선 지금 김종성의 SK빌딩을 읽으면서, 이제 또 다른 새로운 시대 새로운 건축을 기대하며 미이스의 소리에 다시 귀를 기울인다.

우리는 모든 심미적 투기, 모든 형식주의를 배격한다. 건축은 공간으로 번역된 시대의 의지이다. 생동하고 변화하는 새로운, 어제가 아니고 내일도 아닌, 우리 시대만의 형태가 부여될 수 있다. 이런 건축만이 창조적이다. 우리 사명의 본질에서 우리 시대의 방법으로 건축을 창조하자. 이것이 우리의 임무이다.

변화가 없으면 진보도 없다. 그리고 그 변화란 모든 것을 뒤엎는 혁명적인 것이 아니라 언젠가는 있어왔던 비전에 기반한 것임을 잊지 말아야 한다. K. 마르크스Karl Heinrich Marx, 1818~1883의 말처럼.

철저한 단절이라는 개념이 가지는 힘은 설득력이 강하고 광범위하게 적용되지만, 정황적으로는 그런 힘이 발생하지도 않았고 발생할 수도 없다는 증거가 얼마든지 있기 때문이다…… 어떤 사회질서도 기존의 여건 속에 이미 잠복해 있지 않던 변화를 만들어낼 수 없다(David Harvey, *Paris, Capital of Modernity*, Routledge, 2003, p.9).

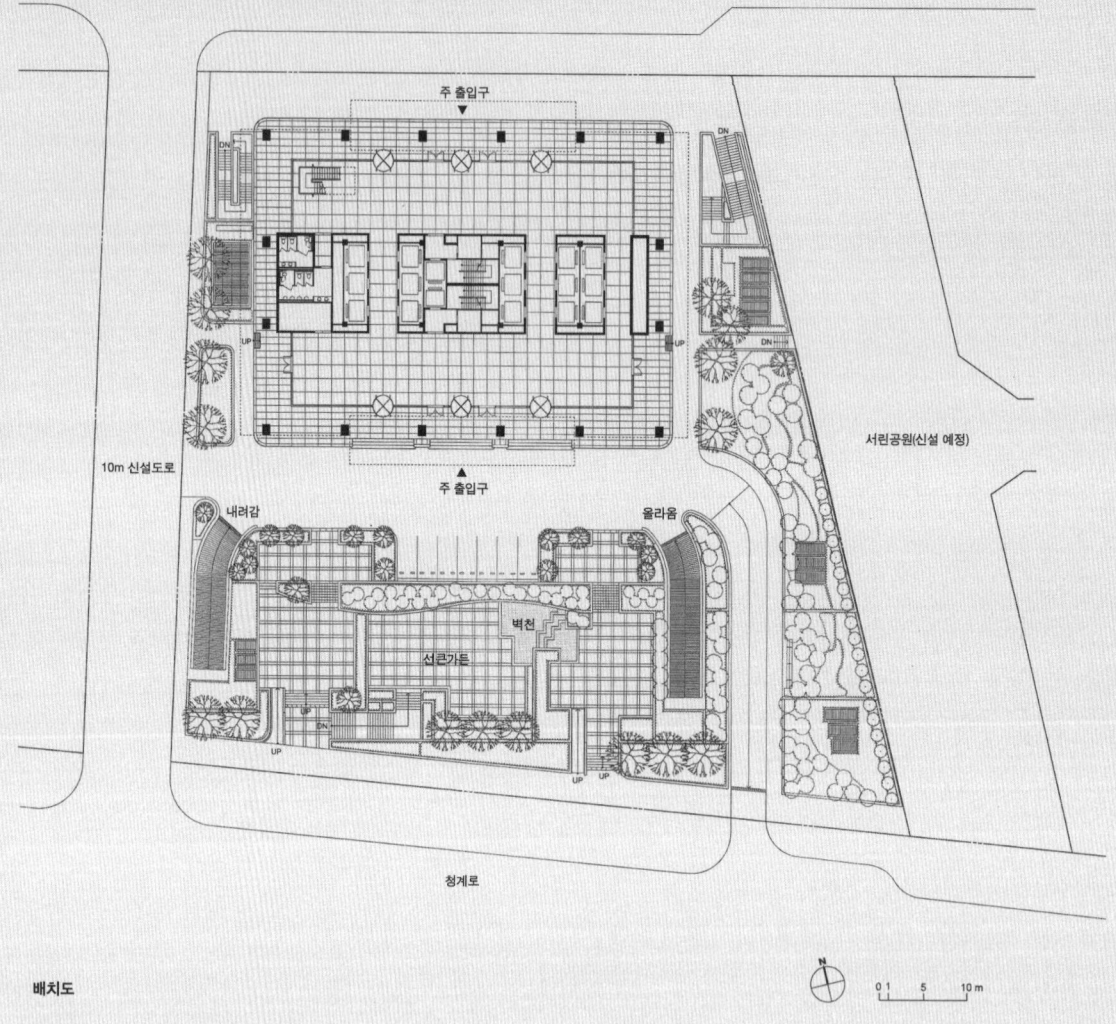

배치도

SK빌딩   **위치** 서울특별시 종로구 서린동 115-1   **지역·지구** 상업지역, 재개발지구, 1종 미관지구, 주차장정비지구, 방화지구, 높이제한완화구역   **용도** 업무시설, 근린생활시설   **대지면적** 5,774.4㎡   **건축면적** 1,830.96㎡   **연면적** 85,484.32㎡   **조경면적** 866.16㎡   **공개공지면적** 1032.36㎡   **건폐율** 31.71%   **용적률** 1,032.36%   **규모** 지하 7층, 지상 36층   **높이** 160.2m   **주차대수** 676대(장애인주차 22대 포함)   **승강설비** 승용15대, 비상용2대   **구조** 철골철근콘크리트 구조   **외부마감** 화강석, Aluminium Curtain-Wall   **설계사무소** (주)서울건축 종합건축사사무소   **설계자** 김종성   **설계담당** 박종선, 최규설   **구조설계** (주)서울건축 종합건축사사무소(김원기, 이강훈)   **전기설비설계** (주)서울IB   **기계설비설계** (주)삼신설계   **조경** (주)동심원   **건축주** (주)SK, (주)SK 텔레콤   **시공사** (주)SK건설   **설계년도** 1986   **준공년도** 1999

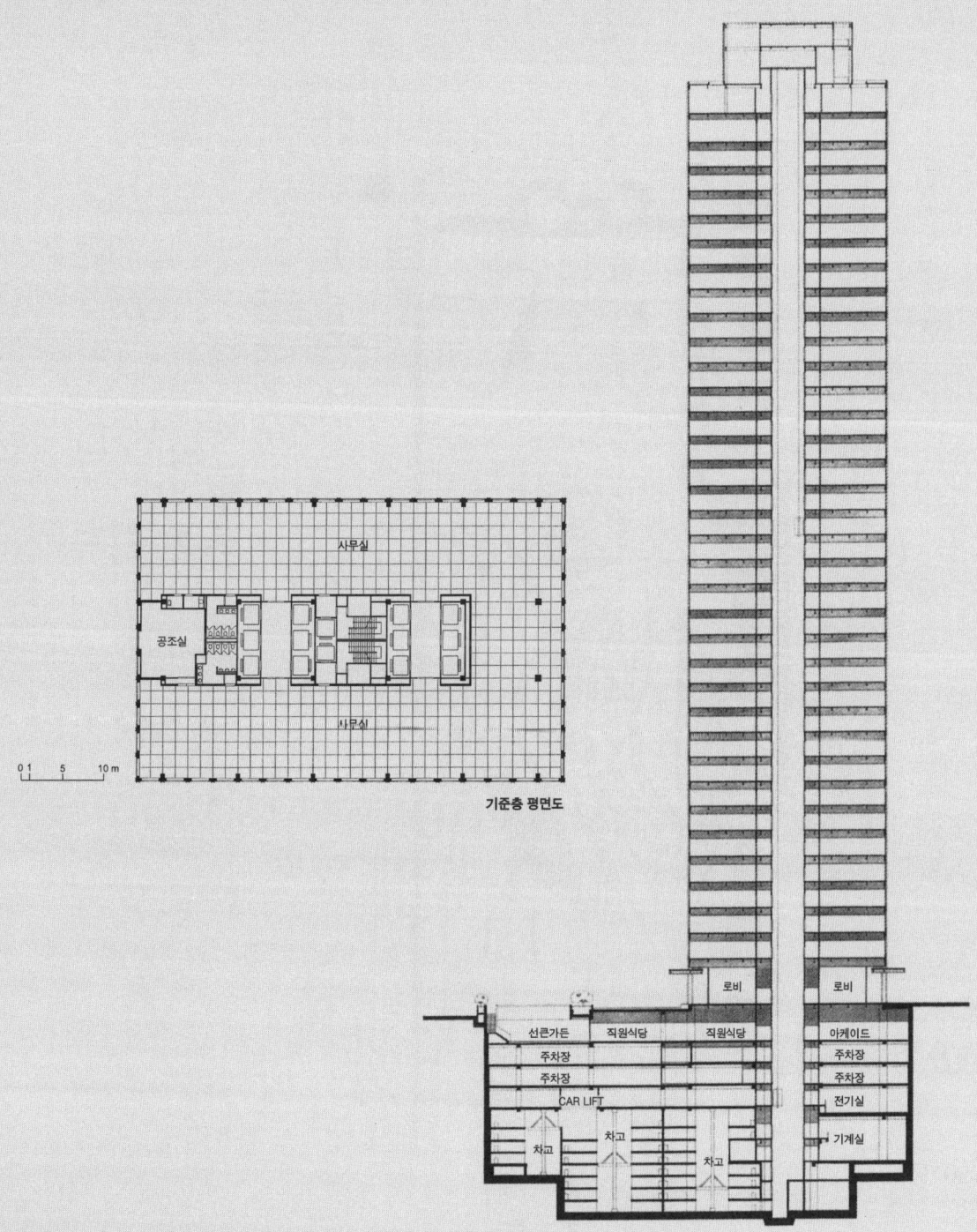

기준층 평면도

단면도

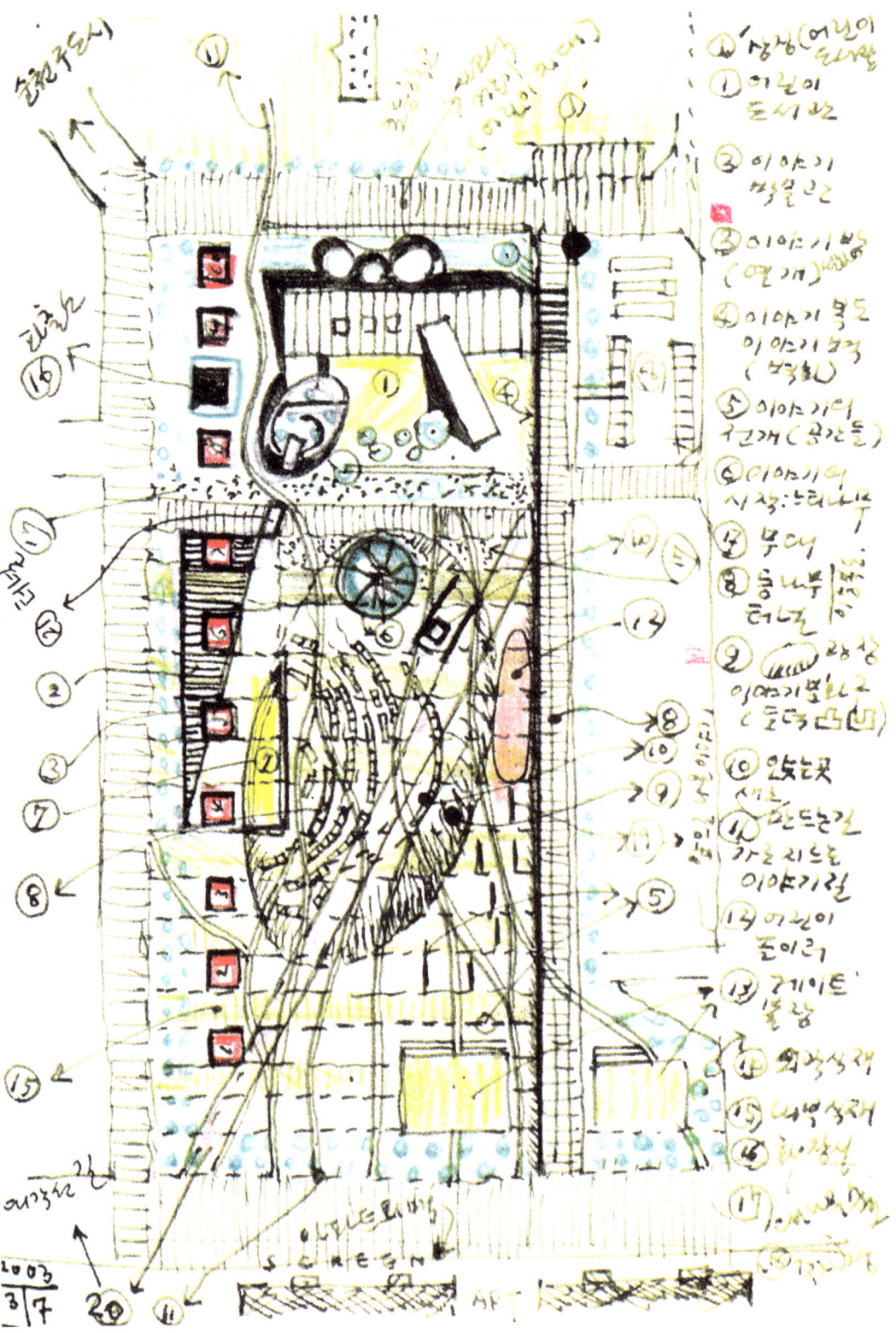

시민사회가 만드는 건축

책읽는사회만들기 국민운동+정기용 │ 기적의도서관 │

비단 우리사회뿐 아니라 세계 도처에서도, 국가 관료주의·자본주의의 쓰레기·부당한 특권·민족주의의 자멸적 애국심·종교적 차이에 따른 미신적인 분리주의 등 여러 권력들에 파묻혀, 권위에 기대지 않고 자율적으로 조직되는 사회의 모습은 아직도 요원하게 느껴진다.

과학과 이성의 힘으로 이상세계를 구축하려 했던 모더니즘의 이상理想은 본래의 뜻을 잃어버렸고, 오히려 자본의 권력을 합리화시키는 데 심히 경도되었으며, "모든 고정된 것은 연기 속에 사라지고, 모든 신성한 것은 모독되는……"[1] 현수막 아래서, 부르주아들이 구축한 자본주의에 봉사하는 데 급급했던 타락한 모더니즘 건축은 도시에 사적私的 영역을 넓혀오는 일에만 골몰했을 뿐이다. "공간에 대한 지배가 사회적 권력의 원천이다"라든가, "인류의 역사는 공간 투쟁의 역사다"라는 원론原論에 동의한다면, 20세기를 장악한 자본의 권력이 오늘의 도시 공간들을 온통 차지한 셈이 된다.

이러한 와중에, 지금의 세계는 서로 다른 두 세계가 극단적으로 대립하고 있다. 사적 이익을 위한 기업 세계화의 항로를 그리는 기업 세계화 진영과, 민주주의를 위해 이들을 저지하려고 단합하는 시민운동 진영이 그것이다. 첫머리에 밝힌 대로 후자의 힘은 아직도 미약하지만, 이들 서로 다

---

1. All that is solid melts into air, all that is holy is profaned, and man is at last compelled to face with sober senses his real conditions of life and his relations with his kind(K. 마르크스의 『공산당 선언』 중).

른 두 세계가 공존하는 지금의 사회에서 어떤 세계가 그 도시를 또한 도시 공간을 장악하는가에 따라, 우리 삶의 질은 크게 달리 드러날 것임은 자명한 이치이다.

사람들은 시민운동을 통하여 서로의 이익을 위해 자발적으로 결집하는 성향을 보인다. 스스로 결정하고 자신의 운명을 조정하는 개인과 그러한 개인들의 집단이 확장된 네트워크를 구성하여, 자유로운 사회에서 책임감 있게 살 준비가 되어 있는 자유로운 사람의 습관을 기르는 것이다. "…… 어떤 사회가 자발적으로 자신을 표현할 수 있는 적절한 환경에 놓이면, 그 사회는 자구책을 스스로 찾아낼 뿐 아니라 강요된 리더쉽이 결코 흉내 낼 수 없는 방식으로 행동들의 화합을 만들어낸다." 따라서 이러한 사회는 하나의 권력이 지배하는 스타 시스템이 아니라 다양한 시민들이 참여하여 다양한 삶의 프로그램을 생산하고 그것들이 축적되어가는 레퍼토리 시스템으로 작동되는 사회이다.

     이러한 시민운동에 의해, 자본의 힘에 대항하여 도시의 공간을 시민과 공공公共에게 되돌리려는 노력은 끊이지 않을 것이고, 이들이 획득한 다양한 공공의 영역이 많다는 것은 그 도시 공동체의 권력이 시민에게 있으며 바로 민주주의 사회임을 표상하고 있다고 말할 수 있다.

'기적의도서관 프로젝트'는 비록 작은 것이지만 시민운동이 획득한 공간이며, 더불어 사회가 건축을 생산한다는 새로운 건축 프로세스의 최초의 불씨라는 점에서 우리를 무척이나 기쁘게 한다. 우리 사회가 성숙함을 지향하고 있음을 표상하는 기적과도 같은 작업이기 때문이며, 더불어 건강한 시민운동은 사적인 이익만을 추구하는 자본주의사회에서 우리를 구원할 유일한 길이며 이 시대의 마지막 희망임을 확인시키고 있기 때문이다.

     이 프로젝트는 2003년 순천을 시작으로 하여 2004년 12월 충북 청주, 진해 도서관이 차례로 개관되었으며 대구 달서, 충남 금산, 전남 순천, 강원 태백, 제주 서귀포, 제주시, 경기 고양, 울산 북구, 충북 제천, 인천 부

순천 기적의도서관

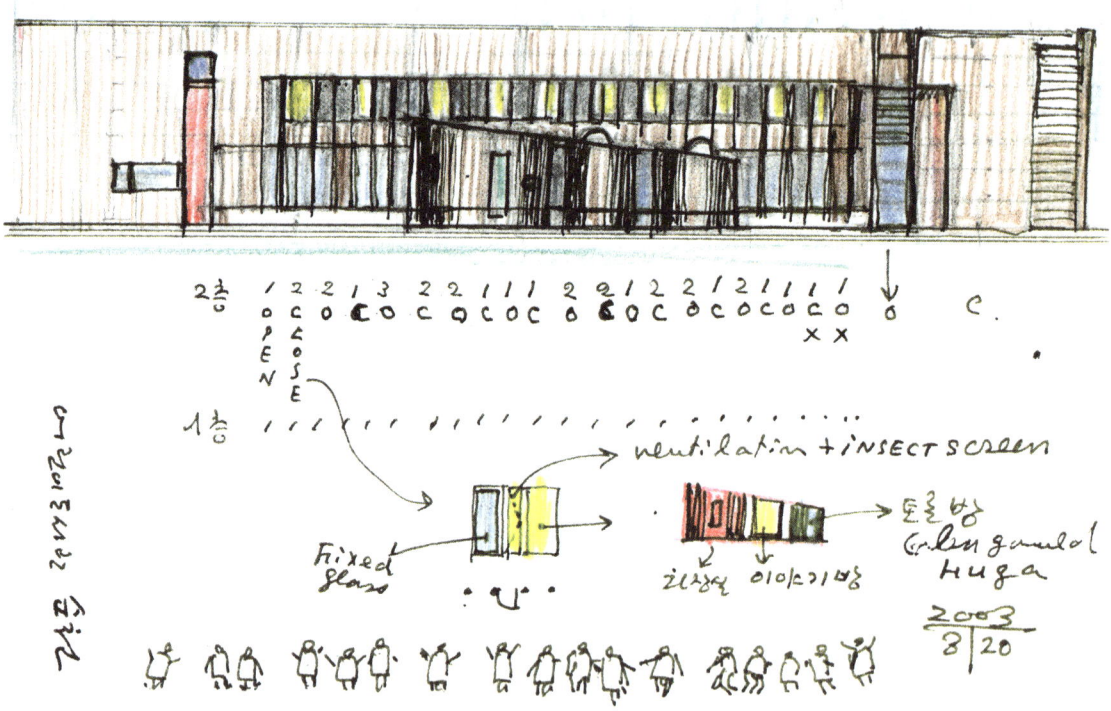

어린이도서관 순천 2003/3/24

평 등에서 현재 진행 중이다. 이 아름다운 프로젝트의 첫 작업인 순천 기적의도서관은 몇 사설 도서관을 제외한다면, 공공의 어린이 전용 도서관으로서는 처음 있는 사례이다.

기적의도서관 프로젝트는 시민단체가 주도하였고, 방송사와 지방자치단체가 도왔으며, 주민 스스로가 함께 진행한 프로젝트이다.
　　　몇 년 전 어느 날 강남 무역센터 광장에서 도정일 교수(경희대 영문과)가 주축이 되어 "도서관이 없는 나라가 나라냐!"라는 퍼포먼스를 벌였다. 이어서 자신이 대표를 맡고, 사무처장 서혜성 등 여러분들이 참여하여 "책읽는사회만들기 국민운동"이라는 시민단체를 결성하고, 전국적으로 도서관 짓기 운동을 시작하였다.
　　　서구 사회에서 공공의 도서관이나 근대적 의미의 대학들이 출현하기 이전에, 지식은 오래된 '수도원'에 축적되고 보전되어왔음은 주지의 사실이다. 사회를 등진 수도승들이나 수녀들이 오래된 서적들을 수집하고, 보전하고, 연구해왔었다. 오로지 그들만이 지식을 독점하였기 때문에 도시 커뮤니티와는 무관한 폐쇄된 형태였다. 이러한 모델은 비단 서양뿐 아니라 세계 전역에서 발견된다. 조선 사회 역시 서원書院 등과 같은 유교 아카데미는 내부의 강한 훈련과 함께 지역의 커뮤니티와는 무관한 폐쇄적이고 독점적인 형태를 취하고 있었다. 이러한 지식의 독점과 그 폐쇄성은 현실과는 무관한, 독자적이고 그 속에서만 세련을 거듭한 지식을 생산할 뿐이다.
　　　국내 도서관 수가 절대적으로 부족함은 말할 나위가 없고 근본적으로 지식이란 사회 공공의 자산이기 때문에, 지식의 보유와 분배의 기회는 시민 모두에게 균등하게 주어져야 한다는 사회 문제의식에서 출발하였다.

이 프로젝트의 참여자들에게는 각각의 임무가 할당되었고, 프로젝트는 조직적으로 진행되었다. 우선 건축주 역할을 담당한 "책읽는사회만들기 국민운동"은 건립 대지의 확보와 더불어 도서관 건립의 실무, 도서관 운영의 컨텐츠를 제공하는 역할을 담당하였다. 사회적 홍보와 도서 판매 수익금 등으로 도서관 건립 기금을 확충하는 일은 방송사가 맡았고, 도서관 건립 대상지를 마련하고 도서관 건립 기금의 일부를 충당하는 것은 해당 지자체가 도왔다. 여기에 해당 지역주민이 보여준 쌈짓돈까지 보태는 참여와 관심은, 도서관을 짓는 데 가장 큰 기반이 되었다.

'순천 기적의도서관'의 경우는 참으로 모범적인 사례이다. 순천은 6~7년 전부터 신도심 택지개발이 진행되어왔다. 이러한 신도심의 주거 밀집 지역은 지역 문화 기반시설이 무엇보다도 절실한 곳이었다. 여기에 부응한 대안으로서 공공 도서관 건립에 강한 의지가 있었던 시 당국은 신도심 개발의 업무를 보던 임시 관공서가 있던 땅을 도서관 부지로 제공하였다. 도서관 건립의 가장 큰 난제인 대지를 해결한 것이다. 도서관과 같이 공공성이 강하게 요구되는 건축물에서 지자체가 해야 할 역할을 잘 보여준 사례이며, 더욱이 순천시 당국은 건축비를 조달하는 과정에 많은 참여를 이끌어 냈다는 점에서 모범적인 건축 프로세스를 찾아냈다고 할 수 있겠다.

건축가 정기용에 의하면, 어린이 전용 도서관으로서 '기적의도서관'의 개념, 재료, 구조, 공간 그리고 진행 방법 등에 대하여 다음과 같은 기본적인 합의를 이루었다 한다.

첫째, 어린이 도서관은 다양한 행위와 공간 활용이 가능한 창고 이미지를 가질 것. 이는 디즈니랜드와도 같이 무엇이 미리 주어진 공간이 아니라, 가능성이 자율적으로 창조되고 생산되는 발전소와도 같은 것이다.

둘째, 여기에 쓰이는 재료는 재활용이 가능한 철골조일 것. 이는 친환경주의에 입각한 리사이클링을 표방해온 시민운동의 보편적 목표에서 기인한 것이다.

셋째, 각각의 도서관은 이를 설계하는 건축가 각자의 언어들이 풍부하게 묻어날 수 있도록 한다는 것. 이는 각지의 도서관이 하나의 모델을 찍어내듯 하는 건축이 아니라, 건축가의 창의성을 존중할 뿐 아니라, 이를 통해 각각이 서로 다른 정체성을 가질 수 있도록 하기 위함이다.

이러한 합의는 도서관 건립의 참여자들 간에 있었던 여러 차례의

워크샵을 통해 이루어졌으며, 우리 사회에서 그 사례를 찾기 어려운 어린이 전용 도서관의 건축 프로그램이 풍부하게 구성될 수 있었던 요인이 되었다.

　　　기적의도서관이 MBC 방송사의 교양 오락 프로그램("느낌표! 책을 읽읍시다" PD 김명희)을 통해 세상에 알려지면서, 세간의 관심은 더욱 고조되었다. 방송이라는 매체가 사회에 미치는 영향력이 지대하다는 점은 부정할 수 없는 사실이다. 하지만 건축물을, 특히 공공의 건축물을 짓는 일이란 것이 문화적 이벤트를 통하여 사회적 동의와 공감대 아래 진행되어야만 공동선公同善을 이끌어낼 수 있다는 사실을 주목하고 싶은 것이다.

　　　순천시 조계백 팀장의 말에 의하면, '순천 기적의도서관'이 지어지면서 주변의 환경들도 놀랄 만큼 변화되었다 한다. 이웃하고 있는 동명초등학교는 담장을 허물었고, 어린이들의 보행이 잦은 주변 도로들은 차 없는 거리로 조성되고 있으며, 전례 없던 도서관 운영 프로그램과 도서관 운영 조례 등이 마련되고 있다.

　　　이러한 과정을 겪으며, '순천 기적의도서관'은 많은 주민들의 적극적 참여와 지자체의 노력 그리고 거기에 봉사하는 건축가들의 역할이 무엇이어야 하는지 등에 대한 좋은 교훈 또한 남기고 있다. 즉 시민단체와 지식인들의 사회참여 방식이 어떠해야 하는지에 대해서도 풍부한 논의와 건강한 방안을 끌어낸 작업이기도 하다.

합의의 세번째 항목에서 이미 밝혀진 대로, 정작 중요한 것은 건축가의 그것들에 대한 대응이다. 순천 어린이 도서관 설계를 맡았던 건축가 정기용의 스케치에는 무수한 꿈들이 새겨져 있다. 색깔·형태가 우선 눈에 띄지만, 눈여겨 살피면 그것들이 있는 이유와 그것으로 어린이들이 벌이게 될 행태들이 상상되어 나열되어 있고, 그것을 가능하게 하는 건축적 방안들이 아름답게 적혀 있다. 직설적 비유도 있고, 비약하는 은유도 있으며, 그리고 무엇보다 강요하지 않는 여유가 있다. 빛과 나무, 철과 바람과 물에 감응하는 어린이들의 심상이 상상되어 있다.

그러나 이러한 건축가의 상상력과 스케치는 30여 평 반지하 공간의 열악한 환경에서 30여 년 동안 어린이 도서관을 운영해온 아줌마들, 허순영(제주 설문대 도서관장, 현 순천 기적의도서관장), 박영숙(용인 느티나무도서관장), 박소희(인천 늘푸른도서관장, 인천 지역 작은 도서관협의회 회장), 전영순(서울 중랑구 파랑새도서관장) 등의 경험이 가장 큰 동력이 되었다 한다. 그분들의 이야기를 듣고, 묻고, 정리하는 과정을 거치면서 그분들의 노하우를 건축화하려는 노력이 끈질기게 이어졌다. 어린이 도서관은 건축가들의 고정관념 속에 있는 통념적 도서관일 수 없기 때문이다.

젖먹이에서 초등학교 학생에 이르는 아이들을 데리고 어머니들이 같이 온다. 그 어머니들이 책을 읽고, 또한 어린이들에게 책을 읽어준다. 이는 물론 영국에서 시작된 "book start movement"의 논리와도 궤를 같이 한다. 아직은 알지 못하지만 점차 귀가 열리면서 책을 가까이 하는 습관을 기르고, 몸으로 책을 사랑하기를 바라는, 젖먹이들에게 책을 읽어준다는 이 아름답기 그지없는 뜻에서 영유아실 역시 필요하다. 아빠들도 올 수 있어야 한다. 그래서 문간에서 서성거리기만 했던 아빠들도 성큼 들어와, 아빠랑 같이 책을 읽는 별도의 방이 또한 필요하다. 그리고 아파트에 익숙해져서 층의 개념이 희박한 어린이들에게 공간적인 감동을 경험할 수 있게 하는 건축적 장치가 또한 필요하다. 그래서 여기에는 1층과 2층이 뚫린 공간적 감동이 있어야 하고, 미로가 있기도 하고, 여행을 즐기는 비행공간도 있어야 했다.

그래서 무엇보다 오랫동안 노하우를 쌓은 그분들이 직접 도서관장이 되어야 했다. 이 집이 자라는 동안 끊임없이 일어날 변화를 그들의 축적된 경험에서 연유한 순발력에 의해 대응해야 할 필요가 있었기 때문이다.

준공식 날 조충훈 순천시장이 울었다 한다. 어린이들이 집을 그렇게 좋아할 줄 미처 몰랐다고 했다. 그것은 자신의 정치 인생 수십 년 동안 어린이를 위해 처음 뭔가를 했다는 감동이며, 건축이 단순한 건물이 아니라 문화일 수 있다는 깨달음 때문이라 했다. 그리고 어머니들은 이제, 아침에 일어나면 행복하다고들 한다. 어린이 도서관에 갈 수 있기 때문에.

순천 2003
어린이도서관 3/21

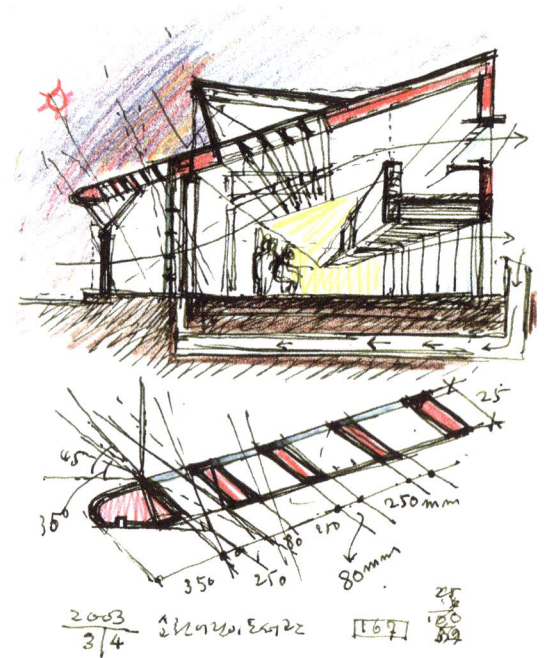

2003
3/4 순천어린이도서관 [16구]

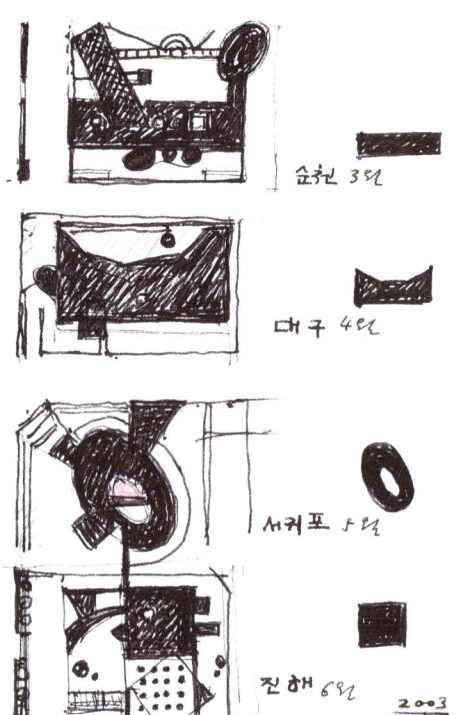

순천 3안

대구 4안

서귀포 5안

진해 6안

2003
5/15

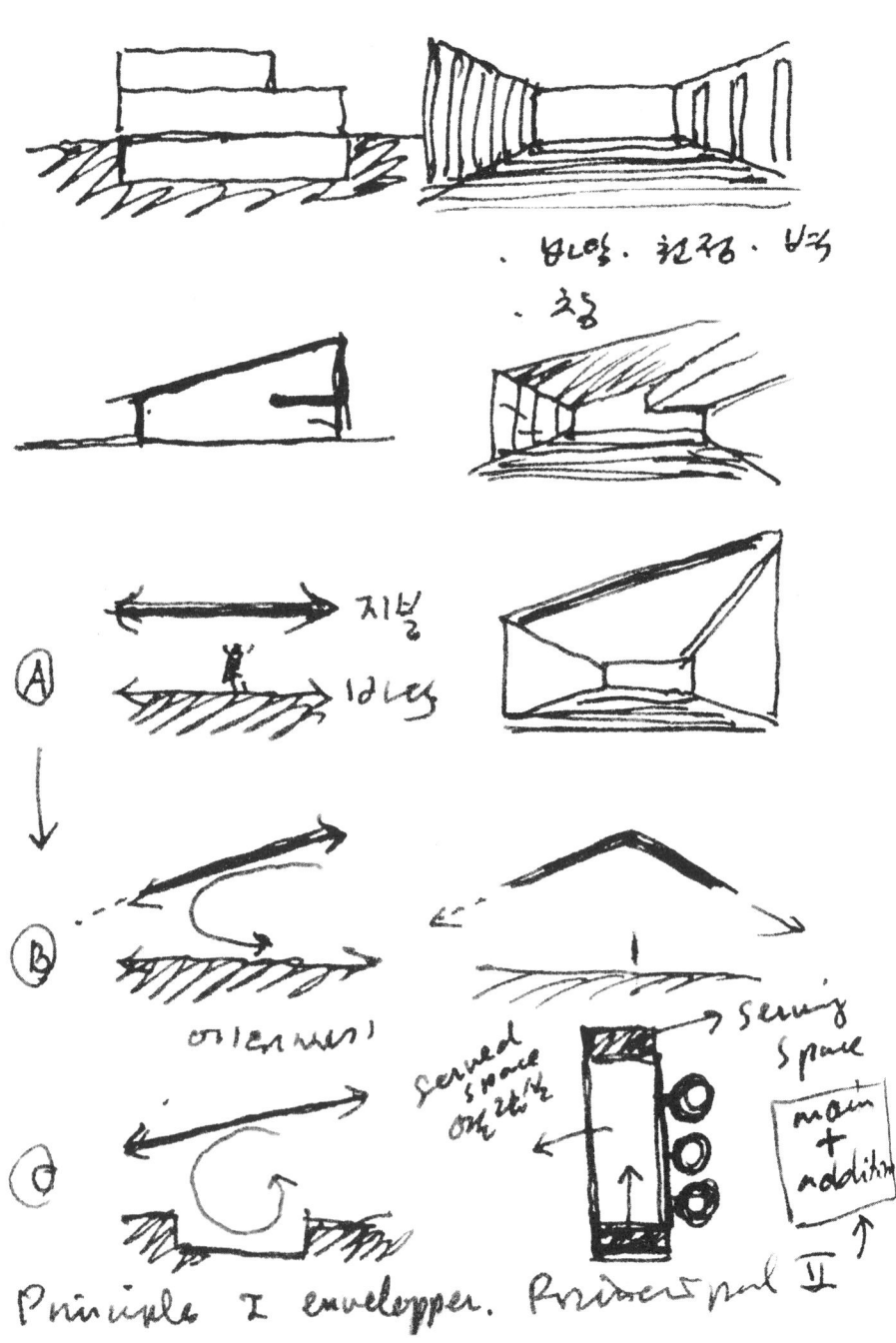

이 세상의 모든 어린이들은 어느 한 나라의 국민이기 이전에 국경 없는 자유로운 '세계인'이라는 생각에서 계획되었다. 따라서 이 건축은 작은 우주가 되어 어린이들이 책을 매개로 상상의 여행을 떠나는 특별한 장소이다.

이 장소는 그래서 쇠와 나무와 물과 빛과 흙이 어우러져 건축을 통하여 하나로 통합된 것이다. 건물 내부의 쇠는 지금 건물을 지탱하고, 나중에는 다시 녹여 쓸 수도 있으며, 건물 외부 나무는 도서관을 에워싸는 자연의 옷이며, 열람실의 흙은 늘 푸른 대나무를 자라게 하고, 옥상의 물은 멈출 줄 모르는 시간과 지혜의 샘이다. 천장에 뚫린 둥근 창은 하늘의 빛을 실어 나른다. 그리고 밖에 세워질 바람개비는 우리들이 바라볼 수 있는 지구의 숨결이다.

그리고 이런 여러 건축적 요소들은 서로서로가 시선 속에서 매 순간마다 긴밀한 관계를 갖고 대화할 것이다. 동명초등학교 어린이들은 물론, 길거리를 지나는 사람들이나 공원을 산책하는 사람들에게도 순천 어린이 도서관은 자연스레 말을 건네는 친근한 이웃이 되었으면 하는 생각에서, 건물 북측에는 벼랑에 놓인 큰 바윗돌 같은 구연동화실□演童話室들이 있으며, 남측의 강당은 주변 경관을 순화시킬 수 있도록 둥근 모습으로 만들었다.

이 도서관에는 크고 작으며 형태가 다른 공간들이 배열되어, 책과 어린이가 다양하게 만나도록 하였다. 특히 2층 실내에는 먼 여행을 떠나는 비행기 모습(별나라 열람실)도 있고, 실외에는 천천히 걷는 미로迷路도 있다. 그 '발견'의 연속인 미로의 끝에서 '시간의 샘'을 만나게 될 것이다(『건축문화』, 2004년 1월호, 통권 272, p.105).

정기용 특유의 어린이 사랑법이다.

'순천 기적의도서관' 입구에는 도서관 건립 기금을 마련했던 이들과 단체, 건축에 참여했던 건축가, 자재 업체, 시공사, 수많은 기술자와 노동자의 이름들이 기록되어 있다. 이들 이름들 하나하나를 손으로 짚어가며 부르면서, 그들의 어린이를 향한 사랑과 열정에 깊은 감사와 경의를 표한다.

제주 어린이 도서관
서귀포 어린이 도서관
진해 어린이 도서관

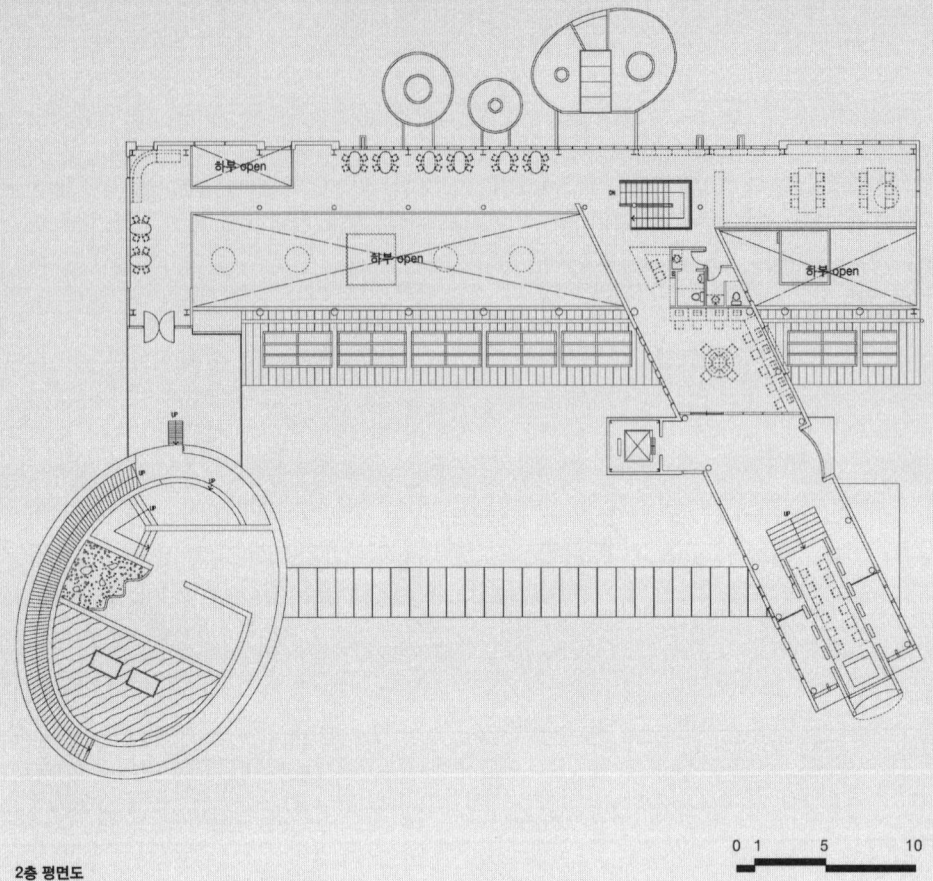

2층 평면도

순천 기적의도서관 | **위치** 전라남도 순천시 해룡면 상삼리 666 **지역·지구** 일반주거지역 **용도** 교육연구 및 사회복지 시설 **대지면적** 4,204.4㎡ **건축면적** 966.43㎡ **연면적** 1,304.31㎡ **조경면적** 1,574.8㎡ **건폐율** 22.99% **용적률** 31.02% **규모** 지상 2층 **구조** 철골 구조, 철근콘크리트 구조 **외부마감** 홍송 및 드라이비트 **내부마감** 수성페인트 및 페브릭 **설계참여** 윤여갑, 김현숙, 최김재연, 이여주 **건축** 기용건축사사무소 **구조** 단구조 **설비** (주)한아종합기술 **전기** (주)미동ENG **인테리어** 기용건축사사무소 **감리** (주)한미 파슨스 **시공사** (주)유탑ENG **건축주** 책읽는사회만들기 국민운동 **공사금액** 17억 **에디터** 강정예 **디자인** 정은희 **설계기간** 2003. 2~2006. 6 **공사기간** 2003. 7~2003. 11

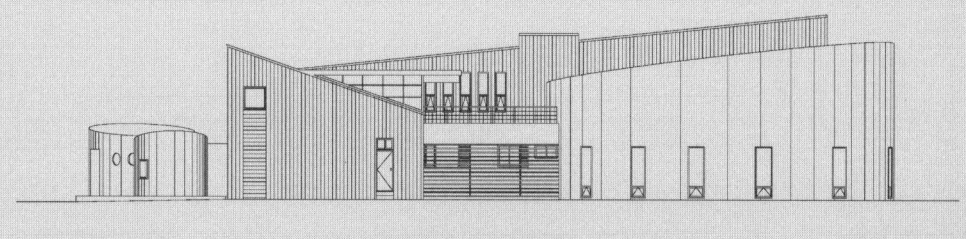

입면도

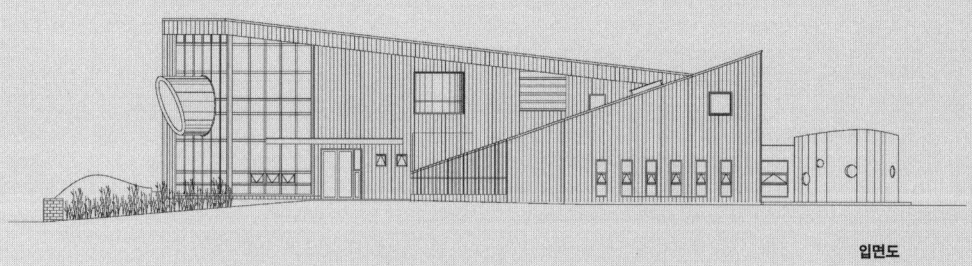

입면도

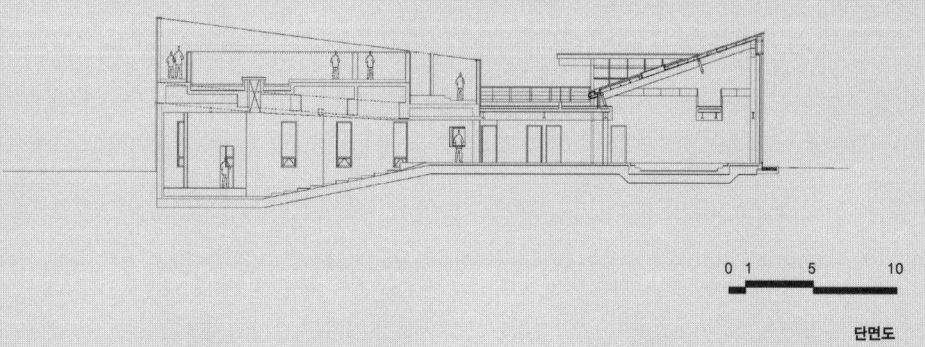

단면도

열린사회를 지향하는 이 시대의 대학 캠퍼스

민현식 | 한국전통문화학교

'한국전통문화학교The Korean National University of Cultural Properties'는 우리의 유형의 문화유산에 관한 연구 그리고 그것을 관리하고 보존保存 또는 보전保 全하는 전문가를 양성하기 위해 설립된, 작지만 아주 특별한 대학이다.

신라의 왕성 경주慶州에 버금가는 역사도시로서의 부여夫餘의 면모를 강화하기 위한 백제왕성 복원계획과 더불어 시행된, 부여 역사도시 조성이라는 거대한 프로젝트의 일환이다. 이 대학으로 말미암아 이 도시의 정체성을 확고히 구축함과 동시에, 지역적 한계를 넘어 우리 전통문화의 계승과 발전에 큰 일익을 담당할 것으로 기대하였고, 지금 그렇게 작동되고 있다.

나는 새로운 프로젝트를 시작할 때마다, 단순하지만 근본적인 질문을 해보는 버릇이 있다. "대학이란 무엇인가?" 그리고 "새로운 시대의 대학은 어떻게 되어야 하는가?"로 질문이 이어진다.

우리는 유토피아적 가치를 더 이상 지속하기 어려운 시대에 살고 있다. 도시든 사회든 지식이든, 백지상태(tabula rassa)에서 '새로운' 아이디어를 상상하고 그것을 구축할 수 있으리라는 관념은 단지 이상일 따름이고, 지금에 와서는 지극히 보수적인 것으로 치부되고 있다.

이와는 대조적인, 와인을 만드는 과정과 비교해보자. 경작지의 형상과 지질, 태양의 방위와 일조량 등이 포도의 품종과 결합하여 와인의 특별한 향취를 만들어낸다. 건축과 도시 그리고 학문과 사회 역시, 와인과도 같이 이미 있어왔던 조건들 즉 기존의 문화를 바탕으로 진화된다. 이렇듯 하나의 세련된 문화는 시대를 통하여, 특별한 역사의 형성을 통해서만 생산이 가능한 것이다. 문화는 하나의 사물a thing로서 물성화物性化되는 것이 아니라 하나의 과정過程, a process 그 자체로서 인식되어야 한다. 대학 또한 하나의 특별한 문화이며, 어떤 특별한 약속 혹은 어떤 특별한 과정들이 그것의 형성을 가능하게 하는 영역에 속한다. 대학의 문화는 이전에 없던 완전히 새로운 형태와 공간조직의 발명에 의함이 아니라, 기존의 것들이 가지고 있는 잠재력을 서서히 진화시킴으로써 증진되어나간다.

이런 뜻으로, 대학 계획의 중요한 목표 중 하나는 대학 커뮤니티가 주변 도시 커뮤니티와 일체를 이루어, 둘이 융합된 하나의 커뮤니티를 이루게 하는 것이다. 파리, 볼로냐 그리고 살라망카 등과 같은 옛 대학들을 눈여겨 살펴보면, 이들은 고립되어 있지 않았고 도시조직 안에 용융熔融되어 있었음을 알 수 있다. 지식은 도시의 일상생활과 함께 짜여져, 도시 커뮤니티는 대학과 함께 발전한다.

이러한 대학들이 출현하기 이전에, 지식은 옛 수도원에서 축적되고 보존되어왔다. 수도승들이나 수녀들이 오래된 서적들을 수집하고, 보존하고, 연구했다. 수도원이 모든 지식을 독점하였고, 도시와는 분리된 폐쇄적 커뮤니티를 형성했었다.

나는 '탐구'라 하지 않고 분명히 '보존'이라고 했습니다. 무슨 까닭인가요? 하느님께 속하는, 지식이라는 재산은 완전한 것이고, 태초부터 완전한 것으로 정제된 것이고, 말씀의 완전함 안에서 스스로를 드러내는 것입니다. (중략) 선지자들의 설교로부터 초대 교부들의 해석에 이르기까지 수 세기에 걸쳐 정제되고 완성된 이 지식이야말로 인간의 몫으로는 최상의 보고寶庫이기 때문입니다. 지식의 역사에는 발전이나 진보가 있을 수 없습니다. 오로지 연속적이고 더할 나위 없이 고귀한 요점要點·약설約說이 있을 뿐입니다(움베르토 에코 지음, 이윤기 옮김, 「노수도사(老修道士) 호르헤의 강론」 중, 『장미의 이름』 하, p.740).

기존 지형의 고저 차를 쫓아 평판과 경사판이 이어진 띠 모양의 광장

아시아에서도 이와 유사한 폐쇄된 지식 커뮤니티의 모델을 볼 수 있으며, 조선 사회 역시 그러했다. 서원書院 등과 같은 유교 아카데미는 지역의 커뮤니티에 닫혀져 있었으며, 내부에서만 강도 높은 지적 훈련을 통하여 지식을 생산하고 세련시켜왔다. 이러한 지식은 지극히 독자적이며, 현실과는 동떨어진 것일 수밖에 없었다.

18~19세기를 지나는 동안 이러한 고립된 캠퍼스가 다시 출현한다. 유럽 제국들이 식민지를 경영함에 있어, 대학을 식민지의 아직도 덜 견고한 미처 문명화되지 못한 사회로부터 보호하기 위해, 지식의 오아시스를 개발할 필요성이 있었다. 라틴아메리카의 선교사들이 설립한 대학들 프린스턴, 하버드, 스탠퍼드 등 좀 더 근대적인 북미의 캠퍼스에서 그리고 동경, 북경, 서울 등 대부분 아시아의 대학 역시 일관된 학문의 지식 문화를 구축하기 위해 도시 커뮤니티와의 관계를 단절시키고 대학의 구성원들에게 특권을 부여한 양태를 보여왔음이 사실이다.

하지만 이 시대의 정신은 열린사회를 지향하고 있으며, 이 시대의 학교 공동체는 이러한 열린사회의 대표적 모범이어야 한다. 대학 지식의 거대한 집적이 도시 커뮤니티의 리얼리티와 긴밀하게 짜여져야 한다. 이미 전 세계를 하나로 만드는 월드-와이드-웹이 우리의 일상 깊숙이 존재하고 있음을 더 이상 외면할 수 없다. 이제 대학 커뮤니티는 거대한 정보의 덩어리가 지식으로의 전환을 가능하게 하는, 그래서 지식의 영역domain과 도시 커뮤니티와의 경계를 지운 새로운 틀을 재구축하는 것이다. 이러한 틀의 구축이 새로운 시대, 새로운 지식, 새로운 문화를 창조할 수 있을 것으로 믿기 때문이다.

따라서 이 시대, 학교의 공동체는 이 시대의 도시와 같이 다양성, 다의성이 극대화되어 행위의 자율성이 최대한 보장되어야 한다. 이에 대응하는 캠퍼스의 물리적 조직 역시 중심을 지우고 위계를 해체하여 가능성의 영역들을 흐트러뜨림으로써, 구성원들의 자율적 선택을 보장하고 부추겨야 한다.

지금까지의 대부분 대학캠퍼스의 공간조직은 마치 중세 도시와도 같이, 하나의 중심에서 뻗어나간 방사선형 도시radial cities의 형상을 가지고 있다. 중심에 대학의 공동 시설군을 위치시키고, 그 주변에 각각의 대학들이 늘어서며, 환상環狀의 도로로 한계 지어진 외곽에 체육시설, 주거시설, 파워플랜트 등 지원 시설이 자리 잡는다. 각 대학들은 중심의 공동 영역을 통해서만 만날 수 있는 통로가 있을 뿐 독립되어, 학문 간의 소통이 폐쇄적일 수밖에 없고, 이러한 중심성의 강화는 전체를 일관하는 하나의 학문적 태도만을 가지게 될 수밖에 없다.

여기에 반하여, 나의 제안은 공동시설군(행정본부, 도서관, 공동 강의실군, 학생회관 등)과 교육시설군(각 전공별 일반 교육시설 및 실험·실습실군 등)을 띠 모양帶形, linear의 광장을 사이에 두고 병치시킨다. 위계와 방향성이 느슨하고 단부가 개방되어(open-ended) 성장 체계까지를 내포하고 있다. 그럼으로써 캠퍼스의 활동은 사용자의 욕구에 의해 자율적으로 수집되고 각각 고유한 학문 세계, 전공 체계를 이루길 기대한다.

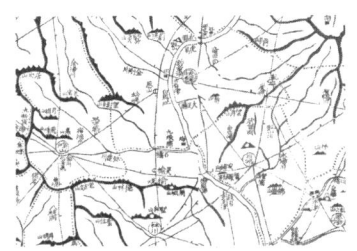

대동여지도, 부여 부분

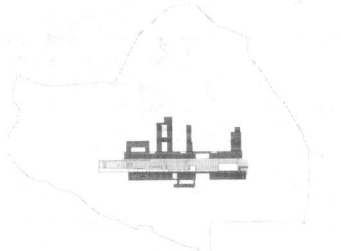

배치 다이어그램

한국전통문화학교 모델

기존의 지형은 경사도를 따라 단형의 논과 경사진 밭 그에 연하여 구릉의 수림樹林이 이어지고, 여기에 경사진 길과 수로水路, water channel가 가로지르며 그것들을 연결시키고 있다. 한반도 전원田園의 전형적인 형국形局이다. 부지의 남동측 코너에서 낮은 언덕을 넘어 진입하면 이미 지형 자체가 거대한 지형공간을 형성하고 있음을 본다.

여기에 띠 모양의 판mat을 동서로 길게 놓는다. 길이 370m, 폭 25m 내외의 광장은 기존 지형의 고저 차를 쫓아 평판과 경사판이 이어져서 여기에 면한 병렬된 기능들을 기능적·공간적으로 통합시켜서 인공적 영토를 구체화시킨다.

판은 표피 뒤에 마이크로 칩이 숨겨진 것과도 같은 전자조직의 질서와도 흡사하여 시작과 끝이 규정된 바 없으며, 끊임없이 변화하는 운동성을 본질로 한다. 해서 이 표면은 일반적인 건물의 추상적 표면에 비해 더욱 특별하다. IT 개념에서 연유된 마치 전자 판mother board과도 같은 조직을 가지

실습동 사이의 마당_오른쪽 면

는 이 판의 겹쳐지고 휜 표면들은 얇고 비물질적이며 순간적인 데이터를 생산할 수 있는 면들이다. 판의 단면은 일반 건물의 단면에서처럼 따로 떨어진 층이 겹겹이 쌓여 있는 것이 아니라, 땅의 형국에 따라 엮이고, 휘고, 겹쳐지고, 스며 나오고, 얽히고, 서로 매듭을 짓고 있다. 또한 이 판은 마치 액상液狀의 매체를 바탕으로 하는 현대 스포츠와도 유사한 성격을 갖는다. 행글라이딩hang gliding, 스카이점프sky jump, 서핑surfing, 래프팅rafting 등과도 같이 최대의 다양성과 변화를 내포하고 있다. 예측을 불허하고, 예리한 감각으로 신속한 판단을 요구하며, 여기에는 계산된 위험이 내재한다.

      이는 장場, field의 구체화이다. 여기에 덧씌워진, 건물 내부로부터 외부로 확장된 그물망network은 캠퍼스 생활의 패턴을 압축하고 방향을 전환하며, 내외를 연계하는 중추적 역할을 하게 된다.

이러한 광장의 바닥 판은 잠재력을 디자인한 것이다. 그것이 놓인 대지의 특성과 대지에 대한 친밀함과 연관된 생활의 하부구조로서의 특성을 지니고 있어 장소와 시간의 특성을 구체화하며, 다양성을 수용하며, 다원주의의 개념을 유쾌하게 만들 수 있으며, 상상력을 깨우며, 무엇보다도 불확정성과 불확실함을 즐기도록 한 것이다. 우리는 불확실성과 예기치 못함에서 아름다움을 보기를 원하며, 따라서 시간의 감각으로 디자인된다. 이는 미래의 사용자들에게서 그들의 잠재력과 상상력을 일깨워, 주어진 자원과 가능성을 사용하도록 한다.

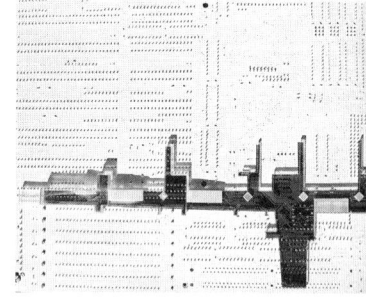

광장 개념 모델   전자조직의 질서를 가진 광장.

      그래서 이 바닥 판은 미리 주어진 기능에 따라 디자인된 것이 아니다. 그곳을 점유하는 방식에 따라 적용되는 시간 동안 설정되는 조건에 의해 성격이 규정되어, 당분간 한시적으로 지속된다. 변화와 탄력성이 극대화된 것이다. 바로 불확정성 공간indeterminate space이다. 이 판은 반형상적이며, 반재현적이며, 반기념비적이다. 특정 기능을 조작하거나 재현하는 것이 아니라, 가능성 있는 이벤트가 최대한으로 발생할 수 있는 개방된 장場, field으로 제공된다.

      이 땅이 오랫동안 가지고 있어왔던 옛 것을 지우지 않고 새로운 흔적

을 새겨 넣어 중첩시키기 위해, 광장은 기존 지형의 기억에 따라 경사진 면이 이어진다. 여기에 디자인된modify 수로를 두어 이를 기억으로 첨가하고, 양단 및 곳곳에 적절히 열려서 주변의 특별한 자연경관과 행복한 관계를 맺게 하며, 여기에 직교하여 뻗어나간 손가락 모양의 실험 실습실 동들은 각각 고유의 마당을 속으로 품으면서, 후면의 자연과 평면적·공간적으로 만난다. 연접한 언덕의 수림樹林과 서로 교호交好하고 틈입闖入하여 기존의 자연에 새롭게 개입된 인공 구축물이 시간이 지나면서 기존의 자연과 일체가 되어가면서, 인공과 자연이 하나의 특별한unique 건축적 풍경architectural landscape을 이룬다. 바로 특별한 불확정성 공간specific indeterminate space이 된다.

여기서는 선택된 하나의 개념이 구현되어 전체적으로 디자인되거나 지배되지 않는다. 미래를 위한 시나리오가 쓰여지며, 시간이 지남에 따라 자라고, 진화한다. 이는 디자인이라기보다 경영과 경작의 산물이다. 변화를 수용하고, 식생을 변화시키고, 공간적 성격을 이동시키고, 시간의 흐름에 따라 새롭게 사용되도록 한다. 이러한 변화는 단지 양적일 뿐만 아니라 질적인 변화이기도 하다.

이와 같은 의도의 한국전통문화학교가 오늘의 모습을 드러내기까지 5년여의 시간이 흘렀다. 건물의 동 수나 기능의 다양함을 감안하더라도 만여 평의 규모를 생각한다면, 이는 상대적으로 긴 시간이다. 이는 시공 능력이나 예산의 문제가 아니라, 학교의 탄생과 성장에 따라 각각의 단계에 필요한 건물들과 외부공간들이 점진적으로 건설되어야 하는 신생 대학의 조건 때문이다. 따라서 처음 완성되어 입주한 건물군과 최종의 건물군은 4년여의 나이 차를 이미 갖게 되는 셈이다. 그동안 띠 모양의 광장을 따라 학교 캠퍼스의 성장 모습을 실물로 경험하는 즐거움도 있었고, 예기치 못한 난관들을 극복해야 하는 어려움도 뒤따랐다.

학생회관의 경우, 일정 기간 대학본부와 도서관, 식당 등 최소한의 행정 기능과 생활 기능을 수용하도록 한시적인 용도 변환을 필요로 했고, 전체가 완성되면서 최종적인 용도로 재편되는 변화를 거듭해왔다. 기숙사는 일정 단위의 건물을 반복해 증설해왔고, 대형 광장은 건물군의 성장에 따라 나무의 줄기가 자라듯 커왔고, 성장의 진행을 암시하듯 단부端部는 열려 있다. 이들 각각의 성장과 변화는 전체와 부분에 미리 계획된 성장 체계를 가지고 있었기 때문에 지금까지는 큰 무리 없이 진행되었다.

  이러한 짧지만은 않은 시간을 지나면서 이미 관습화한 생활의 패턴이 생겨나기도 했고, 사용 중 발견된 예상하지 못한 무리함도 개선되어왔다. 이로 인해 본래의 의도와는 다른 양상을 보이는 장소와 공간들이 생긴 것 또한 사실이다. 특히 동선의 패턴이 그러하며, 또한 초기 예상과는 다른 프로그램의 변경과 증가에서 기인된 결과이기도 하다. 학교가 시작되면서 학문의 영역이 크게 확장되었다. 개교 당시 유형문화재만으로 한정되었던 것이 무형문화재까지 아우를 수 있도록 확장되면서, 우리의 모든 문화재를 학문의 대상으로 삼기에 이르렀다. 이는 학교 이름의 변화에서 직접적으로 드러난다. 대학 이름의 끝 부분이 'Cultural Properties'에서 'Cultural Heritages'로 변경된 것을 주목하자. 이것은 정말 근본적인 변화이다.

이런 현상을 접하면서 건축은 유기체임을 다시 한번 절감하게 된다. 이러한 관점에서 이 캠퍼스는 아직도 완성된 것이 아니며, 앞으로도 이와 같은 성장과 변화는 계속될 것이다.

  훌륭한 유기체는 돌연변이를 일으키지 않으면서, 학사 계획의 진화와 주변의 물리적 상황의 변화에 따라 모든 내포된 체계들이 유연하게 대응할 수 있어야 한다면, 이제 씨앗과도 같은 제안된 캠퍼스의 물리적 체계들이 얼마나 열려 있는가에 대한 근본적인 질문과 성찰을 곧바로 시작해야 할 때이다. 그리고, 그러한 성찰은 끊임없이 지속될 것이다.

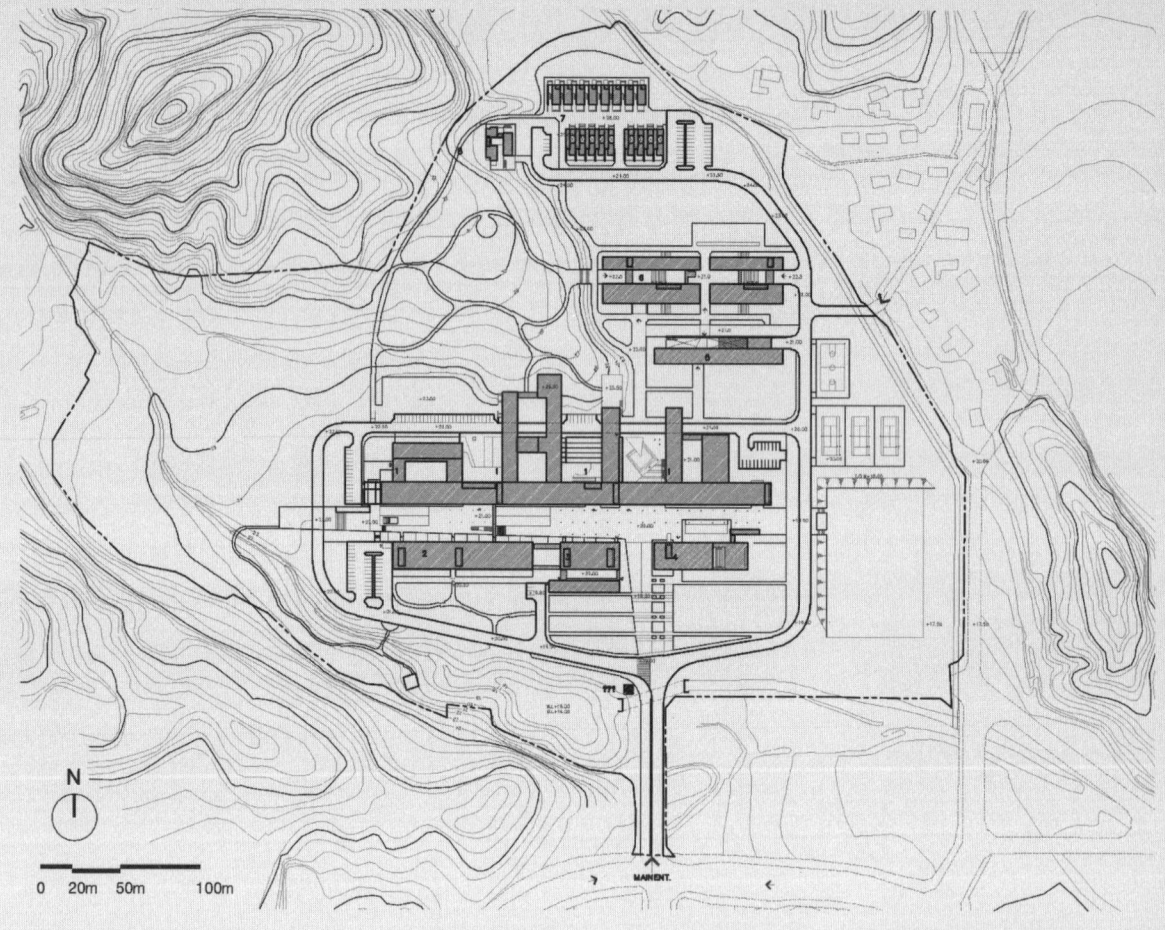

배치도

한국전통문화학교 | **위치** 충청남도 부여군 규암면 합정리 일대 **대지면적** 160,302㎡ **건축면적** 13,587.24㎡ **연면적** 32,641.93㎡ **건폐율** 8.48% **용적률** 18.17% **규모** 지하 1층, 지상 3층 **구조** 철근콘크리트 구조 **외부마감** 치장벽돌, 노출콘크리트, 복층유리 THK18, THK22 **조경면적** 90,028.65㎡, 56.16% **주차대수** 113대 **높이** 15.8m **설계참여** 강승희, 류두목, 김태형, 박성남, 이계순, 김태영, 박호, 최수정

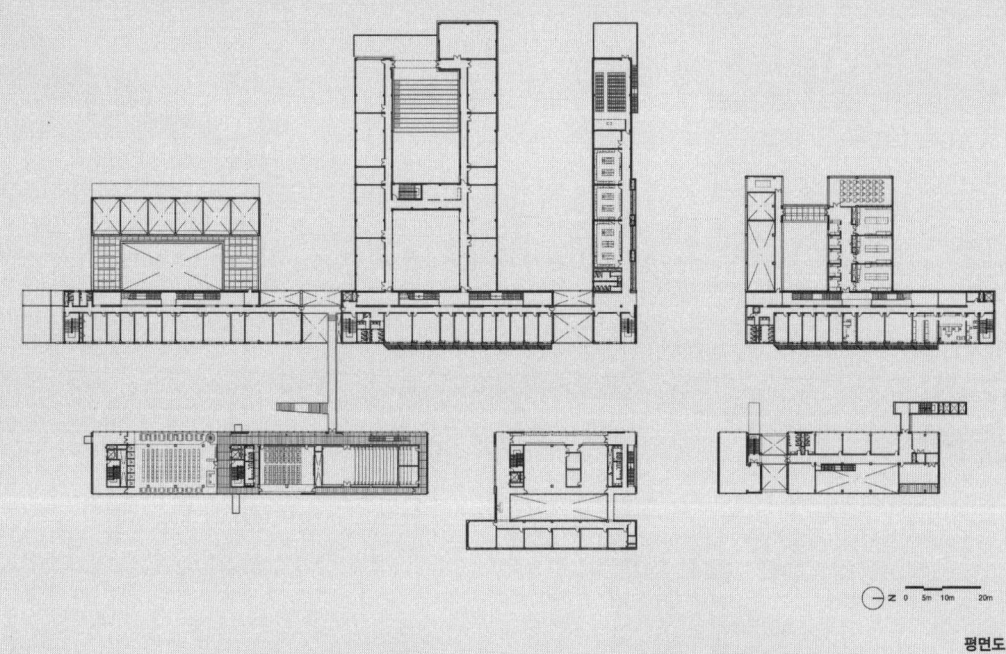

평면도

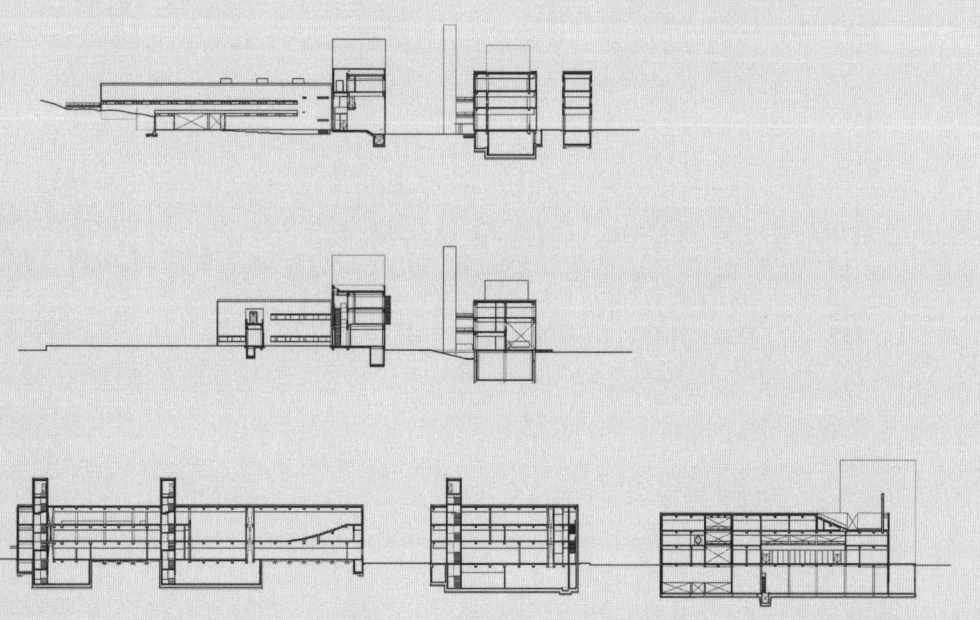

단면도

이 시대의 피난처

조병수 | ㅁ자집 |

사물을 억지로 아름답게 만드는 일은 비열한 짓이다. 그것은 총체적 논점을 흐리게 하는 최면술과도 같은 짓이다. 나는 아름다움이 하룻밤 사이에 창조된다고 믿지 않는다. 아름다움은 '고대적 처음'에서부터 시발始發하여야 한다. '고대적 처음'은 파에스툼Paestum과도 같다. 나에게 파에스툼은 아름답다. 그것은 파르테논Parthenon보다 덜 아름답기 때문이며, 또한 파에스툼으로부터 파르테논이 나왔기 때문에 그러하다. 파에스툼은 굵고 짧으며, 그것은 불확실한 그리고 섬뜩한 비례를 가지고 있다. 그러나 나에게 그것은 대단히 아름답다. 그것은 '시작beginning'을 드러내고 있기 때문이다. 그것은 벽들이 분리되어 기둥이 되는 순간이며, 음악이 건축으로 들어오는 순간이다. 그것은 아름다운 순간이며 우리는 아직도 그 시간에 살고 있다(David B. Brownlee and David G. De Long, *Louis I. Kahn: In the Realm of Architecture*, Rizzoli, 1991, p.15).

파에스툼

파르테논

아마 건축은 인간의 생존을 위협하는 자연의 재해를 방어하고 인간을 보호하기 위한 피난처避難處로 시작되었을 것이다. 그 집이 자리 잡는 장소의 자연재해의 특성에 따라 혹자는 비바람을 막는 데, 혹자는 뜨거운 태양빛을 가리는 데 그리고 혹자는 주변에 출몰하는 맹수猛獸로부터의 방어에 주력하여 지어진 단순한 구조물shelter이었다. 우리는 종종 이 사실을 잊어버리고 있지만, 실은 이 원시적 구조물에 건축의 본질이 있다.

조병수의 'ㅁ자집'은 마치 하나의 피난처와도 같아 보인다. 주변의

자연으로부터 생활을 보호하려는 듯 거친 콘크리트 박스를 만들고, 속살과
도 같은 공간을 안으로만 품고 있다. 자연을 정복하여 마을을 이루고 도시
를 이루며 살게 된 생활양식의 변천과 그것을 가능하게 한 과학기술의 발전
에 따라 우리는 원시적 자연의 재해로부터 어느 정도 해방되었지만, 그러한
삶의 어지러운 모습 때문에 또 다른 방어와 보호의 목적이 집에 주어졌다.
　　　　무엇으로부터의 피난이며, 무엇으로부터의 보호인가. 아마 이 집,
조병수의 ㅁ자집은 번뇌를 거듭하게 하는 도시적 삶, 거기로부터 피정避靜
하듯이 돌아와 자신을 깊게 성찰하기 위한 집이다.

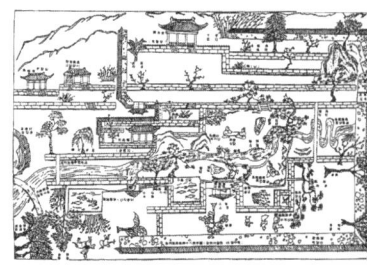

소쇄원도

바라간 집의 옥상마당

이 집은 우리의 전통적인 건축 유형인 '정사精舍'에 관한 역설적 대안이다.
콘크리트 박스는 오로지 하늘을 향한 구멍만을 뚫어놓았다. 하늘 그리고
그것이 그대로 투영投影된 정방형의 물의 정원水庭園, water garden이 이 집이
외부와 소통하는 거의 유일한 수단이다. 마치 L. 바라간 자신의 집, 하늘만
을 향해서 열린 옥상마당을 보는 듯하다. 누군가는 자폐적 집이라 핀잔할
지 모르지만, 여기서 우리는 처절하게 고독하고, 철저하게 자유롭다. 그래
서 속으로 품은 공간은 어떤 기능에도 구속되어 있지 않다. 그 처절한 고독
을 두려워하지 말고, 그 철저한 자유를 부담스러워 하지 않아야 한다. 그것
이 진실에 이르는 길이라고, 이 집은 조용히 그러나 강하게 설득하고 있다.
　　　　바라간 주택의 옥상은 황홀하게 펼쳐지는 멕시코시티의 풍경을 조
망할 수 있는 곳이지만, 바라간은 옥상마당을 벽으로 둘러치고 오로지 하늘
을 향하여 열린 공간으로 만든다. 하늘을 향한 입면이라 부르는 이 마당공
간은 우리를 깊게 성찰하게 하는 공간이며, 피안의 세계로 이끄는 문지방과
같은 공간이 된다.

조병수는 이 집을 가지고 세상을 묻고 있다. 그래서 이 집은 우리의 지금의
현실에 대한 성찰의 도구로서의 건축공간이다. 그래서 재료의 사치와 시각
적인 쾌락에 대하여 지극히도 엄격하고, 그래서 청빈淸貧의 윤리의식이 이
집의 공간에 깊이 스며들어 있다.

하늘이 투영된 정방형의 물의 정원
_오른쪽 면 *

땅과 하늘과 건물의 동신,
건강, 포도밭

이 시대의 피난처, '정사精舍'의 역설적 대안 ■
하늘을 향해 뚫린 구멍은 이 집이 외부와 소통하는 유일한 수단이다_ 왼쪽 면 ■

마치 아티스트 안규철1955~ 의 작가노트를 읽음과 같다.

내게는 미술을 하면서 계속해서 미술을 의심하는 병이 있다. 범람하는 이미지의 강력한 힘 앞에서 수공업적 이미지 생산자로서 무력감을 느끼고, 자본과 경제가 지배하는 현실 속에서 미술의 역할에 대해 회의한다. 이미지를 다루면서도, 실상을 가리고 왜곡하는 이미지의 수상쩍은 속성을 경계한다.
미술을 통해서 세상의 지배적인 힘들과 경쟁하려 했었고, 이미지에 대한 의심과 절제로 인해 미술과 비미술의 경계선을 배회하는 자가 되었다. 어지러운 세상을 등지고 때때로 자족적인 세계 속으로 걸어 들어가 조용히 실종되려고도 했다. 모호한 선문답이 아닌 정교한 언어로 작업을 규정하려 했고, 그러면서도 논리의 사다리를 버리고 허공 속으로 날아오르기를 꿈꾸었다.
돌이켜보면 어느 쪽으로도 확정을 짓지 못했다. 우유부단한 탓인지 모든 것을 향해 항상 열려 있기를 바랐다. 이제 나는 내 속에 여러 명의 내가 들어 있음을 인정하고, 그 각자의 나들을 살아내는 수밖에 없다고 생각한다. 옳다고 말해지는 것들은 수상한 것이다. 세상에는 불투명한 것, 말할 수 없는 것, 내가 모르는 것들이 존재한다는 것을 나는 믿어야 한다. 세상의 훌륭한 말들보다 나의 본능과 직관을 믿어야 한다(《안규철_49개의 방》, 2004 3.5.-4.25, 로댕갤러리).

안규철, 일어서는 집   청도 SR공장, 돌의 마당.

　　이 고백에서 '미술'을 '건축'으로 바꾸면, 바로 건축가 조병수의 고백이 된다.
　　이러한 집을 축조하기 위해서는 마치 안규철처럼 철저한 수공업적

---

1. 안소연(삼성미술관 수석학예연구원)은 그의 작업을 "삶의 부재(不在)를 사유하는 공간"이라 말하면서, 이렇게 쓰고 있다. "…… 자기갱신적인 조형성에서 이루어진다. '보는 것을 절제하라'고 스스로에게 정언 명령을 내릴 만큼 시각적 금욕주의를 주장하는 작가는 작업에서의 의미 전달과 관객의 지적인 연상작용을 중시하면서도, 전적으로 수공적인 작업 방식을 고수할 만큼 조형 행위에 큰 의미를 두고 있다. 그는 구체적인 물질로서의 재료와 직접 부딪히면서 손으로 노동하고 시간을 낭비하는 일이야말로 자신의 작업의 핵심이라 말할 만큼 공예가나 가구 제작자에 버금가는 느리고 섬세한 노동에 헌신한다. 이러한 모순된 태도는 그의 작업이 단순히 개념미술이나 조각으로 범주화할 수 없다는 사실과 더불어 소위 개념적인 작업을 하는 일군의 작가들과 그를 구별 짓는다." (《안규철_49개의 방》 전시회 카탈로그 중에서)

장인정신이 요구된다. 얼핏, 기교와 세련을 외면하고 있는 듯이 아주 단순하다. 아무것도 없는 듯하다. 기교와 세련을 구태여 숨기는 일만큼 어려운 일이 또 있을까. 그래서 이 집은 공간의 의미에서 시작하여, 구축의 방법, 선택된 재료, 한 치의 눈금과도 다투는 디테일 등 모든 부분에서 지금까지 통상적으로 해오던 것들과의 치열한 투쟁이 보인다. 결과된 이 집을 구성하는 모든 부분은 근본적인 질문을 거듭 거듭하며, 원래에서부터 다시 시작하여 새롭게 창조된 것들이다. 그래서 이 집의 모든 부분들은 건축의 통상적 관행들의 근원을 밝히고 원래 가지고 있었던 본질적 의미를 일깨우고 있다. 그래서 L. 칸이 이야기한, 억지로 아름답게 만들려 하지 않은 파에스툼의 아름다움이 있다.

예를 들어, '기둥'을 보자.

이 사각형 공간을 짓는 데 사용된 목재 기둥들은 이 집의 주인이 이미 가지고 있던 옛 부재들이다. 옛 부재의 선택은 이 목재 기둥이 가지고 있던 그 많은 이야기들을 여기에 옮겨서 이 새집의 역사를 더욱 깊게 하기 위함이었을 것이다. 그 열 개의 옛 부재 기둥들은 무량판無樑板, flat slab 구조 지붕을 지지하기에 적합한 간격(5m)으로, 2층 증축에 대한 하중을 고려하여 최소한만을 위해 설치되었다. 설치는 목재 기둥과 철재 연결 철물을 1층 바닥판과 지붕층 철근 배근에 고정 설치한 후, 그 위에 콘크리트를 타설打設하는 방법으로 진행한다. 이렇게 옛 부재 기둥은 불규칙하게 배열된 듯 보이지만, 이 배열이 구조적 합리성에도 거슬리지 않도록 설치함으로써, 보 없이 최소한의 철근을 배근하여 2회 타설(기초+1층 바닥 1회, 벽체+지붕 1회)로 건물이 완성되었다.

기둥에 이어지는 '지붕'을 보자.

여기의 지붕은 보도 없고 더욱이 난간벽parapet조차도 없다. 단순한 하나의 판으로만 되어 있다. 무량판이다. 지붕의 난간벽은 평지붕의 우수雨水를 쉽게 처리하기 위함이고 또한 외벽을 빗물로부터 보호하기 위한 것으로 고안된 것이긴 하지만, 이것으로 하여 평지붕은 그것이 '새로운 땅'이라는 본질을 잃어버리게 되었고, 보는 지붕판의 구조적 이점을 위해 고안된 것이지만, 단열재를 포함하는 천장판 등의 군더더기를 붙일 수밖에 없어 공간의 한정에 디테일을 붙여나가는 이런 저런 수사修辭가 필요할 수밖에 없었다.

　　이 집의 구체構體를 여러 차례 쇠흙손 마감하는 방식으로 방수제나 보호 모르타르 없이 처리한 지붕판은 보 없는 무량판 구조로서 방수 마감까지 두께 20cm로 처리되었고, 단열재와 천장 마감재를 포함하여 지붕과 천장을 총 두께 31cm의 최소한의 얇은 판으로만 만들고 있다. 이 지붕에 오르면 군더더기 없는 평평한 사각의 콘크리트 판이 새로운 땅이 되어 시시각각으로 변하는 주변의 대지환경과 대응하여 마음과 영혼을 편안하게 받쳐준다.

거기에 뚫어놓은 '창'을 보자.
　　지붕판 북동쪽 끄트머리의 판에 맞추어 평평하게 설치된 유리 천창天窓은 창틀frame이 없다. 창은 무엇인가? 창은 빛과 바람 그리고 바깥의 풍경을 내부공간에 끌어들이는 소위 통풍과 채광 그리고 전망을 위한 장치라는 기능적 역할을 담당한다. 내부와 외부의 소통을 위한 수단이다. 언제부터인가 창을 만들기 위해서 우리는 창틀을 만들었다. 더 쉽게 여닫고, 쉽게 유리를 끼우기 위함이다. 누구도 질문하지 않는 이러한 관습 때문에 우리는 항상 벽과 구분되는 틀을 통해서만 외부와 소통할 수밖에 없게 되었다.
　　조병수는 이러한 관습적 틀을 없앤다. 그 소통의 집적이 최대한이기를 바라기 때문이다. 하늘에 열린 창은 지붕이 뚫린 만큼의 하늘이기를 바라고, 풍경에 열린 창은 벽이 뚫린 만큼의 풍경이기만을 바라기 때문이다. 이러한 방법은 최소한으로 필요한 벽의 창에서도 그대로 적용되어, 모든 외부로 향한 창과 문은 모두 틀이 보이지 않는 3.2mm의 철판이며, 콘크리트를 치기 전에 설치하였기 때문에 성공적으로 완성되었다.
　　미니멀리즘처럼 '네가티브'한 성격이 강한 조각이 60년대라는 풍요의 시대, '스펙터클'의 시대에 등장했다는 점은 결코 우연이 아니다. 일상 자체가 화려하고 풍성한 이미지들과 사물들로 가득 찰 때, 회화와 조각 그리고 건축이 이미지를 제거하고 사물을 형해화形骸化하는 것은 '거리 두기'의 자연스러운 귀결일 수 있다. 주지하는 바와 같이 6~70년대의 개념미술과 대지예술, 퍼포먼스, 개념건축 등의 흐름은 이미지와 사물의 반대 방향, 즉 말과 개념 쪽을, 또는 자연과 행동 쪽을 선택했다. 말과 개념, 자연과 행동을 매체로 하는 미술이나 건축은 분명히 전통적인 시각예술의 경계를 넘어선다. 2차원이든 3차원이든 형상을 포기한, 또는 제거한 미술은 분명히 비미술이며, 또한 일부는 미술관과 전시장에 들어가기를 거부했다.

이런 뜻으로 조병수의 ㅁ자집은 오늘날 풍요한 건축에 반하는 비건축이다. 통념적 '건축', 표준적graphic standard '건축의 방법'에 과감하게 대립하면서, 조병수는 이 집을 가지고 세상을 묻고 있다. 그래서 이 집은 우리의 지금의 현실에 대한 성찰의 도구로서의 건축공간이다. 그래서 재료의 사치와 시각적인 쾌락에 대하여 지극히도 엄격한 기오정신寄傲精神이 이 집의 공간에 깊이 도사리고 있다. 이 'ㅁ자집'은 조선시대 선비들의 정신이 정작 이 시대에 다시 되새겨야 할 가치임을 역설하고 있다.

기오헌 전경과 현판

　　　　바로 현대의 기오헌寄傲軒이다. 선비의 오기傲氣로 마음을 다잡아보는 집이라는 뜻을 가진 기오헌은 창덕궁 후원에 있는 정사精舍이다. 연경당 들어가는 입구, 금마문金馬門을 들어서면, 기오헌과 의두각倚斗閣이라는 이름을 내건, 두 채의 단아한 팔작집을 볼 수 있는데, 왕세자의 독서처讀書處로 알려져 있다. 창덕궁 내의 다른 화려한 정자와는 달리 작지만 반듯하고 검박하지만 초라하지 않은 품위 있는 집이다. 출전을 찾아보면, 도연명陶淵明, 365~427의 「귀거래사歸去來辭」에 나오는 말이다.

남창에 기대어 마음을 다잡아보니倚南窓以寄傲,
무릎 하나 들일 만한 작은 방이지만 편안함을 알았노라審容膝之易安.

이 드넓고 아름다운 자연 속에 자신이 차지하는 공간은 가능한 작고 검소하게 하여, 오로지 자연을 경외하는 데 힘을 쏟는 공동성의 발현과 청빈의 미덕이 여실히 드러나는 집이며, 이를 통해 천지인天地人이 합일한 근원의 세계에 이르려는 조선 선비들의 의지가 구현된 집이다.

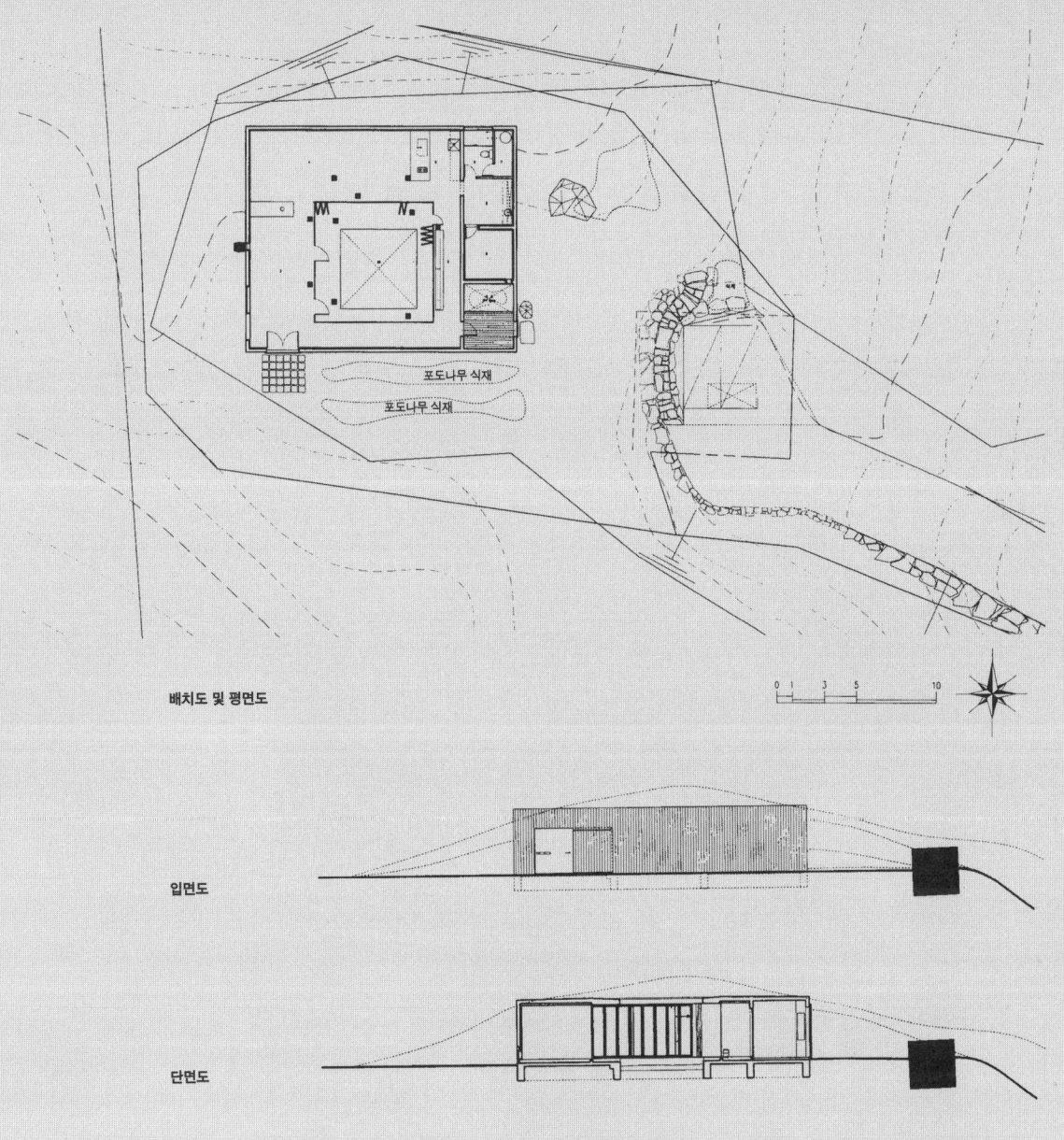

배치도 및 평면도

입면도

단면도

ㅁ자집　**위치** 경기도 양평군 지제면 수곡리　**지역·지구** 관리지구　**용도** 작업실　**대지면적** 877㎡　**건축면적** 191.14㎡　**연면적** 191.14㎡　**건폐율** 21.79%　**용적률** 21.79%　**규모** 지상 1층　**구조** 철근콘크리트, 목재　**외부마감** 노출콘크리트　**설계담당** 조용준　**시공사** (주)씨플러스건설(조영묵)

흙건축에서 복원된 우리의 오래된 가치

정기용 | 자두나무집 |

> 우리가 건드리지 않고 내버려두는 것이 많으면 많을수록 우리의 삶이 부유해 진다.
>
> ―H. D. 소로Henry David Thoreau

모두들 새로운 시대가 되었다고들 한다. 정보화시대, 다양성의 시대, 다중심의 시대 그리고 신자유주의의 무한경쟁시대라고 한다. 이렇듯 급속히 전환하고 있는 이 시대에 정기용의 흙건축은 우리에게 이 시대를 바라보는 또 하나의 태도(立場, position)를 천명하고 있다. 그것은 오래된 태도이고 건강한 태도이며, 이 시대의 쓰레기 더미에 가려 한동안 잊혀졌던 태도이기도 하다.

B. 조이Bill Joy는 「미래에 왜 우리는 필요 없는 존재가 될 것인가Why the future doesn't need us」라는 글에서 21세기의 테크놀로지는 "너무도 강력한 힘을 가진 것이기 때문에 그것들은 전적으로 새로운 종류의 사고와 오용을 낳을 수 있음"을 경고하고 있다. 즉 20세기의 대량 파괴 무기로 사용된 NBC(핵, 생물, 화학)기술들은 대부분 국가기관의 실험실에서 개발된 군사용이었기 때문에 비교적 통제가 가능하였으나, 21세기의 GNR(유전자기술, 극소기술,

---

1. B. 조이는 컴퓨터 과학기술자이며, 'Sun Microsystems' 사의 대표 과학자이자 공동 창립자. 위의 글은 『녹색평론』(2000년, 11~12월 통권)에 번역·소개되었다.

로봇기술)기술들은 명백히 그것도 거의 예외 없이 기업들에 의해 개발되어 일찍이 볼 수 없었던 엄청난 돈벌이가 되는, 거의 마술적인 발명품들을 끊임없이 내놓고 있고 우리들을 그 속에 빠져들게 한다. 이들 새로운 테크놀로지는 거의 아무런 도전을 받지 않고 전 지구적 자본주의 체제 속에 다양한 경제적 인센티브와 경쟁 압력 아래서 그들이 제시하는 약속들을 공격적으로 추구하고 있다. 그래서 만일 이러한 급진적인 기술이 기계들의 자기복제시대를 앞당겨 인간이 기계에 복종하는 것이 더 편하다고 느껴지는 시기에 급기야 인간은 더 이상 지구상에서 필요 없는 존재가 될 것이라고 강하게 경고하고 있다.

이러한 위기의식은 과학과 기술이 지배하는 오늘의 세계를 반성하게 한다. 지난 시대부터 이 세계를 지배해온 과학과 현대기술의 역사는 합리적으로 설명할 수 없는 것은 단호히 거부하는 성상파괴聖像破壞의 역사였다. 이제 21세기는 바로 G. 뒤랑Gilbert Durand, 1921~이 바라듯 "다양한 인류학적 가치들이 회복되는 시기가 되어야 한다. 과학과 기술의 문화가 지배했던 지난 시대는 인류가 자행하고 겪었던 범죄 및 실패와 함께 영원히 종말"을 고하고 각기 다른 문화들을 새로운 반열 위에 위치시켜야 할 것이다.

그래서 정기용은 먼 데가 아니라 아주 가까운 바로 우리들의 땅과 역사와 그 속의 일상적 호흡 속에, 우리들이 의연하게 지속시켜야 할 우리들의 건축이 있다고 믿는다. 그리하여 그는 잃어버린 우리들의 신화를 되찾고자 한다. 그렇게 해서 이 시대의 의미 있는 건축의 물줄기를 형성해가려 한다. 이러한 뜻으로 그는 바로 저 '흙' 속에서도 그것을 길어낼 수 있으리라고 확신한다.

정기용이 흙과 건축을 결합하여 생각하게 된 것은 비교적 오래전부터였다. 그것은 단순히 흙이라고 하는 물성에 대한 특별한 애정에서 비롯된 것이라기보다는 오히려 "오래된 기술의 현재화"라는 경이로움 때문이었다. 이집트의 건축가 H. 화티Hassan Fathy가 오래된 흙건축의 기술로 재현한 『이집트 구르나 마을 이야기Gourna, a Tale of two Villages』(정기용 역, 열화당, 1988)를 읽고

자두나무집 전경

자두나무집은 흙집이면서, 이미 흙이어야 한다는 강박관념에서 자유롭다 ■

나서 그는 전통과 현대, 기술과 건축, 삶과 건축, 건축과 사회, 건축가와 윤리 등의 문제를 접하게 되었다. 이런 것들이 특히, 당시 제3세계로 분류되던 나라들에게 있어서 턱없이 부족한 점들이라고 생각하게 되었다. 그는 프랑스에서 모더니즘 건축을 배웠지만 세계 여러 나라들, 소위 개발도상국들 속에서 진행되던 모더니즘의 양상이 어딘가 모르게 어색할 뿐만 아니라 어느 곳에서도 적절하게 뿌리내리지 못하고 있음을 보았다. 그것은 바로 각 지역마다 오랫동안 일구어낸 그들만의 삶과 건축이 변화하는 시대에 맞도록 재구성할 기회를 가질 겨를도 없이 모더니즘이라는 급물살에 내던져졌기 때문이다. 모더니즘의 수용은 비단 건축만의 일이 아니라 역사, 정치, 경제 그리고 일상적인 삶 속에까지 침투하여 전방위적으로 강요되었던 것이다.

그러한 물결 가운데 그는 소위 '새마을운동'을 통하여 진행된 농촌주택 환경 개량사업을 대하며 큰 충격을 받았다. 조국 근대화를 표방한 박정희의 눈에 60년대 초가집은 가난의 상징이었고, 선근대의 표상이었다. 따라서 그와 그의 하수인들에 의해 주도된 농촌의 근대화 작업은 전통문화의 청소 작업이었고, 농민들을 근대화의 지진아遲進兒로 치부하고 그들의 의식을 개조하는 사업이었다. 격동기에 벌어진 지구 역사상 유래가 없는 농촌 주거의 개조사업은 정기용으로 하여금 농촌 지역의 옛 살림집들을 돌아보게 하는 큰 계기가 되었다. 당시만 해도 전통건축 연구의 대상 속에 소위 토속건축이라 할 농가건축은 누락되어 있었고, 특히 몇 가닥의 목제를 제외하면 온통 흙으로 만들어진 토담집에 대한 기록은 전무하다시피 하였다. 수백 년 동안 이 땅에 세워졌다 사라졌을 수많은 사람들의 삶의 흔적들은 흙 속에 묻혀버리고 만 것이다.

구르나 마을의 주 광장

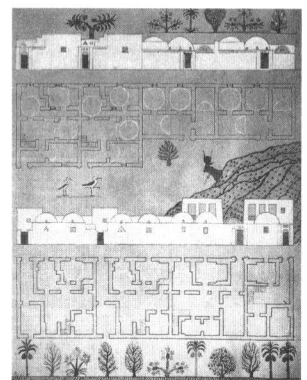

H. 화티, 동물과 나무 그림이 있는 시험 도면

2. 이 책을 처음 읽었을 때의 충격과 감동을 나는 아직도 잊을 수 없다. 이집트 유적의 도굴을 유일한 생계 수단으로 삼는 구르나 마을의 주민들을 위한 건축가 H. 화티의 끈질기고 애정 어린 노력이 잘 기록되어 있다. 건축가의 직능에 대하여, 그리고 흙건축의 무한한 가능성에 대하여 깊게 성찰하게 하는 참 좋은 책이다.

흙의 물성이 이전의 어떤 흙집보다도 강하게 드러난다 ■

흔적조차 없이 사라진 흙집에 대한 추적은 그를 안동 하회마을 이규성 씨 댁으로 인도하였고 거기에서 그는 미처 상상하지 못했던 잊혀진 정신과 만나게 된다. 연기로 그을린 두툼한 토벽, 뒤뜰로 난 조그마한 창, 방에서 느끼는 안온한 체취, 부엌문틀 사이에 누워 있는 흙들, 벽체마다 남겨진 북촌댁 쪽담 틀 자국, 어디 하나 그가 그때까지 상식적으로 알던 농촌의 살림집이 아니었다. 다소 과장되었다 할지라도 그것은 정말 이상적인 집이었던 것이다.

이를 계기로 그는 여러 지역의 담집들에 대한 공부를 시작했고, 정읍 근처에서 그리고 예산 구억말에서 흙을 담틀에 넣고 다져서 만들어낸 벽체가 드러날 때마다 큰 감동에 사로잡혔다고 회고한다. "땅에 누워 있는 흙을 길어, 신체에서 나온 힘으로 다지고, 그렇게 해서 공간을 만들어나간다는 것은 위대한 일처럼 보였다. 지구의 살과 피부로 사람의 집을 짓는다는 것처럼 자연스러운 일은 없는 듯 보였다." 특히 지금 이 시대와 같이 환경과 생태의 문제가 심각할 뿐만 아니라, 지역주의 건축이 여러 각도에서 논의되고 있는 상황에서 말이다.

물론 그것은 전통을 현재화한다는 의미를 넘어서는 일이다. 흙의 본래적인 속성들을 이 시대의 삶 속에 투영投影하는 일, 지속 가능한 오래된 가치를 지금 여기 이 땅에 복원하는 일, 그것이 중요한 것이다. 그것은 "흙으로 어떻게 건축할 것인가"가 아니라 "왜 건축을 해야 하는가"라는 본질적인 물음들에 대한 비유적인 답을 찾는 일이기도 하다. 그것은 또한 우리들이 공유해야 할 가치의 복원이기도 하다. 이것은 비단 건축만의 문제가 아니라 이 시대를 다시 한번 가늠해보아야 할 인식의 문제이기도 하다.

정기용, 광주비엔날레의 흙벽, 인간의 숲·회화의 숲

여러 번의 시도와 실험과 시행착오를 거치면서 정기용은 몇 채의 흙건축 시리즈를 우리에게 보여주고 있다. 최근에 완성한 '광주비엔날레의 흙벽, 인간의 숲·회화의 숲', '영월 구인헌救仁軒', '춘천 자두나무집' 등을 통해 정기용의 흙건축이 흙의 올가미에서 선선히 벗어나 이제 건축으로 우리에게 다가오고 있음을 본다.

정기용, 영월 구인헌

세계의 흙건축

　이 집들에서는 흙의 물성物性, materiality이 이전의 어떤 흙집보다도 강하게 두드러지지만 단순한 흙집이라기보다는 정기용의 건축으로 근사하게 드러나고 있다. 드디어 흙집이면서 이미 흙이어야만 한다는 강박관념에서 자유로워졌다. 흙의 진실을 터득한 후, 그로부터 자유로워진 "건축"을 본다. 그는 흙이라는 아름다운 매체를 통해서 일구어낸 그의 건축을 통해서, 이 시대를 바라보는 보편적인 가치를 지닌 하나의 태도를 창조해낸 것이다.

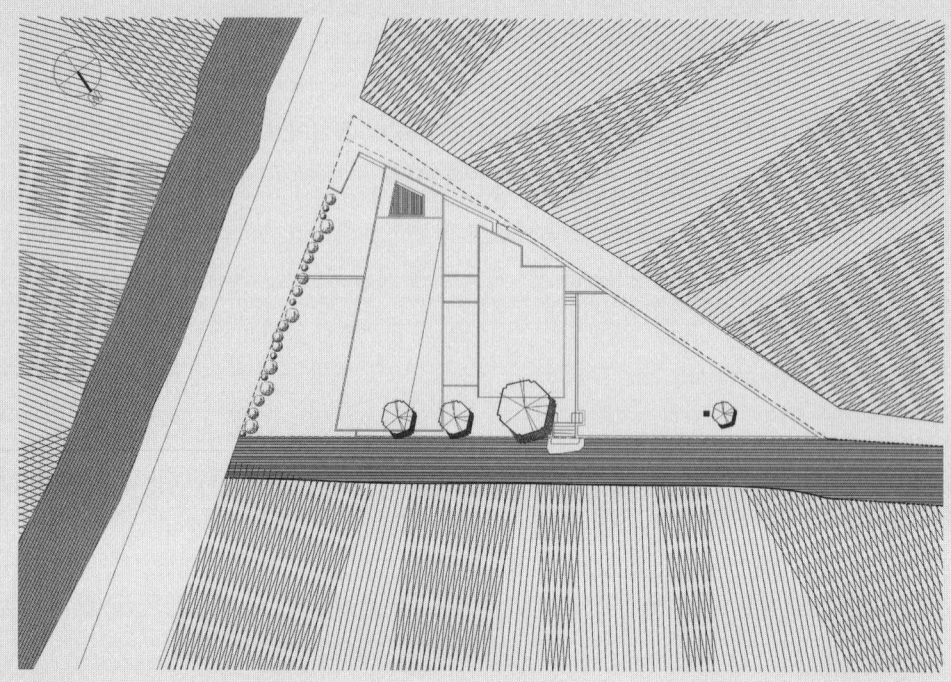

배치도

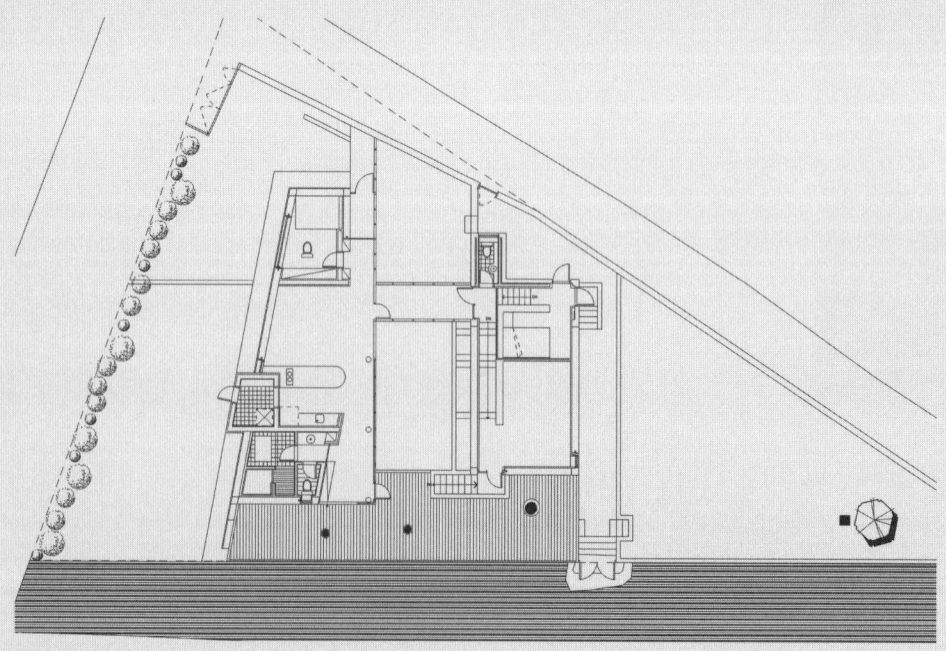

평면도

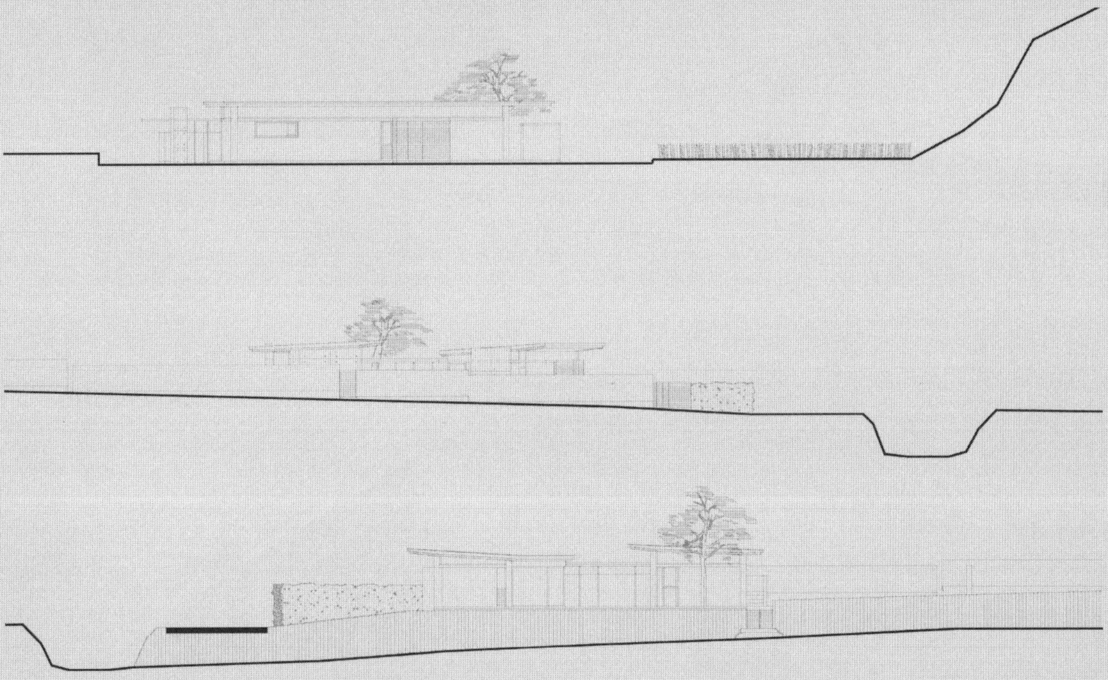

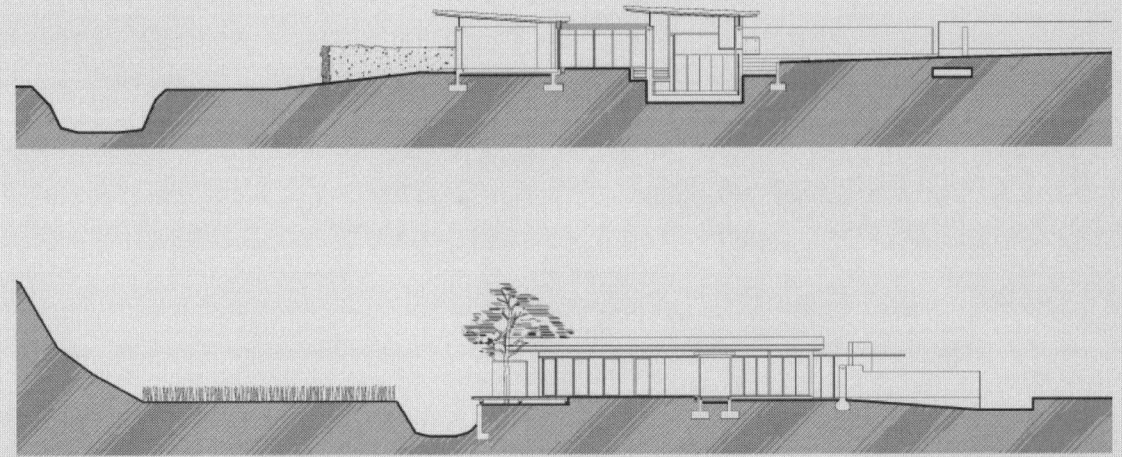

입면도

단면도

우리 시대의 한옥

정현화 | 필당 |

'우리는 여기서 집을 설계하는 것이 아니다. 새로운 시대에 새로운 삶을 설계하였다.'
– 미이스 반 데어 로에

항공사진으로 본 북촌의 모습

가회동 한옥 전경

시대를 거쳐오면서 우리의 주택은 변신을 거듭해왔고, 도시화가 본격적으로 진행된 금세기에 들어서면서, 가깝게는 지난 50년 급격한 변화와 양적 성장을 거듭해왔다. 한 시대를 풍미했던 주거 형식과 그것의 변화는 바로 그 시대를 지배했던 가치관과 그 가치관의 변화이기 때문에 아마 주거 건축은 건축 중의 건축이라 할 수 있다.

1960년대 초반까지도 대부분의 도시인들이 선호했던 '도시형 한옥'은 우리의 전통적 생활양식과 정신을 겨우 겨우 연명하듯 이어왔지만 이제 거의 자취를 감추어가고 있다. 한편, '도시형 한옥'들이 보존해야 할 문화재급으로 격상(?)하기도 했지만, 실제로 이들은 보존과 개발의 극단적인 대립의 현장이며, 아직 지혜로운 실마리를 찾지 못하고 있다. 그 와중에 뒷골목을 뒤지는 몇몇 건축가나 호사가들의 복고 취향 또는 골동 취미같이 취급되기도 한다.

어느 날 아침 갑자기 불어 닥친 근대화 바람으로 그때까지 부유층의 전유물이었던 서구 취향이 대중에까지 밀고 들어와서, 한동안 우리는 '저 푸른 초원 위에 그림 같은 집'을 꿈꾸었다. 언덕 위 숲 속의 선교사 집 같기도 하고, 이발소 그림에 흔히 등장하는 호숫가 뾰족 지붕 집 같기도 한 이 집을 "내 집"으로 갖기 위해서 우리는 모든 것을 걸고 일도매진했었다. 이러한 다분히 이국정서異國情緖인 '그림 같은 집'이 우리의 집이 될 수 있는가라는 질문은 유보해둔 채, 한때 '도시형 한옥'에 재미를 톡톡히 본 주택 개발업자인 집장사들 중 발 빠른 이들은 재빨리 소위 '불란서식 집', '미니 2층집' 등을 창출(?)해서 서민들의 이러한 꿈을 달래주었다. 그 결과 70년대 이후 우리 도시의 단독주택 지역은 이들로 가득 채워졌었고, 우리의 도시풍경을 주도하는 건축물이 되었었다.

1970년대에 지어진 소위 '불란서식 집'

지난 1999년 7월 29일 『동아일보』의 한 귀퉁이에 조그맣게 이런 기사가 실렸었다. 「아파트 가구 수 단독주택 추월」이라는 제목 아래 "건설교통부는 지난해 말 현재 전국의 아파트는 모두 464만여 가구로 전국 총 주택 1,086만여 가구의 42.7%를 차지한 것으로 잠정 집계됐다고 28일 밝혔다."

마포아파트

근대적 의미의 아파트먼트 하우스apartment house가 우리의 주택 형식으로 불쑥 수입된 1961년 이래 '아파트'라는 이름으로 우리의 주거 형식을 주도해오고 있다. 이 '아파트'가 주택 공급에 혁혁히 기여한 공적을 충분히 인정하더라도, 도시와 건축의 문제만이 아닌 경제·사회·문화적으로 수많은 문제점들을 양산해내기도 했었다. 환금성換金性이 뛰어난 부동산으로서의 '아파트'는 그곳을 투기의 현장으로 만들었고, 주택 공급 촉진의 정책으로 채택된 입도선매立稻先賣의 공급 방식은 바로 건설회사의 양산으로 이어져, 끝없이 건설 예산을 늘려나갈 수밖에 없도록 함으로써 이 나라를 토건국가¹로 만들었고, 급기야 이곳이 부정과 부실의 대명사가 되었으며, 끝이 보이지 않는 돈벌이 욕심은 도시의 풍경을 망가뜨리며 우리의 자연환경을

구반포 AID차관 아파트의 배치도

구반포 아파트 단지

---

1. '토건국가'라는 용어는 『일본, 허울뿐인 풍요(The Emptiness of Japanese Affluence)』(개번 맥코맥 지음, 한경구 외 옮김, 창작과비평사, 1998)에서 저자가 대형사고의 나라, 부실과 부패의 나라, 공해와 오염의 나라, 무책임하고 비민주적인 나라라고 질책하면서 일본을 지칭해서 쓴 말이다. 이 문제는 일본에서 가장 첨예하게 나타나고 있긴 하지만, 한편으로는 현대 산업문명이 보편적으로 직면하고 있는 문제이며, 한경구는 저자 논의의 상당 부분은 한국에 대해서도 많은 것을 시사해줌을 느낀다고 말한다.

황폐화시키는 장본인이라는 빈축 또한 한 몸에 받아왔다.

주택이 주거생활의 논리가 아닌 다른 논리, 예를 들어 자본의 논리나 허영의 논리에 너무 경도되어 지배되었다는, 앞에 열거한 혹독한 비판들이 수없이 거론되었음에도 불구하고 40년이 채 못 되어 전통적 주거 형식인 단독주택을 앞질렀다는 사실은 도대체 무엇을 의미하고 있는가를 다시 한 번 되새김질해볼 필요가 있다.

편리의 이름으로 단순 논리화한 기능주의가 우리의 몸과 마음을 기계화시켰는가. 아니면 범지구적으로 확산된 자본의 논리가 우리의 정신을 이미 완전히 식민지화한 것일까. 아니면 정작 이 시대의 도시주택에 아파트 이외의 적절한 대안은 아예 없는 것인가.

이러한 질문들에 대한 몇 가지 의미 있는 대답을 우리는 정현화의 '필당匹堂'에서 발견할 수 있다.

필당은 도시 속의 단독주택이다. 이 집 어디에서나, 특히 2층 방의 테라스를 나서면 테헤란로를 메우고 서 있는 초고층 오피스 빌딩의 화려한 불빛들이 연출하는 '테헤란로의 잠 못 이루는 밤'을 경험한다. 이미 이 지역은 주택이 있기에는 너무 도심화都心化되었는지 모른다. 60년대 도시계획에 따라 주거 전용 지역이라는 법적 제한 때문에 나지막하게 지어졌던 주변의 '그림 같은' 주택들도 이제 어쩔 수 없이 하나 둘 다른 용도로 바뀌어가고 있고, 주거 전용이라는 지역 규제는 이곳에서 이미 전설같이 느껴져 곧 해제되리라는 소문이 무성하다.

이런 심히 왜곡된 상식에 역행逆行해서, 이곳에 '필당'이 서 있다.

이 집이 우리에게 보여주는 가능성은 지금의 아파트 가격으로 이 집을 지을 수 있다는 것에만 있지 않다. 그리 비싸지 않게 지었으니 잠시 살다가 나중에 헐어도 아깝지 않겠다라는 경제적 수지타산이 여기에 지금 이 집을 짓는 뜻이 아니다. 또한 이 집이 아파트의 편리함을 고스란히 가지고 있어, 관리에도 거의 신경 쓸 일이 없는 기계적 설비가 충분히 갖추어져 있어서만도 아니다. 이 집이 단독주택만이 누릴 수 있는 좋은 점, 땅의 냄새를 맡으며 산다거나, 아래층, 위층 신경 쓰지 않고 크게 떠들며 살 수 있다거나, 뒤란이나 앞뜰에 푸성귀를 일구는 전원적 향수를 달랠 수 있다거나, 무엇보다 모든 세대가 천편일률적으로 찍어낸 벽돌과도 같은 아파트가 도저히 따라갈 수 없는 나만의 독특한 환경을 만들 수 있다는 맞춤복이란 점 때문만도 아니다.

줄여서 말한다면, 소위 아파트의 장점과 단독주택의 장점을 다 갖추고 있기 때문만이 아니다. 오히려 이 집은 길게 걸어야 하고, 이곳저곳에서 구태여 일을 벌이도록 채근하는, 어떤 관점에서는 반기능적인 집이기 때문이다.

우리가 정작 주목하여야 하는 이 집의 가치는 바로 '필당'이 말하려고 하는 '이 시대, 이 땅의 도시주택'이 가져야 할 덕목들이다. 이 집은 우리의 전통적 주택이 가지고 있었던 정신을 강하게 이어가고 있으면서, 그것들을 이 시대의 정신에 투과하여 작가의 가치관에 의해 비판적이며 선별적으로 받아들이고 있음이 더욱 빛난다.

첫번째 눈에 띄는 것은 방들의 기능을 하나로 미리 지정하지 않고 모호하게 흩트려놓고 있음이다.

이 집의 방 가운데는 이미 우리에게 익숙해진 거실, 식당, 침실 등 이름 하나만을 붙이기에는 미련이 남는 방이 두엇 있다. 주방과 식당과 거실의 기능과 거기에 통로(복도와 계단)까지를 다 가지고 있는 주실主室(이 글에서는 편의상 '주실-1'이라 부르자)과 거실과 응접실, 서재 그리고 작업실의 기능을 다 가진 또 다른 하나의 주실(주실-2)이 그것들이다. 우리 전통주택에서의 방이름은 기능에 따라 붙여진 이름이 아니다. 안방, 건넌방, 대청마루, 사랑방 등은 단지 위치만을 이야기하고 있을 뿐이고, 필요에 따라 약간의 장치를 가져와서야 그 방은 한시적으로 기능실이 된다. 이러한 전통주택에서 기능을 미리 확정하지 않은 방법론을 여기에 적극적으로 도입한 듯하기도 하고, 또는 근대 기능주의 주택에서의 거실, 서재와 응접실, 식당, 부엌 등을 함께

배롱나무 한 그루를 심은 마당

기능을 미리 정하지 않고 모호하게 흩으러놓은 필당의 공간들 ■

계절과 시간에 따라 변화하는 마당의 풍경

섞어서 다시 배분한 작업의 결과처럼 보이기도 한다. 이것은 현대, 우리의 도시생활에 따라 주거생활의 여러 기능들을 해체하고 적절하게 변용하여 새로운 영역으로 재편해놓은 작업의 결과이다. 기본적인 가름의 틀은 전통주택을 따르고 있음이 자못 흥미롭다. 전자(주실-1)는 여자의 영역이고 후자(주실-2)는 남자의 영역으로 현대적 안채와 사랑채이며, 이들은 마당을 가운데 두고 서로 대등하게 마주하고 있다.

해남 녹우당 사랑방 툇마루에서 내다본 사랑마당.

두번째 이 집에서 우리의 주목을 받는 부분은 마당이다.

우리 전통건축의 가장 중요하고 근사한 특질로 마당을 내세우는 일을 이제 아무도 주저하지 않는다. 서양건축에서의 중정patio이나 아트리움atrium, 그리고 광장plaza·square 등과는 달리 우리의 마당은 방들과 마찬가지로 미리 기능이 주어지지 않은 곳으로 때에 따라 어떤 특유의 기능 또는 행위가 도입되었을 때 비로소 의미를 가지게 된다. 그것은 어떤 하나의 생활이나 활동으로 점용되기 전까지는 빈 채로 남아 있는 절대공간이다. 그래서 조용함과 투명성, 명료함, 채울 수 있는 잠재력, 완성에로의 열림으로 가득 찬, 역설적으로 지극히 현대적 감각을 가진 장소이다.

'필당'에서의 마당은 이러한 우리 전통 마당의 공간적 감각을 고스란히 이어받고 있다. 하지만, 이 마당을 에워싸고 있는 방들과의 공간적·시각적·기능적 관계에서는 상당한 차이를 보인다. 이것은 마당을 하나밖에 가지지 못하는 도시주택의 한계를 극복하기 위함이기도 하고 또한 전前 시대와는 다른 현대적 가족관계에 대한 해석일 수도 있다. 마당을 둘러싸고 있는 각각의 방들에서, 이곳 마당을 내다보는 시점을 서로 달리하도록 3차원적으로 배열한다. 이는 남북으로 자른 단면도로 명쾌하게 설명된다. '주실-2'는 마당보다 1.35m쯤 높여서 마당을 내려다보게 한다. 마치 전통주택에서의 사랑방과 사랑마당과의 공간적 관계의 재현으로 읽힐 수도 있고, '주실-1'과의 적절한 관계 정립일 수도 있다. '주실-1'은 마당과 거의 동일한 레벨에 놓고, 마당으로 향한 모든 면을 마당으로 열어놓아 이 둘이 거의 하나의 공간으로 쓰일 수 있도록 배려했다. 전자의 관계는 관조적이고

양동 관가정의 안마당

양동 관가정의 안마당에 열린 하늘

도의적道義的이며 가치론적이라면, 후자는 이것과 대조를 이루어 참여적이며 기질적氣質的이고 실리적實利的이다. 이런 관점에서 '주실-2'는 유가적儒家的 수기공간修己空間일 수 있고, '주실-1'은 치인治人의 공간일 수 있다.

하나의 공간을 두고 이러한 이중적 관계를 절묘하게 느낄 수 있도록 이곳에 배롱나무 한 그루를 심는다. 평면적인 마당에 비하여 나무는 시점視點에 따라 그 형상이 달라지는 3차원적 오브제이며, 특히 꽃이 피는 낙엽수는 계절을 따라 그 변화의 폭이 크다. 이는 작가의 성숙된 건축가적 능력이기도 하고, 전통건축에 대한 깊은 조예와 애정에서 비롯된 것이다.

세번째 이 집의 모든 방들은, 그 방만이 가지는 고유의 외부공간과 함께 하나의 짝을 이루고 있다.

이는 단순한 내·외부공간의 상호 관입貫入이라는 이제는 이미 진부해진 근대건축 이상理想의 구현이라기보다 각 실별 생활의 자율성과 자족성을 부여하려는 욕구가 더 강하다. 이는 근대적 가족관계family sense에 대한 당찬 도전일 수 있다. 주거생활 속에서 가족들이 필연적으로 만날 수밖에 없도록 하는 근대주택의 동선 계획에 대하여 일단 받아들이기는 하지만 각 방들의 독자성을 확실히 해두고 싶은 강한 의지를 드러낸다. 더 나아가면 이제 구대여 만나고 싶을 때 자신을 여는 현대적 개체의 인정이 이곳에 슬며시 나타나 있다. 그리고 물어본다.

"현대의 로미오는 어디 있는가?"

네번째로 필당에서 주목하는 것은 미래의 변화에 대응하도록 준비되어 있는 공간 조직의 특성이다. 즉 과도기적인 변화가 가능한 덤 같은 공간을 가지고 있는 점이다.

우리의 도시 주거생활의 변화에 대한 예측은 여러 분야에서 이미 많은 연구 성과를 쌓아놓고 있음에도 불구하고, 그것들의 결론은 대부분 예측이 불가능할 정도로 그 변화의 속도가 지극히 빠르다는 것이다. 이럴 때 하나의 건축공간이 하나의 기능만을 위한 공간이라기보다는 점점 불확정적

indeterminate이고, 정의될 수 없으며indefinite, 중립적인neutral, 미지정의 uncommitted 자유로운free 공간으로 남겨두려는 성향을 보일 수밖에 없다.

이런 관점에서, 이 집에서의 몇 부분은 각각 독립적인 영역으로 분리할 수 있는 가능성을 내포하고 있다. 특히 '주실-2'는 당장이라도 재택근무在宅勤務가 가능한 공간으로 변경할 수 있는 스튜디오 하우스의 아이디어를 차용하고 있으며, 나아가 이 집 전체가 필요에 따라 쉽게 변환할 수 있는 공간 조직과 스케일을 가지고 있다. 예를 들어 전문적 직업인을 위한 사무실이나 고객 서비스를 위한 시설 이외에 외국 공관公館(residential office), 소규모 미술관이나 공연장 등 도시 내의 소규모 문화공간, 예술가의 작업실+전시(공연)장 등에 적합할 것이다.

마지막으로 언급하고 싶은 점은 이 집과 도시 또는 마을과의 관계는 성채만큼이나 완벽히 단절되어 있다는 점이다. 현대, 도시 주거생활에서의 공동체community sense는 이미 공간적 또는 지역적일 수 없음을 말하고 있는 듯하다.

우리의 전통적인 지역적 공동체인 마을공동체는 농경사회에서만 의미가 있을 뿐, 이미 근대 산업시대에서까지 그것에 연연하는 센티멘털리즘을 경고하고 있는 듯이 보인다. 현대는 새로운 공동체를 다양한 방법으로 조장하여 시간적·공간적 제약을 극복한 지 이미 오래다. 세계화의 물결은 전 지구촌을 하나의 공동체로 묶으려는 시도가 급속히 행해지고 있으며, 한편에서는 정치·경제·문화의 이질성과 독자성이 점점 강조되어 서로 변별되는 새로운 체제로 재편하려는 시도 또한 동시에 벌어지고 있다. 이들 모두가 전통적 지역공동체를 빠르게 해체하고 시간과 공간을 극복한 새로운 공동체들을 창조해내고 있다. 인터넷이 그것을 광속화光速化하는 도구가 되고 있음을 우리 모두 깊게 체험하고 있다.

이런데도 길게 질문이 남는다.

도시에서의 주거생활 공동체는 이제 다른 수단에 맡기고, 이 시대의

필당의 마당에 열린 하늘 *

도시주택은 마치 사막의 오아시스로만 남을 수밖에 없는가.

새로운 시대에 새로운 삶을 설계하여야 할 전환기를 맞은 지금, '필당'에서 성취한 몇 가지 주목할 만한 가치는 당분간 우리 도시주택에 대한 의식의 변혁과 더불어 새로운 미학을 제공하고 지속하는 힘이 될 것으로 확신한다.

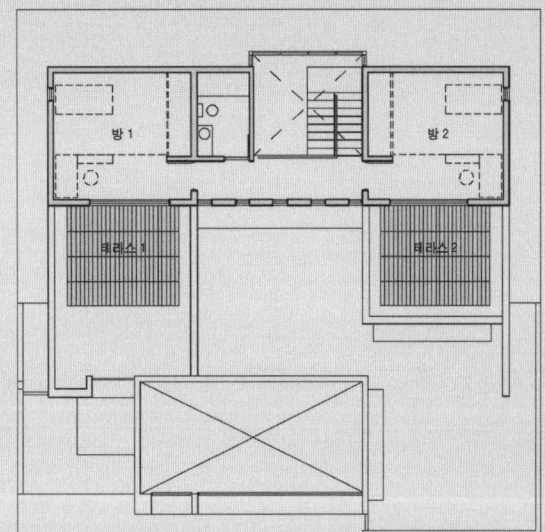

2층 평면도

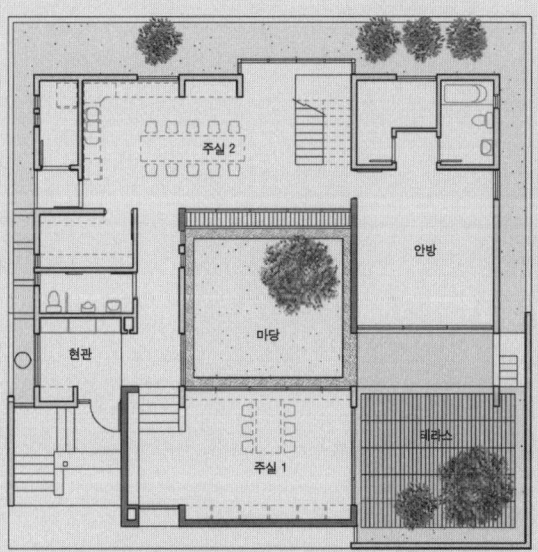

1층 평면도

필당 **위치** 서울시 강남구 역삼동 **지역·지구** 전용주거지역 **대지면적** 330.7㎡ **건축면적** 160.31㎡ **연면적** 299.26㎡ (주차장면적 40.00㎡ 포함) **건폐율** 48.49% **용적률** 64.86% **규모** 지하 1층, 지상 2층 **구조** 철근콘크리트 벽식구조 **외부마감** 실리콘 플러스터 / THK 16 컬러복층유리, 불소수지 코팅 알미늄바 **내부마감** 몰탈, 벽지·락카 스프레이 **주차대수** 2대 **설계팀** 박종성, 임영수, 유재권

제3부 **편집된 풍경 또는 풍경의 편집**

양재287.3에서 의재미술관을 지나 선유도공원에 이르는 풍경의 여정 |
서귀포 월드컵경기장 | 교문사 | SJW 패션사옥

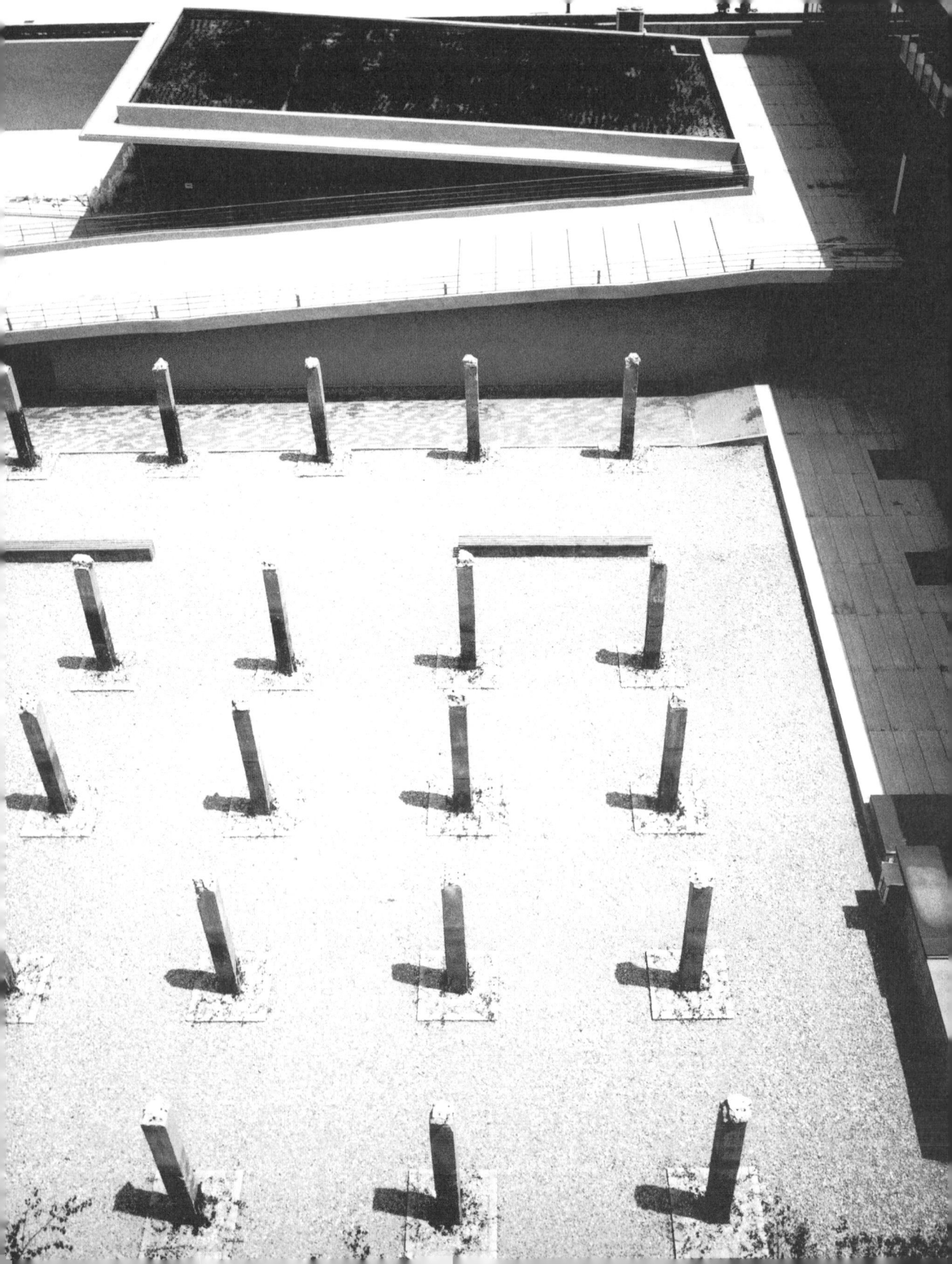

건축적 풍경

조성룡

양재287.3에서 의재미술관을 지나 선유도공원에 이르는 풍경의 여정

남불南佛의 풍경

몇 해 전 나는 조성룡, 정기용, 승효상, 이일훈, 김병윤 등 건축가들과 함께 프랑스 남부 지방을 여행하는 행운을 누렸다. 끝닿은 데 없이 펼쳐진 밀밭과 포도밭이 내려다보이는 야트막한 언덕, 보리수 아래서 우리는 급조한 김치 샌드위치와 마을에서 산 와인을 곁들여 '들판에서의 식사'를 즐겼다. 햇빛과 바람에 끊임없이 출렁이는 보리수의 풍성한 잎들로 하여 우리는 그 바람의 그지없이 맑음과 그 햇빛의 이렇게도 찬란함을 마음껏 누릴 수 있었다. 깡패와 같은 세상을 사는 건축가들에게 내려진 예기치 않은 기쁨이자 위안이었고, 오랜만에 빈자들이 누린 호사였다.

그리고 우리는 거기서 "깊이 없는 풍경"에 대하여 진솔하게 이야기했다.

실은 이러한 "풍경landscape"이라는 화두話頭가 조성룡에게는 오래전부터 시작되었을 터이지만, 그는 《4·3 건축전—이 시대, 우리의 건축》(인공갤러리, 1992년 12월)을 통해 우리에게 본격적으로 드러내 보였다. 당시 이 땅의 건축가들은 "아름다운 모습을 한 건축"에만 골몰하고 있었고, 그것이 창조적 건축이라고 믿고 있었다. '4·3그룹'의 이름으로 모인 건축가들은 이런 건축적 태도를 의심하기 시작했고, 이제 표상중심주의 건축 또는 상징적 표현 symbolic expression이 중심이 되는 건축에서 벗어나고 싶어 했다. 《4·3 건축전—이 시대, 우리의 건축》은 그 차원을 넘어서는 이 시대, 이 땅의 건축의

본질과 그것에 다가가는 통로에 대한 각자의 탐색 과정을 펼쳐 보이기 위해 마련된 것이었다.

그래서 조성룡의 '풍경'에 대한 이야기는 우리에게 대단히 즐거운 충격이었다. 마치 곡예사의 아슬아슬한 묘기와도 같이 조성룡 건축의 공간 배열은 오로지 풍경을 엮어가는 데 기여하고 있었고, 그래서 그의 건축은 단순하고 명쾌할 수밖에 없었나 보다.

어차피 건물이 모여 거리가 되고 거리들이 이리저리로 엮여나가면서 동네가 되고 도시가 되는 것이라면, 점처럼 보이는 하나하나가 매우 중요한 단위가 된다. 도시의 풍경은 이 단위의 집합이 만들어내는 것이기 때문이다. 거리가 연결되지 않는 불연속성, 가득 찬 소음, 이웃도 없고, 공동생활도 이루어지지 않으며, 커뮤니티가 이루어지지 않는 도시 속의 새로운 도시, 양재동의 삭막한 풍경을 구룡산의 실루엣과 겹쳐 바라보며, 어쩌면 나의 건축가로서의 가장 중요한 시기가 될지도 모를 시간들, 그리고 다가오는 2000년, 이 지역의 풍경이 어떤 것일까를 궁금해 하면서(조성룡, 「도시의 풍경 〈양재-택사스〉의 末尾」, 『4·3그룹 건축 작품집』, 안그라픽스, 1992).

4·3건축전 도록 표지

1. 1990년 4월 3일, 40대 전후의 젊은 건축가들, 곽재환, 김병윤, 김인철, 도각, 동정근, 민현식, 방철린, 백문기, 승효상, 우경국, 이성관, 이일훈, 이종상, 조성룡 등이 모여, 건축을 이야기하기 시작했다. 논의의 열기가 고조되면서, 1992년 12월《이 시대, 우리의 건축》이라는 타이틀을 내건 건축전을 열었다. 이 전시회를 비평한 김광현(서울대학교 건축과 교수)은 이렇게 쓰고 있다. "…… 그러므로 우리에게 중요한 것은 미로와 같은 상황을 설명하거나 찬미하는 데 있지 않고, 그 미로에 대한 통로를 발견하는 일과, 견고한 내부의 각질을 스스로 파괴하는 것이다. 이런 의미에서《이 시대, 우리의 건축》전은 이 미로를 명확하게 드러내고 자신을 발견하려 하며, 나아가 미로를 관통하는 새로운 길을 모색하려 하고 있다. 시대를 묻는다는 작업은 현실의 부정적인 모습을 고발하는 데 있는 것이 아니다. 오히려 그것은 은폐된 이 시대의 폐부를 주저 없이 질타하고, 그것을 수정해가기 위한 궤도에 부단히 서려는 것을 말한다. 이들은 이제 그 궤도 위에 서려 하고 있다. 이들은 적어도 현실의 절박한 상황을 직시하고 있으며, 비록 단편적이기는 하나 자신과 자신의 건축을 부정하기 위하여 이 시대를 묻고 있는 것이다. 다시 반복해서 말하거니와 이들은 문제를 해결한 작품을 전시한 것이 아니라, 다만 해결해야 할 문제를 찾기 위해 벗겨진 자신을 전시했을 뿐이다. 그런 의미에서 이 전시회는 훗날 한국의 건축가가 '규방(閨房)의 건축'에서 벗어나 '현대건축의 그 어떤 문제'를 독자적으로 해석하여 '이 시대, 우리의 건축'을 정립하게 해준 중요한 기점으로서 기록될 것이다."

양재287.3 4층의 작업실, 경사진 유리면을 흐르는 비를 통해 바깥 하늘로 열린 풍경과 교감한다_위 ■
양재287.3 전경_아래 ■

작업을 진행한 '양재287.3'에 대하여 그는 다음과 같이 말한다.

계단실 자체가 마치 앞길의 연장처럼 되어 있고, 이 연장된 길을 오르내리면서 만나는 콩자갈 박힌 마당에 낙엽이 떨어지고, 바람 스치는 소리, 비 뿌리는 모습을 바라보는 것을 즐기고 싶고, 경사진 유리벽면을 타고 내리는 빗줄기를 느끼고 싶었다(조성룡, 「도시의 풍경 〈양재-택사스〉의 末尾」, 『4·3그룹 건축 작품집』, 안그라픽스, 1992).

소란스러운 도시를 잠깐 동안이나마 벗어나고픈 그의 소박한 욕망이 만든 이 집은 바로 자연과 교감하는 좋은 장소가 된다. 그래서 이 집은 문득문득 만나는 풍경이 더 중요한 목적이므로, 단순한 기하학적 형태를 지니고 있어야 하고, 외벽과 콘크리트 표면은 아무런 치장이 없어야 한다. 그래서 이 집은 주변의 소란스러움에 저항하듯 침묵하고 있지만, 마치 고행하는 수도자들처럼 어쩔 수 없이 겪는 갈등과 고뇌를 열려 있는 풍경으로 돌아서게 한다. 이는 단순한 쓰임새나 끊임없이 변하는 자연의 아름다움을 향유하는 것을 넘어서서, 우리를 다시 돌아보게 하는 성찰공간이 된다.

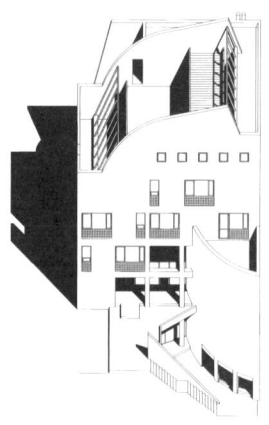

양재287.3 아이소메트릭

여기쯤에서 그의 풍경에 관한 이야기는 우리보다 한 발짝 또 먼저 나가고 있다. 그의 '풍경'은 구태여 새로운 풍경을 창조하려 하지 않는다. L. 칸이 지적한 대로, 고의적으로 아름다운 사물을 만드는 일은 비열한 짓이기 때문이다. 그의 풍경에는 그곳에 있어왔던 일상의 기억들을 올곧이 새겨 넣고, 그곳 땅의 기억들을 그의 풍경 속에 편입시킨 것일 따름이다. 즉 이미 "그곳"에 있어왔던 사소한 이야기들, 아주 미세한 것들, 하찮게 여겼던 것들, 이제는 더 이상 쓸모가 없어진 것들을 아주 집요하게 관찰하고 미묘하고 세밀하게 편집하여 그것들이 오히려 중요한 가치가 있음을 우리에게 드러내 보여줄 따름이다. 그래서 그의 풍경은 기이하거나 특별하게 느껴지기보다는 오히려 편안하다. 어디서 본 듯 그리고 오랫동안 보아온 듯, 지극히 일상적이다.

의재미술관 전경

양재287.3, 길의 연장으로서의 직선 계단 ▪ 의재미술관 내부공간 ▪
의재미술관 두 전시동 사이의 길, 이 길을 걸으며 의재가 보았던 친근한 풍경들의 정수를 포착케 한다_오른쪽 면 ▪

이렇듯 그가 수집한 것들은 거대담론에 한참 비껴서 있다. 그래서 그의 담론은 매일 매일의 일상보다 중요한 것은 없으며, 그것이 우연이든 필연이든 일상이 쌓여서 그 흔적들이 모여 역사가 된다는 인식으로 우리를 크게 전환하게 한다. 그래서 그의 건축풍경은 마치 I. 칼비노의 『보이지 않는 도시들Invisible Cities』을 읽는 듯하다.

그래서 그의 풍경은 시대를 지나며 있었던 기억의 흔적들이 누적되어 개개인의 역사, 공동체의 역사, 사회의 역사가 됨을 조용하지만 강하게 이야기한다. 20세기 마스터빌더들이 목매었던 계몽적 선언을 더 이상 반복하지 않는다. 지난 시대와는 철저히 단절하고 창조적 파괴를 통하여 이 세상을 변혁시킬 것으로 믿어왔던 그들의 거대담론에 조성룡은 더 이상 천착하지 않는다. 그의 작업은 단지 지난 시대의 기억들을 이 시대의 욕망으로 세밀하게 관계 맺어주는 짜깁기와도 같다. 시간을 지나면서 먼지가 켜켜이 쌓여 있기도 한, 수많은 이야기들이 새겨져 있는 사물들을 정교하고 미묘하게 추상화시키는 그만의 아주 독특한 기법으로 편집한다. 그래서 이들은 오히려 '위대한 새로움'을 지니고 있다.

그의 독특한 기법이란 20세기적인 지적 요란스러움이나 심미적 실험으로부터 멀리 떨어져 있다. 기억이 담긴 오브젝트들과 친근한 풍경들의 정수를 포착함으로써 그의 풍경은 듬뿍 익어 달콤하고 친근한 고요함을 발산하고 있다. 켜켜이 쌓인 흔적들을 조성룡다운 시적 세계로 바꾸어서 이제 우리들의 세계에 되돌려주고 있다.

특별한 삶을 산 예술가 의재毅齋 허백련許百鍊, 1896~1977의 개인적 일상이 우

2. 목포에는 남농 허건, 진도에는 소치 허련, 그리고 광주에는 의재 허백련. 호남 남종화의 대가를 연결하는 세모의 한 끝에 광주 무등산이 있습니다. 진도에서 그린 그림은 진도를 닮기 마련이고, 목포 화가의 그림은 목포를 닮지 않겠어요? 아버지가 식을까 봐 품에 넣어 사오신 찐빵처럼 둥그렇고 따뜻한 산, 무등산 화가 의재 선생의 그림도 무등산 순한 기운을 닮았지요. 무등산에서 난 그림, 무등산에서 살게 하지요…… 중심사 계곡을 사이에 두고 선생이 거하던 춘설헌과 선생의 묘소가 마주 보이는 곳에, 그의 그림에 대한, 차에 대한, 농민에 대한 열정과 정신을 재료로 삼아, 무등산처럼 순하고 부드러운 집-의재미술관을 지었습니다(심세중, 『의재 허백련-삶과 예술은 경쟁하지 않는다』, 디자인하우스, 2001, p.241).

R. 롱, 신기루

J. 크리스토, 러닝 펜스(Running Fence) 1972~1976

리 모두가 공유할 수 있는 공공의 일상이 된 '의재미술관'(김종규와 합작)은 그래서 우리에게 특별하다. 의재가 걸었던 길을 우리가 걸을 수 있게 함으로써, 의재가 보았던 풍경을 우리에게 다시 새롭게 보도록 함으로써, 우리의 매일 매일을 '의재의 역사'에 편입시키고 있다. 또는 특별한 개인 '의재'의 일상적 삶의 양식을 우리로 하여금 같이 반복하게 하여 그의 삶의 양식을 바로 우리의 삶의 양식으로 확장시키고 있다. 이는 공동체를 이루고 있는 개개인들의 일상적 삶 그리고 기억의 흔적들이 누적된 것이 바로 공동체의 역사, 사회의 역사로 전환함을 의미한다. 그리고 조성룡은 그러한 역사만이 건강할 수 있다는 것을 여기 '의재미술관'에서 힘 있게 설득하고 있다.

그리고 거기에 새로운 욕망이 덧씌워진다. 이것이 그 누구도 흉내 내기 어려운 원숙한 조성룡만의 창조적 예술가로서의 모습이다. 마치 마술사와도 같이 지난 기억들과 새로운 기억들을 만들어낼 새로운 욕망이 교묘하게 이어져서 그의 풍경에 들어서면 문득 땅에도, 집에도 영靈 같은 게, 운명 같은 게 있을지도 모른다는 생각이 얼음 조각처럼 가슴을 섬뜩하게 한다. 그의 풍경은 잠재의식의 세계와 현실세계의 중간에 위치하고, 그래서 그의 풍경은 이제 '아주 특별한 풍경'이 된다.

물을 생산하던 공장이 이제 생명을 생산하는 공장으로 바뀐 '선유도공원'(정영선과 합작)에서 우리는 그것을 확실하게 본다. 숨 막힐 듯 꽉 찬 도시공간을 떠나, 무연한 한강의 빈 공간 더구나 다리를 건너 피안의 세계와도 같은 이곳 물의 도시에서, 그는 우리를 섬뜩하게 감지되는 빛과 바람에 마주서게 한다. 그리고 어느 순간 이곳, 한 때 특별한 기능을 가졌던 구조물들이 물질 본원의 존재로 환원된 이곳에서 우리는 자연과 생명의 본원을 향해 열려 있는 문지방에 서 있음을 문득 감지한다. 마치 대지예술가 R. 롱Richard Long, 1945~의 〈신기루mirage〉를 보면서, L. 칸의 소크 생물학연구소의 태평양을 향하여 열린 마당에 서서, 그리고 병산서원屛山書院 만대루晩對樓의 뼈만 남은 기둥 사이에 열려 보이는 낙동강과 병산을 마주 대하며, 더 높은 차원의 세계를 감지했던 것과도 같다.

'시간의 정원'과 송수펌프실을 개조한 한강전시관 ▪ 취수펌프실을 개조한 카페테리아 ▪
수면 바로 위에서 수생식물들을 관찰할 수 있는 목재마루 관찰로_오른쪽 면 ▪

L. 바라간의 스케치, 소크 생물학연구소의 열린 마당

병산서원 강당과 만대루의 기둥 사이로 보이는 병산

그의 풍경은 단순히 자연의 아름다움을 특별하게 향유하는 곳만이 아니라 우리의 정신을 끊임없이 긁어대는 수기공간修己空間이고, 성찰의 공간이다.

'양재287.3'에서 시작하여, '의재미술관'을 지나, '선유도공원'에 이르는 긴 조성룡의 풍경의 여정을 지나면서, 이제 조성룡은 우리에게 더 이상 곡예사acrobat와도 같은 풍경의 편집가가 아니라 어느새 구도求道의 길로 들어선 수도자일지도 모른다는 생각을 한다. 그래서 어느 날, 그의 풍경은 태허太虛에까지 이를지도 모른다.

태허는 맑고 형체가 없으니, 이를 일컬어 선천先天이라 한다. 그것은 공간적으로 가없고, 시간적으로 시초가 없으며, 그 유래를 알 수 없다. 그 맑고 비어 있고 고요함이 기氣의 본원이다.

3. R. 롱은 영국의 아방가르드 미술가이다. 그의 작품은 조각, 개념미술, 대지미술 모두를 아우른다. 땅에 흔적처럼 새겨놓은 단순한 기하학적 형태들인 그의 작업들은 그 땅의 특별함을 읽게 할 뿐만 아니라, 거기서 영감을 끌어올려 우리를 정신의 세계까지 이르도록 하는 탁월한 힘이 있다. 1960년대 말에 등장한 대지미술(Land Art, Earth Art, Earthwork)은 만들어진 형상이 종종 극도로 단순한 점은 미니멀아트와 비슷하고, '보잘것없는' 재료들을 사용한다는 측면에서 아르테 포베라(arte povera)와, 만들어진 작품이 많은 경우 일시적이라는 것은 해프닝이나 퍼포먼스아트와 관련이 있으며, 보다 거창한 작업의 계획안은 단지 계획으로서만 존재하므로 개념미술과 연결될 수 있다. 또한 도시문화의 세련된 기술에 대한 혐오를 반영했던 히피문화의 자연 회귀 정신의 한 부분이며, 전통적인 엘리트 미술과 '진입'성을 지향하는 갤러리 중심의 미술계에서 벗어나려는 욕구 등을 반영한다. 대지미술가들의 작업이 풍경을 편집하려 하는 건축가에게 좋은 교과서가 된다. 그들의 작업은 그것이 자리 잡고 있는 어떤 특별한 땅을 재는 가늠자이며, 그곳의 풍경을 특별하게 느끼도록 도와주는 도구이며, 그곳의 풍경을 구성하고 있는 요소들이 서로 특별한 관계를 맺도록 편집하여 '새로운 풍경'을 창조하기 때문이다.

4. L. 칸의 초기 스케치에는 소크 생물학연구소의 마당에 나무를 심는 등 연구원들의 휴식처로 그려지고 있었다. 이것을 본 L. 바라간은 다음과 같이 충고한다. "나뭇잎 하나, 풀 한 포기, 꽃 한 송이, 한 톨의 먼지도 거기에 놓지 마십시오. 절대적 무(無)…… 마당…… 두 건물을 하나로 묶을 것이며 그리고 그 마당의 끝에서 당신은 바다의 선과 마주할 것입니다."

5. 임진왜란의 영웅 서애(西厓) 유성룡(柳成龍)을 주 배향자로 모신 경북 안동 하회의 병산서원은 좁게는 서원의 건축물들과 넓게는 뒤로 화산과 앞으로 백사장, 낙동강 그리고 병풍 같은 병산까지를 하나로 보지 않으면 이 서원의 가치를 읽을 수 없다. 불교예술의 현란한 조형미에 비하여 상대적으로 성리학의 조형예술은 논리적이고 조직적이다. 텅 비어 있는 마당은 비움 그 자체를 위한 비움이며 모든 건물은 뼈대만을 남겨둔 이 극단적 절제로 자연을 향하여 열려 있도록 하여 우리의 정신을 한 차원 드높일 자연을 경외하는 데 바쳐지고, 마침내 뼈만 남은 만대루 기둥 사이로 내다보이는 병산은 이미 자연 그대로의 향유의 대상인 자연이 아니라 우리 정신의 패러다임을 통하여 새로운 자연을 창조하고 있다(민현식, 『땅의 공간, 땅의 형국을 추상화하는 작업』, 미건사, 1998, p.32).

수로를 따라 시간의 정원 위를 가로질러 흐르는 물과 목재마루 길 ■

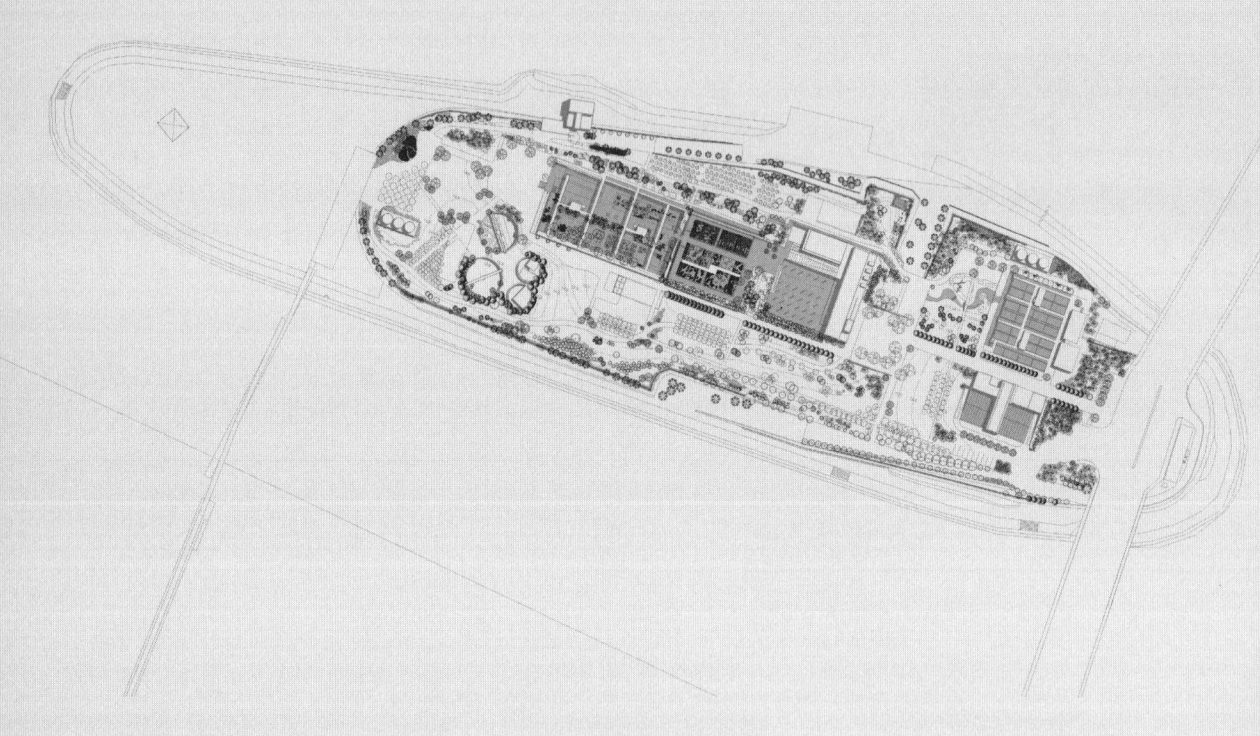

선유도공원 배치도

선유도공원 한강전시관의 전시개념

선유도공원 한강전시관의 단면도

한강전시관 출입마당

땅의 조건에서 도출된 건축풍경

황일인 | 서귀포 월드컵경기장 |

전 세계를 하나의 지구촌으로 묶어내는 가장 매혹적인 축제 '2002 월드컵'. 그것의 괴력 덕으로 우리도 축구 전용구장을 갖게 되었다. 오랜 숙원이 그것도 각 지방마다 하나씩 한꺼번에 이루어졌다. 이럴 수 있는 우리의 경제력에 자부심을 가질 만하고 또한 뒤늦게 시작했기 때문에 거의 불가능해 보였던 아주 짧은 기간 내에 해내는 능력, 또 한번 크게 감탄하게 한다.

축구 전용구장의 감동은 다목적 종합경기장의 그것에 비길 수 없다. 선수들과 관중들의 커뮤니케이션 방법이 전혀 다른 것이다. 선수들의 근육질에 흐르는 피와 땀과 눈물이, 그들의 거친 숨소리 그리고 환희와 탄식, 그들 간에 주고받는 핏발 돋은 눈빛들이 우리의 오감에 생생히 전달되고, 그것들의 순간순간에 민감하게 반응하는 수만 관중의 한꺼번에 터지는 탄성 또한 우리의 몸과 마음을 몸서리치게 자극할 것이다. '축구를 하는 사람들'과 '축구를 즐기는 사람들'이 하나의 공간에 모여 '축구의 감동'을 함께 극대화하는 곳이다.

이럴 때마다 온 국민을 한 덩어리로 열광하게 하는, 스포츠의 마약과도 같은 힘은 무엇인가 다시 한번 생각하게 한다. 로마의 황제들이 빵과 스포츠로, 지난 세기의 제국주의자들이 소위 3S정책 sex, screen and sports 으로 신민들을 우매화하려 했던 음모를 상기할 필요까지야 없겠으나, 혹시나 우리의 정신을 마비시키는 그래서 깨어 있는 정신과 문화적인 사고를 스스로 포기하게 하는 함정은 없는가를 조심하면서, 이제 월드컵경기장의 건축들을 차가운 이성의 눈으로 읽으면서 자성自省의 질문을 던져볼 필요가 있다.

뮌헨 올림픽경기장의 경이로운 성취가 몰고 온 소위 하이테크건축의 매력은 이제 서서히 식상해져가는데, 무슨 신드롬에 휩싸인 듯 모든 경기장들이 그것만이 정답인 양 천편일률적으로 하이테크 이미지에만 매달려 있지는 않은가? 60년대 이후 끊임없는 논쟁의 판에 올려져왔던 소위 '한국적인 것'에 대한 콤플렉스를 아직도 벗어나지 못하고 있지나 않은가? 그래서 개다리상과 방패연, 버선코를 닮은 처마곡선 등 한국의 전통적 형태언어에 대한 일차적 은유에 집착하고 있지는 않은가? 질서와 전능이 도시를 지배하던 시대적 가치가 이제 다원화로 이행되고 있는 전환기에 서 있으면서 단지 거대함을 핑계로 도시의 풍경을 제압하는 전 시대의 기념비적인 형상에 자기기만이나 자기도취에 빠져 있지는 않은가? 그래서 정작 살펴야 할 도시적 요구를 간과하지나 않았는가? 특히 축제가 끝나고 이것이 도시의 일상이 되었을 때에 대한 진지한 논의들을 생략하지는 않았는가? 더불어 아름답기 그지없는 우리의 산천, 지방마다의 특별한 산경과 수경을 망가뜨리는 짓을 하지는 않았는가?

하나의 전능과 질서가 지배하던 시대는 항상 역사적 유물의 형태언어를 변조한 모뉴먼트를 갈구한다. 양의 동서를 막론하고 그것이 정통성이 없는 권력일 때 과대망상증에까지 이르기도 한 건축 역사를 우리는 기억하고 있다. 지난 60년대 이후 우리의 건조물들 역시 예외가 아니어서 대부분 거대한 기념비적 형태에 골몰해왔다. 이러한 관습이 지속되어 새 천년, 새로운 시대의 가치를 드러내야 할 기념 조형물이나 지금 다투어 모습을 드러낸 월드컵경기장들 역시 이러한 콤플렉스에서 크게 벗어나지 못하고 있다.

우리 사회 전체를 지배해온 정치적 권력, 종교의 힘 또는 무형의 권력인 자본의 위력들이 드러내는 기념비적 건조물들은 이제 새 시대에는 사라져주어야 한다. 더욱이 하나뿐인 지구를 염려하여 환경의 보존을 지고의 가치로 상정하고 지속 가능한 건축, 최소한의 건축을 지향하는 시대적 의무

서귀포 월드컵경기장 야경

관람석에서 내다보는 제주도의 황홀한 풍경
고근산에서 멀리 한라산까지 그리고 옥빛 바다와 기형괴석의 바위섬들을 관중석이 남북측을 열어 조망할 수 있음은 이 경기장의 또 하나의 매력이다. 유연한 구조체로 틀을 만들어 내다보이게 하는 이곳에서의 경관은 관람객을 더욱 즐겁게 할 뿐 아니라 안과 밖의 풍경을 일체화하는 연결고리로 삼아 축제를 도시의 일상으로 만들고 있다.

지형의 흐름에 순응한 경기장 *

330여 개의 오름을 거느린 한라산에서 흘러내리는 산줄기는 고근산에 이르러 크게 융기하고 다시 바다로 내달아 범섬으로 한 번 더 솟아오른다. 이곳, 경사진 고원에 인공의 오름이 하나 솟아올랐다. 또 다른 '삼굼부리'인 이 경기장으로 하여 이곳의 자연과 인공이 행복하게 대립한다.

를 상기한다면 이러한 전 시대의 형상들은 더 이상 윤리적이지도 않다.

땅의 조건에서 도출된 형상이 하나의 인자가 되어 주변과 합일된 풍경을 이루는 것. 인간과 자연에 대한 윤리. 이러한 정신은 바로 변화, 전체보다는 개체의 정체성, 일상의 회복을 속성으로 하는 새 천년의 시대, 다중심·다원화의 시대적 가치로 고양되어야 한다. 그래서 천지인天地人을 하나로 인식하여 자연과 합일하려 했던 우리의 전통 정신이 오늘에 다시 회복되어야 한다.

서귀포 월드컵경기장 답사를 가던 날 서울은 폭우가 내리고 있었지만, 제주도는 뜨거운 남도의 강렬한 태양이 폭우와도 같은 햇살을 퍼붓고 있었고, 그 햇빛 아래 오름들은 뜨겁게 빛나고 있었다. 작은 한반도가 그리도 다름을 실감케 했다.

이국異國이다.

남태평양 타이티를 흉내 낸 이국이 아니라 '제주도'만이 가지고 있는 이국정서異國情緖, 이국 풍경이다. 이러한 풍경을 이루는 요소들인 한라산과 평원의 오름들, 그리고 쪽빛 바다는 제주도의 일상이다. 거기에 작렬하는 태양과 바람 또한 이곳의 일상이다. 이들을 드러내어 축제로 형상화하는 것, 이것이 바로 서귀포 월드컵경기장의 가장 중요한 조건들 중 하나가 되어야 한다.

이런 관점에서 서귀포 월드컵경기장은 크게 성공하고 있다. 이 경기장은 제주도 풍경의 가장 대표적인 이미지인 오름을 하이테크의 솜씨로 세련시켜 구축했다. 330여 개의 오름을 거느린 한라산, 거기서 흘러내리는 산줄기는 고근산에 이르러 크게 융기하고 다시 바다로 내달아 범섬으로 한 번 더 솟아오른다. 이 고근산과 바다 사이의 경사진 고원에 인공人工의 오름이 하나 솟아올랐다. 서귀포의 바다 빛깔을 닮은, 햇살에 번득이는 또 다른 '삼굼부리'인 이 경기장으로 하여 이곳의 자연과 인공이 행복하게 대립하고 있다. 제주도의 넓은 고원은 수많은 오름들로 하여 풍경의 깊이를 더하고 있음과 같이 여기 고근산, 그리고 바다의 범섬이 이루는 실루엣에 새로운 인공의 오름이 더하여져서 밋밋한 풍경을 더욱 깊게 한다. 42,334석에 이르는 거대한 경기장이지만 구장을 지표면에서 −14m까지 낮추고, 가능한 한 스케일을 줄이는 지혜를 발휘하여 이 경기장은 생소하지 않은 풍경의 한 인자로 융화되어 있다.

더구나 좌우대칭이 아니다. 축제가 끝나고 일상으로 돌아오면서 동측 날개의 관중석을 인근의 경기장으로 이설移設하고나면 비대칭은 더 심해질 것이다. 대부분의 경기장은 관중석의 공간구조, 축구경기의 공격과 수비의 평등성을 이유로 좌우대칭을 선호하지만 실은 그것들은 더욱 기념비적 형상을 가지기 위한 수단이 되기도 했다. 그러나 여기 서귀포에서는 과감하게 비대칭을 선택하여 지형의 흐름에 순응하고 있다.

모든 건축들은 두 가지의 풍경을 가지고 있다. 바깥에서 바라보는 풍경 즉 이 건축물과 주변의 환경이 만드는 풍경 그리고 안에서 바깥을 내다보는 전망이 그것이다. 우리의 위대한 유산인 전통건축의 참 맛은 바깥에서 즐기는 단아하게 절제된 형태에만 있는 것이 아니다. 안에서 바깥으로 내다보는 조율된 풍경에서 자연과 합일하려는 선비들의 정신을 읽어내는 맛 또한 근사하다.

경기장의 관람석에 앉아 바깥을 본다. 가깝게 고금산 그리고 멀리 웅대한 한라산까지 그리고 옥빛 바다와 범섬을 비롯한 기형괴석의 바위섬들을 관중석에서 열어 보임으로써 경기장의 또 하나의 매력으로 삼았다. 풍경의 확보를 위해 열어두어서 경기장의 위요감圍繞感이 덜하여 관람객과 선수들의 집중력을 떨어뜨릴 수도 있다는 우려를 과감히 물리치고 유연한 구조체로 틀을 만들어 내다보이게 하는 이곳에서의 경관은, 관람객을 더욱 즐겁게 할 뿐 아니라 안과 밖의 풍경을 일체화하는 연결고리로 삼아 경기장의 일상이 되었다. 축제를 도시의 일상으로 만드는 것은 경기장의 또 다른 중요한 목표이기 때문이다.

이제 이러한 일상을 더 근사하게 가꾸어나가는 것은 오로지 서귀포시 당국과 시민의 몫으로 고스란히 남는다. 서귀포 인구의 반을 수용할 수 있는 이 거대한 경기장의 유지·관리에 쏟아 넣게 될 적잖은 비용과 더불어, 활성화를 위해 여기에 더해질 프로그램과 부가적 시설들에 또한 만만치 않은 예산이 소요될 것이고, 경기장의 가동률稼動率을 높이기 위해 끊임없이 벌여야 할 행사들의 기획과 그에 따른 인력과 예산의 확보 또한 만만치 않다.

지극히 서귀포다운 아름다운 명물을 만들어낸 8만 서귀포 시민의 능력과 지혜에 다시 기대를 걸어본다.

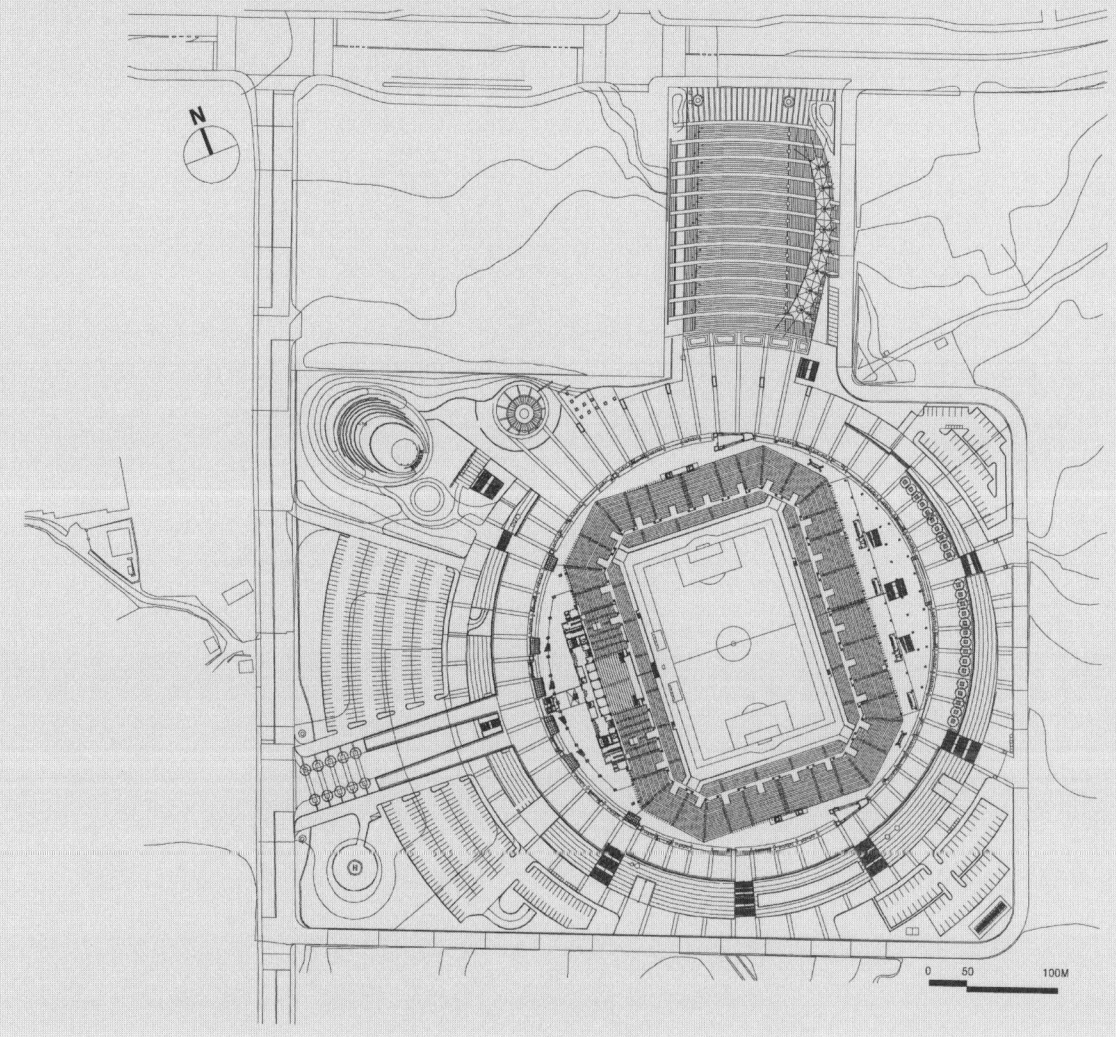

배치도

서귀포 월드컵경기장

위치 제주도 서귀포시 법환동 914 **대지면적** 134,122㎡ **건축면적** 22,188.10㎡ **연면적** 75,967.46㎡ **건폐율** 16.54% **용적률** 24.13% **용도** 운동시설 **규모** 지상 4층, 지하 2층 **수용인원** 42,256석(일반관람석 39,894석 / VIP석 526석 / 미디어석 1,500석 / 장애인석 336석) **구조** 스탠드-P.C & R.C, 지붕-케이블 및 트러스 현수 구조 **주차대수** 666대 **외부마감** 지붕-테프론 코팅 유리 섬유막, 외벽-노출콘크리트, 데크바닥-제주부석포장 **내부마감** 수성페인트, 라버타일, 화강석 **공사비용** 970억 원 **설계담당** 조성중(설계총괄), 송재영, 정경률, 김종찬, 이용범, 홍을경, 박진건, 윤여정, 이정복, 문경파, 이규호, 문병인, 민흥기, 강병수, 최용구, 안기성, 장대석 **구조** 전우구조-전봉, 지붕구조 기본설계-권택진, 지붕구조 실시설계-와이드링거 **설비** (주)우원 **전기** (주)보우 TNC **토목** 동명 기술공단(주) **조경** 서안조경 **시공사** 풍림산업(주) **C.M** (주)현대건설, (주)POSAC종합건축 **설계기간** 1998. 10~1999. 9 **공사기간** 1999. 9~2001. 12

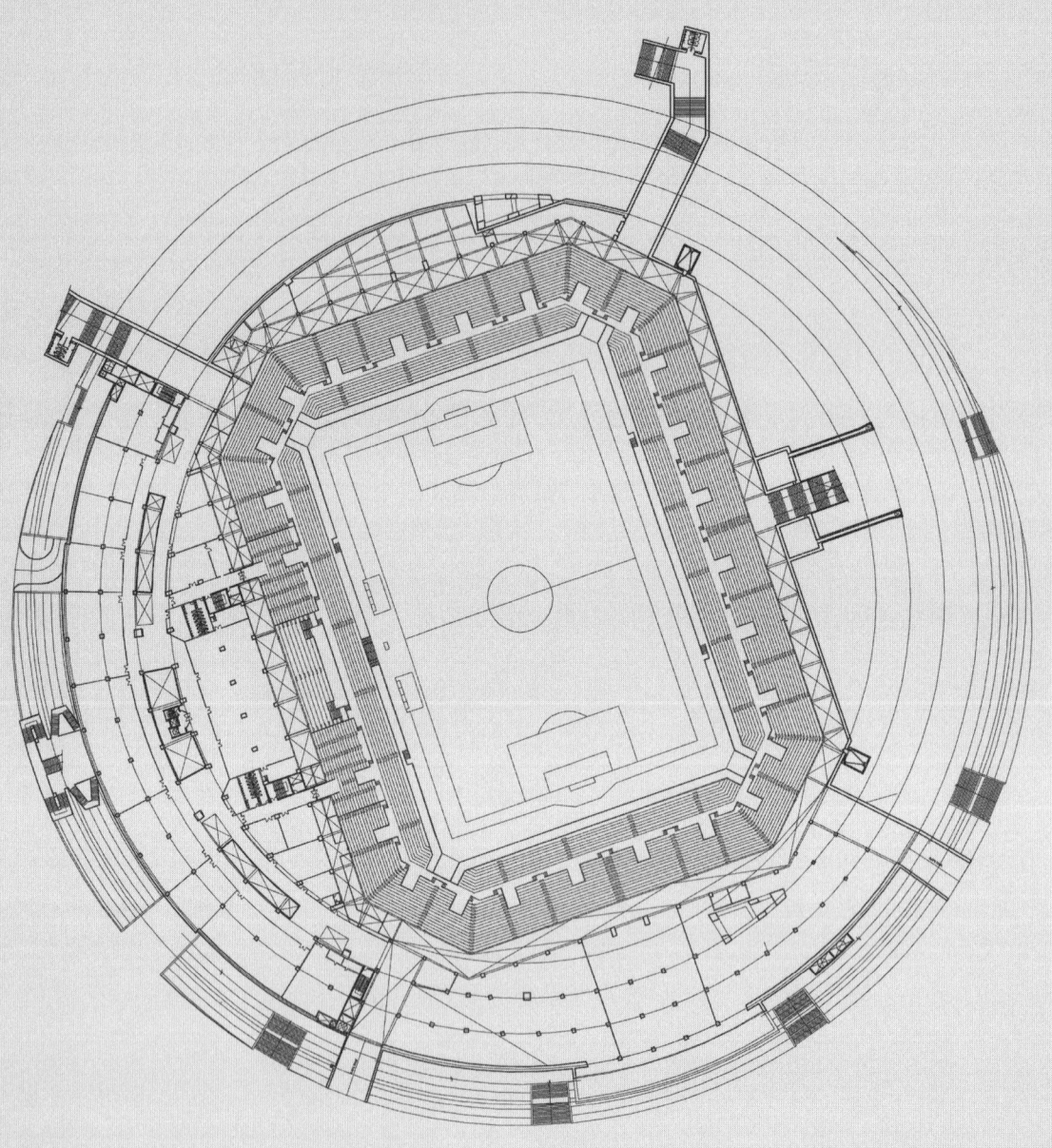

평면도

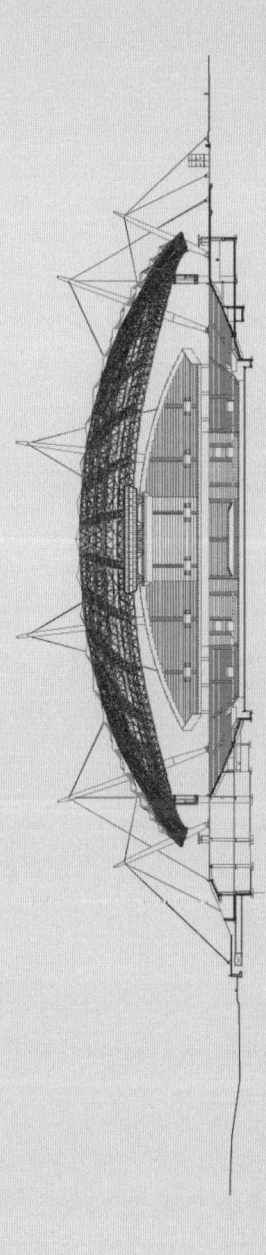

단면도

삶과 풍경이 조우하는 아름다운 집

이민아+다니엘 바예 ˙ 교문사 ˙

이 집, '교문사'를 처음 방문했을 때 나는 온통 젖은 몸이었다. 무섭게 퍼붓던 폭우가 잠시 숨을 고르는 틈새, 물속을 유영하고 있는 듯한 심학산은 잔뜩 물을 머금은 대기에 안개를 무겁게 피어올리고 있었고, 건너편 누런 흙탕물이 넘실대는 한강을 넘어 잿빛 하늘은 엷은 황혼에 물들기 시작하고 있었다.

거기에 약간은 비틀린 몸짓을 하고 교문사가 서 있었다.

오래전부터, 사람들은 땅과 풍경에 맞서는 인공의 구축물로 그것을 정복하거나 그것에 대립하려 했다. "생육하고 번성하여 땅에 충만하라, 땅을 정복하라, 바다의 고기와 공중의 새와 땅에 움직이는 모든 생물을 다스리라"(『구약성서』, 「창세기」, 1장 28절)라는 창조주의 권유에 충실했던 기독교 문명이 그것을 주도해왔으며, '신'을 죽이고, 그 자리를 '인간'으로 대체한 모더니즘의 시대에는 그것을 '창조적 파괴creative destruction'라 선언하기도 했다. 그 폭력적 행위가 거대할수록 우리는 그것을 위대한 건축이라 불렀고, 그것들을 기록한 건축 역사를 정통으로 받아들였다. 그러나 그러한 파괴와 구축으로 점철된 역사의 결과가 우리의 생존 자체를 위협하고 있음을 성찰하기 시작하면서부터, 다른 한편에서 성숙해온(그것을 거칠지만 '동양'이라고 해도 좋다) 땅과 하늘과 사람(天·地·人)이 하나의 유기적 총체라는 철학을 새로운 패러다임으로 받아들이려는 노력이 서서히 힘을 얻고 있다.

이제 우리는 인간 중심적 사고의 세상으로부터 자연의 권리를 회복하고, 인간과 자연이 하나 되는 노력을 기울일 때이다. 실은, 인간은 땅에서 노동함으로써 생명을 유지해왔고, 때문에 따로 생각할 수 없다. 인간은 결국 풍토의 산물이고, 땅과 더불어 살 수밖에 없는 숙명적 존재이며, 인간을 자연으로부터 객관화하는 것은 불가능한 것이며, 모든 풍경 역시 사실상 객관화할 수 없다. 그래서 고의적으로 '아름다움'을 만드는 일은 비열한 짓이다.

이런 뜻에서 땅은 위대하다. 그것이 오랜 시간을 거치며 만들어온 풍경 역시 위대하다. 그 땅 위에, 그 풍경 속에 인공의 구축물을 틈입시키는 일, 그리고 세월이 지나 그것이 풍경의 요소로 늙어가기를 바라고 언젠가는 소멸할 수도 있음을 염두에 두는 일, 그것이 이 시대 건축가의 일이다. 집을 내 의지대로 상상해 그려내기보다 우선 주변의 환경을 잘 살필 것이고, 그 살핀 결과가 설정하는 조건들로 집을 만들어 이것이 한동안 환경과 끊임없이 서로 주고받으며 세련되어져가서 어느 날, 그 집도 주변 환경의 한 인자로 근사하게 변용變容되기를 기대한다. 그래서 우리는 폐허조차도 사랑할 수 있다.

이 집, '교문사'는 이러함에 충실하다. 그래서 주어진 땅에 집을 가볍게 올려놓는다. 그래서 이 집은 풍경에 함몰되어 있는 듯, 얇게 그려져 있다. 선들은 위계와 우열이 없으며, 그 선들이 만든 면이 그러하고, 그것이 만든 공간 역시 그러하다.

지붕은 하늘을 한정하여 사람 살 공간을 구획하고 토대와 기단은 대지를 한정하여 살 공간을 구획하고, 지붕과 토대 사이에 생긴 공간에 사람이 들어가게 되고, 그래서 지붕은 양陽이고 토대는 음陰이며 살 공간은 중용中庸이 된다는 전통적 집에 대한 보편성에 대해, 이집은 집요하게 의심한다.

그래서 모든 것들이 모호하다. 뒤틀린 듯한 집의 모습은 모호하다. 반듯하게 직교한 면을 찾기 힘들며, 평탄한 수평적 바닥 또한 최소한의 필

긴 여정으로 주어진 진입부

긴 여정의 진입부와 빠른 호흡의 계단이 한 곳에서 만난다 ▪ 자연의 지형을 추상화한 듯한 작업공간 ▪
집을 나오며 한강의 낙조와 만난다_오른쪽 면 ▪

요만큼만 가진다. 모든 선과 면은 제멋대로인 듯 자유롭고, 이유 없어 보인다. 그러나 자세히 들여다보면 그것은 우연이거나 자의적인 것이 아니라, 주변의 풍경과 교접하기 위해 치밀하게 계산된 결과임을 안다. 이 집을 이루고 있는 선, 면, 공간 모두가 환경의 조건에서 채집된 것들이고, 건축의 조건으로 선택된 것들이다.

옥내공간과 옥외공간의 구분이 모호하고, 벽과 지붕의 경계가 없다. 르 코르뷔지에의 지붕'은 '옥상정원'으로 새로운 대지를 생산했지만, 이곳에서의 지붕은 거기서 한걸음 더 나가 새로운 지형을 만든다. 일견 불안정하여, 긴장감과 역동성을 지속적으로 유발시킨다. 내부공간 역시, 바닥과 벽 그리고 천장을 일부러 구분하지 않는다. 바닥은 바닥에서, 벽은 벽에서, 천장은 천장에서 끝나지 않고, 이들을 지속적으로 이어지게 하기 위해 이들 사이의 통상의 디테일은 철저히 감추어서 경계를 지웠다. 디테일을 '관계 접속사'로 해석할 수 있다면, 여기서는 디테일을 지워 연속하는 하나의 문장으로 만든 것이다.

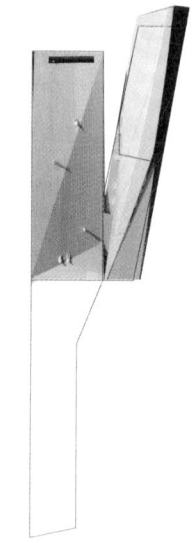

두 개의 기능(사무와 창고)은 구별되어 있는 듯, 예각을 이루어 분리되어 있지만, 아닌 듯 끝 자락에서 만나게 하고 그 틈새에 예각을 이룬 긴 경사진 길을 통해 긴 호흡으로 문득 집으로 들어선다. 여기서의 현관은 하나의 공간으로 주어지지 않고, 오히려 긴 여정으로 주어졌다. 옥 내외 구분의 모호함이 가장 극적으로 드러난 곳이다. 물론 빠른 호흡으로 이르는 원형계단의 길을 따로 마련하는 배려를 잊지 않는다. 이 둘의 다른 호흡의 여정에서 함께 만나는 작업공간은 자연의 지형을 추상화한 단형의 논바닥의 형상이며,

개념 모델 요구된 기능이 대지의 조건에 따라 변형된다.

---

1. 르 코르뷔지에는 콘크리트 가구체(架構體, frame)의 잠재력에서 도출한 '현대건축을 위한 5개 원칙'을 발표한다. 즉 평지붕의 결과물인 집의 상부에 있는 새로운 대지로서의 옥상정원, 지표면으로부터 집을 들어올려서 땅을 햇빛과 녹지로 되돌려주는 필로티 또는 기둥들, 구조적인 벽에 의해 얽매임이 없어, 사용자의 필요에 적절히 부응하는 자유로운 평면, 또한 그것으로 인한 자유로운 입면, 그리고 연속적인, 수평의 창들로서 그것은 집 속에 최대한의 채광과 전망을 확보하게 한다. 결과적으로 그는 이러한 원칙들로부터 도출하여 공간적 조직체를 4가지 구성들(the Four Compositions)로 분류하고, 1920년대에 각각에 해당하는 하나씩의 주택을 짓게 된다.

여기에 연이은 지붕은 자연 그대로의 지형을 닮았다. 그래서 이 집은 거기서 있지만 움직이고, 없어지고, 다시 나타나기도 한다. 이러한 긴장감과 역동성으로만 디자인된 모든 공간은 생활의 배경을 이루는 장치일 뿐, 특정한 기능에 의해 미리 정의됨을 거부하고, 이곳을 점유해서 사용할 사람들이 불확실성과 불확정성을 즐기게 하며, 상상력을 자극한다. 그래서 오히려 더 높은 잠재력을 획득하고 있다.

이들 모두 한강과 심학산에로의 풍경에 민감하게 감응하도록 하여 공간의 특별함을 갖게 한다. 무심코 지나칠 수도 있는 풍경을 이 집을 통해서 의미 있게 바라보게 하고, 그때 그 풍경의 아름다움이 새롭게 다가오게 한다. 그리고 여정의 끝선에서, 눈높이까지 판을 슬쩍 들어 올린다. 마지막 경계마저 구태여 지우면서, 우리 상상의 유희를 하늘에 잇닿아놓고 있다. 그래서 이 집의 형상, 공간 모두가 기존의 지형에 합일合一하려는 바로 지형공간地形空間, land-space이다. 이 속을 헤집고 다니는 길을 걸으며 문득 사건을 만나고, 사람을 만나고, 극적인 풍경을 만난다. 그 여정 속 유발되는 지속적 긴장감은 그리 길지 않은 말다툼을 거쳐 서서히 안정되어가고, 종래, 그것은 즐거움으로 변한다. 그래서 비스듬히 눕는 듯 앉아 바라보는 한강의 낙조가 더욱 새롭다.

여기에 쓰인 재료 역시 기후의 변화에 민감하게 반응하는 칼라 콘크리트, 유리, 나무가 쓰인 것은 자명한 결과일 것이고 바닥, 벽, 지붕에 구별된 재료가 쓰이던 고정관념이 철저하게 해체되고 벽과 지붕, 바닥과 벽 그리고 천장의 재료는 최대한 연속되려 한다. 콘크리트로 이루어진 괴塊, mass를 가끔씩 도려낼 때는, 그 도려냄을 명확히 하기 위해, 안쪽은 전혀 다른 이질 재료인 타일을 바르기도 한다. 껍질을 벗겨 과육果肉을 드러냄과도 같으며, 사이보그의 인피人皮 속에 감추어진 기계장치를 보는 듯하다.

그래서 결과된 이 집은 '아름다운 공간'을 설계했다기보다, 우리가 한동안 잊고 있었던 시간에 더욱 주목한 집이다. 땅의 역사를 읽으며, 언젠가 기억으로 되살릴 새롭게 쌓아가는 삶의 기록을 여기에 새긴다. 삶과 풍경이 행

내부공간 ■

비스듬히 눕는 듯 앉아 바라보는 한강의
낙조가 더욱 새롭다_오른쪽 면 ■

복하게 조우하게 하여, 매일 매일 새로운 삶의 풍경을 생성하고 있다. 마치 J. 버거John Berger, 1926~ 의 길에 관한 글을 읽는 것과도 같다.

실제로 우리는 항상 두 가지 시간 사이에 있다. 육체의 시간과 의식의 시간이 그것이다…… 그들은 과거의 신비와 영속성을 지니면서 일종의 완결된 미완성을 획득하고 있었다. 후손들의 지식과 행동에 의해 완성되기를 기다리고 있는 한편으로, 그들 스스로를 완결시켜버렸기 때문에 그들은 이미 완성된 것이다.
(J. 버거, 『그리고 사진처럼 덧없는 우리들의 얼굴, 내 가슴』, p.17·28)

이 집, '교문사'는 건축에의 고정관념에 대한 의심을 거듭하여, 건축의 새로운 가능성을 탐색한 성실한 지적 감수성의 결과이며, 이러한 근원에 대한 질문을 통해 성취한 전통적 건축공간에 대한 주목할 만한 진보이다.

글을 쓰고 나서 다시 이곳을 찾았다. 이제 긴 장마를 지나, 무더위가 기승을 부리고 있었다. 이 집을 통해 보는 심학산의 녹음은 생명의 기가 독기처럼 피어오르는 듯하였으며, 차며 넘치는 한강의 수면은 뜨거운 태양 아래 이국異國인 양 빛나고 있었다. 여름, 그 왕성한 생명의 힘이 소름이 돋도록 온몸을 전율케 한다. 그리고 이 집의 공간이 다시 보여줄 붉은 심학산의 가을과 한강의 잿빛 겨울 풍경을 그려본다. 충분히 기대해도 좋을 것이다.

서측 입면도　　　　　　　　　　　　　　　　　　　　남측 입면도

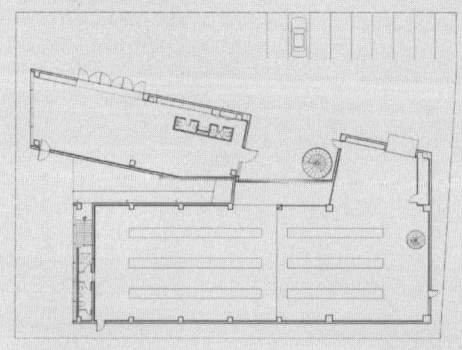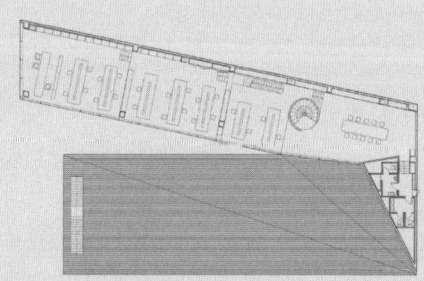

단면도

1층 평면도　　　　　　　　　　　　　　　　　　　　2층 평면도

교문사　　**위치** 경기도 파주시 교하읍 문발리 536-2　**지역·지구** 준공업지역　**용도** 사무실, 창고　**대지면적** 1,652㎡　**건축면적** 822.5㎡　**연면적** 1,497.36㎡　**건폐율** 49.79%　**용적률** 90.64%　**규모** 지상 3층　**구조** 철근콘크리트 구조+철골 구조　**외부마감** 미송판칼라노출콘크리트, T18 복층유리　**설계담당** 이호선, 최희정, 우승진　**감리** 이호선　**구조설비설계** 미래이엔씨　**전기설비설계** 대경전기　**기계설비설계** 기한엔지니어링　**시공** 건륭건설　**설계기간** 2004. 12~2005. 5　**공사기간** 2005. 6~2006. 5

도시의 지형을 새롭게 구축하는 건축

이민+손진 | SJW 패션사옥

몇 해 전, '도시탐험-양평이야기'라는 제목을 내다 건 설계 스튜디오를 이민 선생과 같이 진행했었다. 어느 날, 선생께서 한 질帙의 로마 지도를 가지고 오셨다. G. 놀리Giambattista Nolli, 1692~1756가 1748년에 제작한 것으로, 〈교황 베네딕토 14세 시대의 로마-로마의 새로운 지형도ROMA-AL TEMPO DI BENEDETTO XIV-LA NUOVA TOPOGRAFIA DI ROMA〉라는 긴 제목에 버금가는 놀라운 지도였다.

G. 놀리, 교황 베네딕토 14세 시대의 로마 지도(부분)

일곱 언덕으로 구성된 로마의 자연 지형地形 위에 길과 광장, 건축과 구조물 등 인공의 지형들이 세밀하게 그려져 있고, 그 주변을 그림으로 표현한 역사적 사건들이 둘러쳐져 지도의 틀을 만들고 있었다. 단순한 지도라기보다 우리의 상상력을 자극하는 그림 역사책이며, 아름다운 한 묶음의 판화집版畵集이다. 학생들과 함께 이 지도가 드러내고 있는 로마의 역사와 도시민들의 꿈을 설화를 읽듯 흥미롭게 읽었다.

그러나 무엇보다 우리의 관심은 이 지도를 제작한 작가 또는 작가로 대표된 그 시대 지식인들의 자연을 이해하는 방법과, 도시공간을 새로운 지형으로 보는 관점에 집중되었다. 흑백으로만 표현된 이 지도에서 도시의 사적 공간은 검게 칠한 반면 도로, 광장, 교회, 관공서, 극장 등 공공 공간을 그 사이의 여백으로 남겨서 확연히 구분시켜놓았다. 이럼으로써 도시의 자연지형과 건축으로 구축된 인공의 지형은 불가분의 일체가 된다.

살라미의 항공사진

그리고 얼마쯤 뒤, 『살라미와 그의 영역SALEMI E IL SUO TERRITORIO』이

라는 또 한 권의 놀라운 책을 슬그머니 꺼내 보여주셨다. 건축가 F. 베네치아Francesco Venezia 와 G. 페트루쉬Gabriele Petrusch가 텍스트를 쓰고, M. 조디체Mimmo Jodice가 사진을 찍었다. 이들이 '살라미'라는 한 도시와 그 주변을 애정을 가지고 읽은 기록이다. 물론 그들은 도시를 단순한 형상으로 읽지 않는다. 도시의 주변 자연환경, 농업이 주종을 이루는 그 도시의 산업 특히 포도 수확, 시민들의 종교인 로마 가톨릭, 주민들의 일상생활, 빵의 축제, 이슬람의 영향, 도시의 기념비들, 역사적 사건들, 그리고 자연재해인 지진地震 등을 면밀하게 읽어내고 있다. 이들 기록은 통일성과 다양성을 적절하게 가지고 있는 이곳의 공간들 그리고 그것들의 디자인들이 그럴 수밖에 없는 필연임을 설득력 있게 전해주고 있다. 도시의 공간과 그곳에서의 생활이 하나가 된 '살라미'는 그래서 우리를 감동시킨다.

이 책을 통하여 저자들이 우리에게 전달하고자 하는 것은, 도시에서 우리가 주목해야 하는 것은 형성된 전체로서의 이미지가 아니라 도시의 개별 요소들이 만들어낸 상대적 관계이며 도시가 수용하고 있는 실제적 가치라는 점이다. 또한 도시는 추상화되고 이상화된 담론의 결과물이 아니며, 구체적이고 사실적인 그래서 너무나 평범한 일상적 상황의 조직체이며, 도시는 이러한 일상성에 의해 진화해가며 현재 남아 있는 것들과 필요에 의해 만들어지는 것들의 누적에 따라 또 다른 현재적 상황을 형성하게 된다는 진리를 우리에게 이야기한다. F. 베네치아가 이곳에 만든 작은 옥외 극장이 이다지도 근사한 것은 바로 이러한 도시 읽기의 결과이기 때문이리라.

살라미 마을 풍경

이민과 손진의 건축을 읽기 전에 먼저 이 두 에피소드를 구태여 길게 이야기하는 것은 그들의 작업이 앞서 이야기한 지도 그리고 앞의 책이 보여주는

---

1. 이탈리아 라우로(Lauro)에서 태어났다. 1970년 the faculty of Architecture in Naples에서 건축가의 자격을 얻어 개인 사무실을 개설하여 활동을 시작했다. A. 시자(Alvaro Siza)는 그를 "문제의 뜻을 포착하여 사물의 근원을 가장 잘 밝히는 건축가"라고 칭하면서, "그는 다른 이들이 거부한 것들, 버린 것들을 쓸모 있는 것으로 만든다. 벽, 대리석 또는 황금빛 사암의 몰딩이 있는 창, 정첩이 빠져나가 검은 구멍으로만 남은 문기둥을 새로운 모습으로 복원시킨다. 질서의 복원이며, 건축은 그의 조심스런 손길을 거쳐서 새롭게 변형된다."라고 상찬(賞讚)한다.

태도와 다를 바 없는 건축의 정도正道를 걷고 있음을 밝히기 위함이다. 그들의 작품이 하늘에서 갑자기 떨어진 듯한 '창작물'이라기보다는, 오랫동안 지속되어온 '땅'에서 비롯된 것처럼 보이는 이유일 것이다.

이민과 손진의 작품을 읽기 전에 잠시 F. 베네치아의 작업에 눈을 돌려보자. 그와 오랫동안 함께 작업했었기에 이민과 손진의 작품을 읽어내는 데 약간의 실마리를 얻을 수 있기를 기대하기 때문이다. F. 베네치아의 대부분 건축 작업이 땅, 특히 그 땅의 폐허들과 깊이 연루되어 있다. 기벨리나 극장Theatre in Gibellina, 기벨리나 박물관Museum in Gibellina 등은 주변의 산들로 이루어진 랜드스케이프와 융합된 것이며, 거기에 있던 크레토cretto〔지진으로 산산이 부서진 도시 위에 놓인 A. 뷰리(Alberto Burri)가 만든 거대한 조형물〕의 배경이 되기를 기대하기보다는, 오디토리엄auditorium으로부터 드러나는 지하세계의 아이디어를 공간의 배열을 통해 구현하고 있다.

그렇다고 해서 이들과 F. 베네치아가 직접적으로 동일할 수는 없다. 같은 반열에 서 있다손 치더라도 대상이 다르며 해석의 태도가 다르고, 그래서 주목하는 인자들이 다를 수밖에 없기 때문이다. 도시적 상황 또는 조건이 만든 건축은 그 도시의 특별한 리얼리티와 적극적으로 관련이 되기 때문이다.

건축가 이민과 손진의 도시와 건축을 읽는 작가적 태도는, 그들의 작업에서 명쾌하게 드러난다. 우선 그들은 주어진 프로그램을 '이민과 손진'이 해석하여, 그 해석에 적절한 '이민과 손진'의 특별한 공간을 창조하고, 그 창조된 공간을 주어진 대지의 기존 공간구조에 삽입시킴으로써 그곳은 이제 새로운 장소, 새로운 공간구조를 가지게 된다. 즉 그들의 축조물은 기존의 공간 또는 축조물과 상호 교감을 통해 일체가 되어 또 하나의 새로운 땅이 되는 것이다.

그들이 창조해낸 건축은 그 땅의 특질을 탐색하는 도구가 되며, 땅 또한 그의 건축을 읽는 척도가 된다. 이렇게 상호 간에 측정하는 과정을 거치면서, 어느 날 그들의 건축은 그곳을 읽는 잣대가 된다. 이것이 건축가 이

F. 베네치아, 기벨리나 극장

F. 베네치아, 기벨리나 박물관

이민+손진, 이효석기념관 프로젝트

민과 손진이 노리는 가장 행복한 결과일 것이다.

땅 위의 모든 축조물들은 땅과 그 축조물 상호 간의 필요와 적절함에 의해 구축되어왔다. 또한 그러한 과거의 성취들과 그것들의 결과로 이루어진 현재적 상황은 필연성으로 연계되어 있다. 이러한 필연성을 이해함에 있어, 그 시각적 표현이나 단순한 호기심으로 인한 한정된 틀의 상투적 예술사에 의존하기보다는, 지금까지 살아남은 가장 범상한 흔적을 직접 주목하여 내재된 규율을 찾는 노력이 더 중요하다. 그럼으로써 우리는 건물과 땅 상호 간에 적절한 긴장감 그리고 행복한 조우遭遇를 창조해낼 수 있을 것이다.

이제, 이민과 손진의 '이효석기념관'을 보자. 이효석李孝石, 1907~1942의 『메밀꽃 필 무렵』(1936)은 우리 문학사에 '길'을 주제로 한 소설의 효시이면서 가장 훌륭한 길의 소설이며, 70년대 황석영黃晳暎의 『삼포 가는 길』과 80년대 임철우林哲佑의 『달빛 밟기』의 초석이기도 하다. 이러한 이효석 문학이 건축공간으로 변이變移되면 바로 이민과 손진이 '이효석기념관'에서 구현하려는 공간, 바로 여정旅程의 공간이 된다. 긴 경사로를 따라 메밀 향토자료관을 만나고, 이효석의 유품을 만나고, 후정을 지나 옥외 전망공간에 이르면 굉활하고 거대한 랜드스케이프를 만난다. 마지막으로 만나는 이 풍경의 감동은 마치 부석사浮石寺 무량수전無量壽殿 배흘림기둥에 기대어 선 최순우 선생의 감동과도 같다.

이민과 손진의 해석대로라면, '이효석기념관'은 단순한 몇 개의 덩어리로 분절된 건축공간이라기보다는 저 밑 봉평마을에서 출발하여 문학동산의 정상에 이르는 긴 여정이며, 이 마을이 이미 구축하고 있는 거대한 자연공간 자체이다. 여기에 이들은 몇 개의 공간을 마치 가구를 놓듯 놓아 이 거대한 자연공간을 더 적극적으로 감지할 수 있도록, 약간의 손질만 가한 것이라 할 수 있다.

'경남도립미술관'의 경우 이러한 태도가 더욱 극명하게 드러난다. 여기서 핵심적 공간은 내부공간이 아니라, 바로 두 덩어리로 크게 분절하여 얻어낸 사이공간이다. 그림에서 보여주듯, 정병산에 이르는 시선을 관통하듯 잘라내어, 기존의 도시공간에 이 건축이 존재하는 이유를 부여받고 있다. 그의 말대로 "단순명료한 창원의 도시구조와 자연 요소가 만나는 접점에 확고한 턱threshold"을 만든다. 특히 이 공간은 정병산을 향하여 깊어질수록 넓어지는 사각斜角을 가지고 있어, 정병산이 바로 눈앞에 다가오는 듯한, 그 역逆투시도적 시각효과를 극대화하고 있다.

아쉽게도 이들 작품은 실현되지 않았다. 아직도 우리 건축 사회가 땅을 읽는 이러한 치열함에 가치를 부여하는 데 소홀하기 때문인지도 모른다. 아쉬움을 달래면서 이들의 작업이 실현되기를 한참이나 기다리고 있을 즈음 서울 강남의 언주로, 제 모습을 드러내기 위해 제각기 소란을 피우고 있는 건물들이 벽을 이루고 있는 삭막한 거리에서, 문득 한 신선한 집을 만난다. 'SJW 패션사옥'이 그것이다. 소란을 피우고 있다는 것은 대부분 그들의 주창主唱들이 뿌리 없음을 뜻함이고, 신선한 집이라고 말하는 것은 이 집이 가치 있는 독창적 의미를 획득하고 있음을 뜻함이다.

    여기서 우선 주목하는 것은, 이 집에서 건축주가 요구하는 프로그램에 대한 이민과 손진의 해석이다. "아티스트로서 자신의 분야에서 활발히 활동하고 있는 건축주는 이 프로젝트를 통해 자신의 세계를 새롭게 펼쳐보려는" 꿈을 가지고 있었다. 소위 강남의 대지가 가지는 경제적 효용성을 고려한다면 높은 임대료를 얻을 수 있는 현실적 공간을 노려봄직도 하겠지만, 건축주는 "스튜디오, 전시 매장, 각종 지원 시설은 물론이고, 큰 규모의 창고와 생산 공장까지 강남의 대로변에 묶어두고 생산에서 판매에 이르는 라인을 원 스톱으로 통합하는 시스템을 구축하고, 더불어 작은 규모의 관련 행사를 소화해내는 공간 프로그램"을 원했다. 이러한 요구가 이들이 수직적으로 배열한 공간 간의 합리적 조직으로 드러난다. 1~2층은 쇼룸, 3~5층은 사무실, 6~7층은 작업실로, 아티스트와 고객이 만나는 방들이 배열되어 있다. 이들은 기능적으로 묶어서 각각이 독립적으로도 기능할 수 있고, 다시 "투명하게, 밋밋하게, 드라마틱하게" 디자인되어 도시와 고객과의 만

이민+손진, 경남도립미술관 프로젝트

남의 방법을 각각 특별하게 한다.

그 특별한 만남은 바로 이 대지가 가진 특성으로부터 연유되었다.

계획지의 주변은 대규모 자동차 전시장과 상업·업무시설이 산재하여 패션사옥이 입지하기엔 너무 썰렁한 듯하다. 그러나 동종 업계가 밀집해 있는 압구정동, 청담동의 열기와 집적 효과에서 살짝 벗어나 있는 대지의 위치는 오히려 우리에게 바둑판의 묘수를 떠올리게 했다. 우리는 먼저 대지의 위치 특성과 프로그램의 관계에 주목하였다. 계획 부지가 위치한 언주로는 강남의 중심 지역을 동서로 가르는 가로망들과 직교하는 간선도로인 성수대교를 기점으로 북쪽으로는 서울 동북부의 주거·상업지역과 남쪽으로는 강남의 주요 상업·업무지역을 길게 관통하고 있다. 교통의 요지에 있으면서 번잡하지 않고, 약간의 터치를 통해서 비교우위를 얻을 수 있는 곳. 계획지가 가진 잠재력과 자신의 세계가 특별하게 표현되길 원하는 건축주의 소망 사이에, 현실과 꿈이 뒤섞인 무언가가 있다는 것을 느꼈다.

앞에서 서술한 '로마 지도'의 기법을 차용하여 설명한다면, 1~2층은 희게 표현되는 부분으로 도시를 향해 적극적으로 열려 있는 공공의 공간이고, 3~5층은 아마 검게 표현되는 사유私有의 공간이며, 6~7층 부분은 회색으로 칠해질지 모르는 공유공간과 사유공간의 중간쯤에 해당한다. 서로 다른 3가지의 생활양식이 서로 겹쳐지고 포개진 결과이며, 각각에 대응하는 공간 제공의 방식은, "투명하고, 밋밋하고, 드라마틱할" 수밖에 없다. 이곳의 기존 도시 지형의 레벨에 따라 새롭게 구축한 결과를 도출하기 위하여 동원된 디자인 기법이다.

저층부 쇼룸은 보행자에게 적극적으로 열리기 위해 투명하고, 중층부 사무공간은 도시에 대한 폐쇄적 프라이버시를 위해 밋밋하다. 특히 상층부의 레벨에서 파노라마로 보일 도시의 풍경은 한꺼번에 보여주기보다는 틈을 통하여 보여줌으로써 더욱 극적이다. 그래서 이곳의 사선斜線과 이

SJW 패션사옥

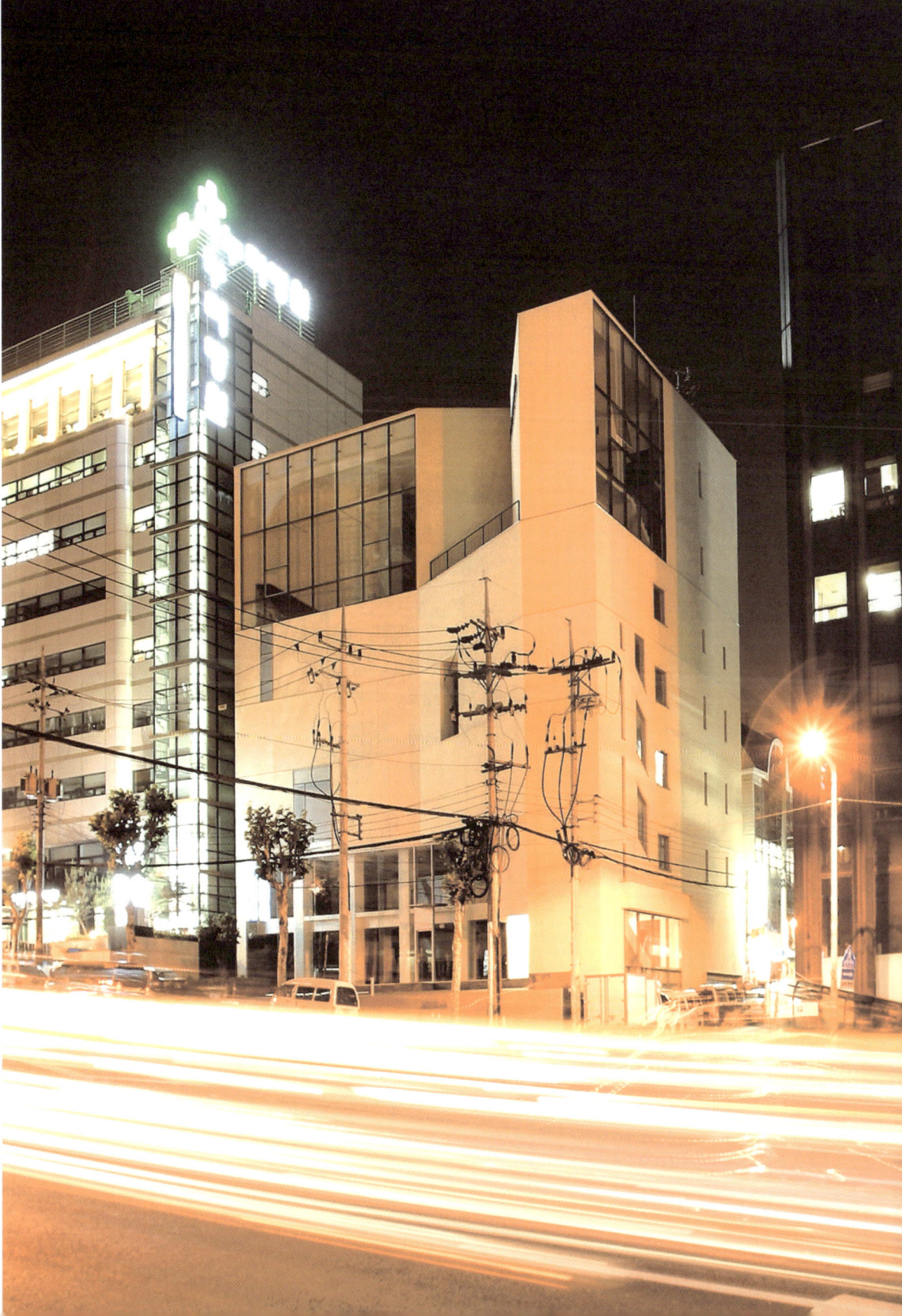

기존 건물의 보를 폐허같이 남겨 놓아 새 집의 역사를 깊게 한다 "
특별한 틀을 만들어 도시풍경에 특별하게 열린다_오른쪽 면 "

형異形의 공간들은 상투적 유행과도 같이 작의적作意的으로 그어진 것이 아니라, 각각의 시점視點에서 전개되는 도시의 풍경에 대응하여 세밀하게 계산된 선들이며 공간들이어서, 도시풍경에 열리는 특별한 틀을 만들어낸다. 마치 H. C. 브레송Henri Cartier-Bresson, 1908~2004의 작업과도 같이 때에 따라 변화하는 도시풍경의 특별한 순간을 감동적으로 포착하는 시각의 틀이다.

F. 베네치아의 폐허에 놓인 작업의 기법을 차용한다면, 이민과 손진은 내부공간에서 기존 건물의 '보'들을 남겨두어, 마치 폐허와 같이 보이게 한다. 아마 이 새 집의 역사를 있어왔던 역사에 이어주어서, 시간의 깊이를 깊게 하기 위함일 것이다. 그래서 이미 있어온 건축공간의 지형을 내부공간을 구성하는 중요한 요소로 받아들이고 거기에 그들만의 공간이 적절히 결합하여 "새로운 공간"으로 탄생한다.

이민과 손진의 눈은 재빨리 잎과 가지와 둥치를 잡아낸다. 그것이 그들의 가장 훌륭한 건축가로서의 능력이다. 그래서인지 그들은 누구보다 '대지'를 잘 이해하고 있으며, 대지로 구성되어 있는 도시조직을 잘 이해하고 있으며, 그래서 그들의 건축공간은 그곳에 있는 '대지'를 그것들의 조직을 '기존의 사물'을 경외하는 데 바치고, 그래서 그들의 공간은 때로는 미니멀하게 때로는 과장되기도 하며 때로는 드라마틱하게 도시의 기존 지형에 대응하고 있다. 이런 뜻으로, 이 집이 성취하고 있는 것은 소위 아름다운 형태의 창조가 아니라 이 집을 통해 특별한 땅의 특별한 도시 지형에 뿌리를 둔 새롭게 구축된 도시 지형이며, 이 집이 획득한 가장 큰 가치이다.

투명하게, 밋밋하게,
드라마틱하게 구축된 도시 지형 ■

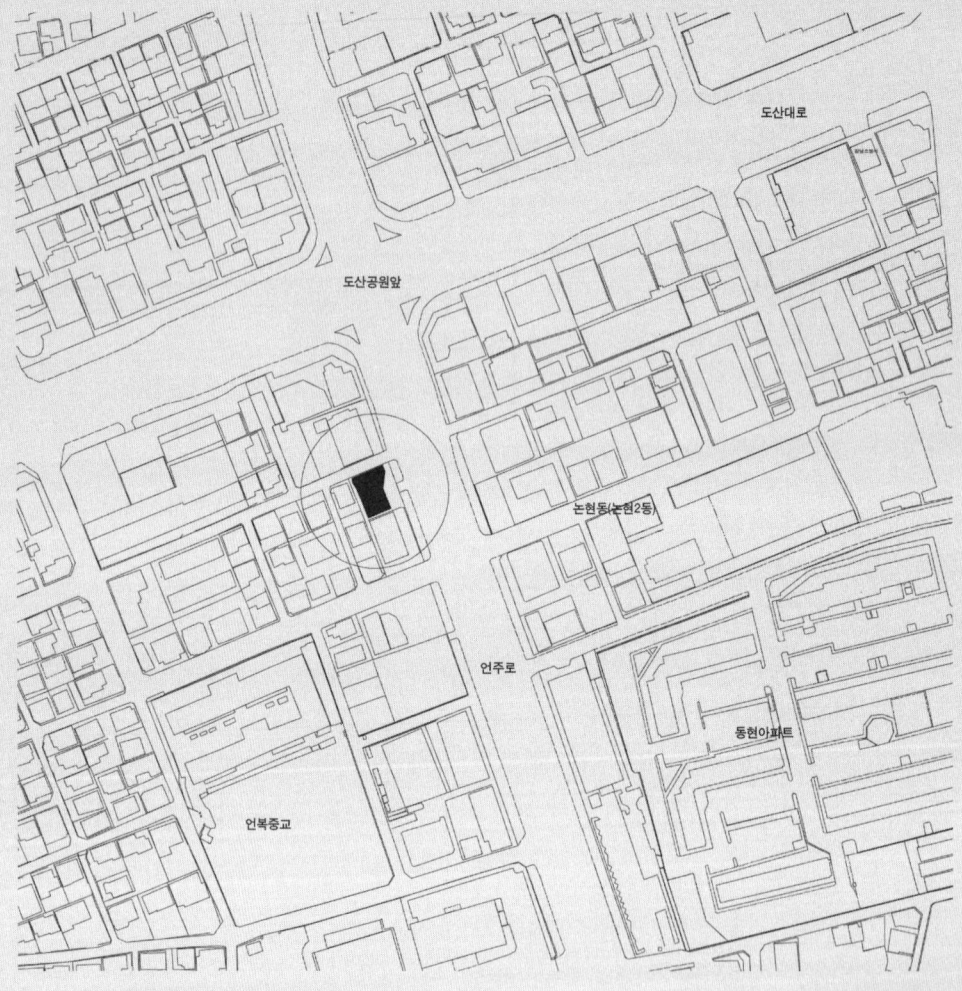

배치도

SJW 패션사옥 **위치** 서울시 강남구 논현동 63-7 **지역·지구** 3종 일반주거지역, 일반상업지역, 중심미관지구 **용도** 근린생활시설 및 업무시설 **대지면적** 521.8㎡ **건축면적** 312.95㎡ **연면적** 2,333.37㎡ **건폐율** 59.98% **용적률** 364.32% **규모** 지상 7층 **구조** 철근콘크리트 구조 **외부마감** 모노쿠쉬, 대리석 **내부마감** 모노쿠쉬, 비닐페인팅

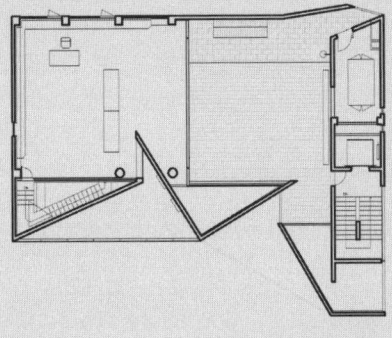

7층 평면도

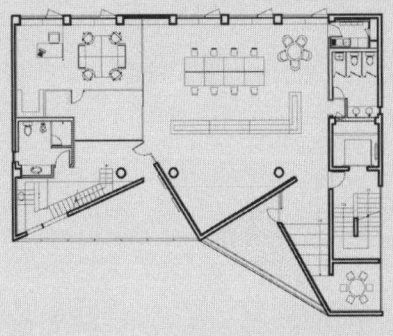

6층 평면도

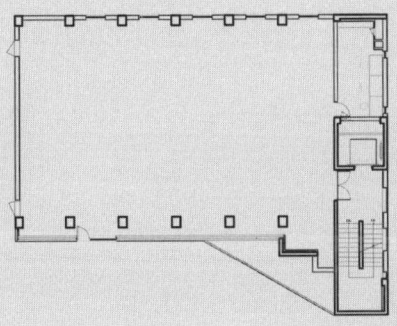

3층 평면도

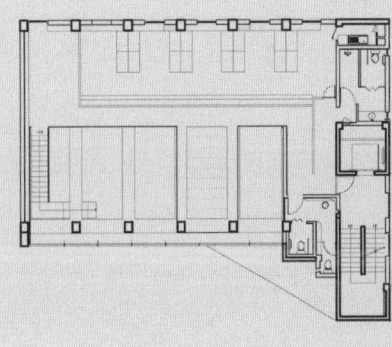

2층 평면도

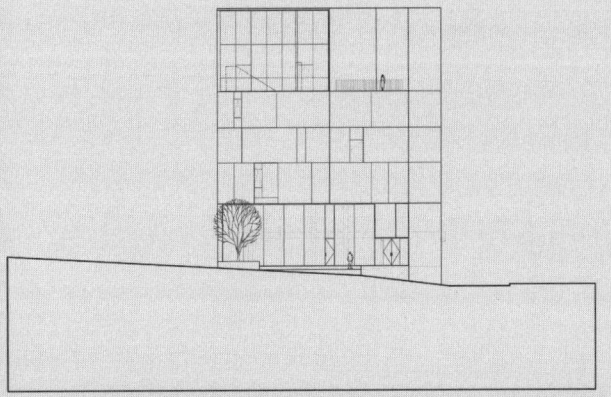

단면도

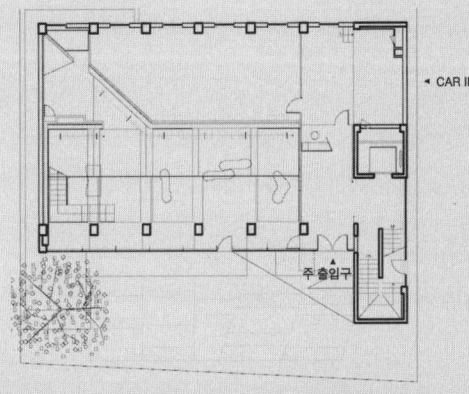

1층 평면도

제4부 **감각의 디자인, 경험의 디자인;
우리들의 기억과 욕망**

박수근미술관 | 서울시청 직장 어린이집 | 아트레온 | 카이스갤러리 | 두가헌

내가 보았던 것을 보려 하십시오

이종호 | 박수근미술관

그때, 우리는 '광주 문화도시 기본 구상'의 1차 보고회를 끝내고 서울로 돌아오는 기차 안에 있었다. 반복되는 기차바퀴 소리의 소음이 귀에 익숙해지고, 그래서 차창 가득 펼쳐진 녹색 들판을 조는 듯 무연히 바라볼 수 있게 되었을 즈음, 이종호 선생이 작은 책 한 권을 불쑥 내밀었다. 우리에게는 자못 익숙한 L. 바라간Luis Barragán, 1902~1988 의 건축사진집 *luis barragán+rené burri*, Phaidon press, 2000이었다. 흔치는 않은 그의 작품집을 나도 몇 권 가지고 있지만, 그것은 유독 자그마했다. 사진작가 R. 베리René Burri가 찍은 바라간의 공간과, 이 위대한 건축가에 대한 자신의 경외심을 고백한 베리의 서문이 실렸다. 우리를 전율하게 했던 바라간의 '침묵의 공간'들, 그리고

L. 바라간, 산 크리스토발 경마훈련장
(San Cristobal Stable)   1967~1968

1. L. 바라간에게 바치는 A. 시자(Alvaro Siza, 1933~, 포르투갈의 건축가)의 헌사는 이렇게 시작된다.
"나무의 뿌리와는 달리, 우리의 뿌리는 고정되지 않는다. 그들은 방향과 시간을 마크한다 - 북, 남, 동, 서, 중간 각도들, 어제, 내일, 오늘, 하늘 그리고 동굴.
어떤 종(種)과도 같이 우리의 가지들은 길어져서, 결국에는 구부러진다. 한때 하늘로 향하던 것이 땅으로 돌아와 한 번 더 땅에 침투되고, 뿌리의 조건으로 돌아가서, 지표면 아래에 남아 있던 뿌리와 뒤엉킨다. 이런 연유로, 바라간 작품의 기하학 또는 색채를 이야기하면서, 그것이 어떤 특정 지역의 생활의 결과라느니, 또는 어떤 사람들과의 조우 또는 어떤 역사적 폐허 또는 파리, 북아프리카, 미국 또는 안달루시아 등의 어떤 기억들 때문이라느니…… 하는 것은 위험하다. 보편성이라는 건, 문화들의 빈틈들을 지속적으로 투과하기 때문이다. 이러한 좁은 관로(管路)를 통해서 발명의 수액이 흐른다. 이미 알려진 것으로부터 절대 전체적으로 분리됨이 없이, 그것으로부터 자신을 제한함이 없이. (중략) 우리는 단순하게 살아야 한다. '모더니티'라는 모호한 말을 저버리고, 지나간 것의 문지방 위에 선 삶의 조건을 위하여."
(*Luis Barragán: The Quite Revolution*, 9 March-8 July 2001, Design Museum, London South Bank by Tower Bridge, p.13)

그 공간들 사이사이에 바라간의 명구들을 시詩와도 같이 새겨 넣은 아름다운 책이었다. 책장을 들추면서, 이런 글을 읽는다.

Don't ask me about this building or that one,
don't look at what I do. See what I saw.

번역하면, 이런 말이 될 것이다.

나에게 이 집 또는 저 집에 대해서 묻지 마십시오.
내가 무얼 하는지를 보려 하지 마십시오.
단지 내가 보았던 것을 보려 하십시오.

이종호의 '박수근미술관'은 이런 태도로 지어진 집이다.
　　우리의 삶이 절대빈곤에서 벗어나 조금씩 풍부해지면서, 이제 우리의 건축도 우리의 문화·우리의 정신세계에 눈을 돌리기 시작하게 되었고, 지금까지는 무심했던 우리 주변의 기념할 만한 사건·기념할 만한 인물들을 주목하게 되었다. 그것이 처음에는 국가적인 사업에서 시작되었으나 지방자치제도가 정착하면서 점차 지방의 사업으로 확대되기도 하고, 민간 문화재단이나 개인에 의해 기획되기도 한다.
　　지금까지 책을 통해서만 혹은 작품을 통해서만 만났던 시인들, 소설가들, 예술가들의 예술세계를 이제 그만을 위한 기념관 건립, 생가의 복원 등을 통해 온몸으로 생생하게 만날 수 있도록 하는 작업들이 여기저기서 앞다투어 활발히 이루어지고 있다. 이러한 기획들이 그 도시나 지방의 정체성을 구축하는 좋은 방안이 되기 때문이기도 하지만, 실은 그 사회의 문화적 성숙도를 가늠할 수 있는 것이기도 하기 때문에, 한참 뒤늦은 감이 없지는 않으나 참으로 반가운 일이다.

이럴 때, 우리는 좀 더 본질적인 질문을 할 필요가 있다. "기념관이란 무엇인가?"

기념관을 기획하면서 우리는 이런 근본적인 질문에서 시작하고, 거기에 이어지는 질문을 계속하게 된다.

"무엇을 기념할 것인가?"

"왜 그것을 기념하려 하는가?"

그리고 "어떻게 기념하려 하는가?"

만일 그 기념하려는 것이 미술과 같이 조형예술일 경우 전시될 작품과 유품들을 세밀하게 분석하고, 다른 것과 구별된, 그것에만 적절한 전시 공간과 전시 방법에 주력하면 어느 정도 성공할 수는 있다.

영국의 국립미술관The National Gallery 별관인 세인즈베리 윙Sainsbury Wing의 경우를 보자. 이 별관은 초기 이탈리아 시대의 북부 르네상스 수집품들을 따로 한곳에 모아 전시하기 위해 기획되었다. 건축가 R. 벤투리Robert Venturi, 1925~ 는 우선 당시 이탈리아의 건축공간을 재현再現하고, 그 재현된 공간에 그 소장품이 전시되도록 한다. 소장품들이 공간에 함몰되면서 본래 있었던 공간의 분위기와 작품이 일체가 되어, 관람자들이 작품과 공간을 함께 느낄 수 있도록 함으로써, 그것에 가장 가까이 다가설 수 있다고 여겼다. 여러 가지 비판이 있었음에도 불구하고 이러한 의도는 어렵지

R. 벤투리, 국립미술관 세인즈베리 윙

2. 프린스턴 대학에서 수학하였고, E. 사리넨(Eero Saarinen), L. 칸(Louis I. Kahn) 등의 사무실에서 일했으며, 1958년 이후, J. 라우치(John Rauch), D. S. 브라운(Denise Scott Brown, 그의 아내), S. 아이제너(Steven Izenour), D. 본(David Vaughan) 등 여러 건축가, 건축이론가들과 함께 파트너쉽을 이룬다. 수년간, 'The Guild House Retirement Home, Philadelphia(1960~3)', 'the Vanna Venturi House, Chestnut Hill, Pa.(1962)' 등을 통해 그들은 언어학적 건축(paradigmatic architectures)을 실험한다.
1966년 출판된 『건축의 복합성과 대립성(Complexity and Contradiction in Architecture)』에서 그는 서구건축의 역사 속에서 공간의 절대적 미학보다는 복합적 의미들과 대립성을 분석하였고, 1972년 D. S. 브라운, S. 아이제너와의 공저 『라스베이거스에서 배우는 것 (Learning from Las Vegas)』에서 미국의 일상 환경의 추함에 있는 형태적인 질을 더 이상 부정하지 말고 오히려 그것을 건축디자인의 예술적 자극제로서 인지(認知)하여야 한다고 주장한다. 그는 설계한 작품들보다는 그의 저작들과 건축이론을 통해 세계적으로 주목받게 되고, 소위 포스트모더니즘의 하나의 축을 이룬다.
찰스 황태자는 당시 소위 하이테크 건축가의 설계경기의 당선작을 컨텍스트와는 전혀 어울리지 않는 철제로 만들어진 "깡통"이라 격렬히 비판하고, 이 프로젝트에 적극적으로 개입하여 당시 서구 전통건축에 가장 조예가 깊다고 알려졌던 R. 벤투리에게 설계를 맡기도록 압력을 가하여, 이 세인즈베리 윙을 완성한다.

않게 이해되고 수긍할 만한 방법이었으며, 벤투리의 지속적인 건축관과 건축의 방법론과도 일치한다.

박수근朴壽根, 1914~1965은 20세기 중반 한국의 정서를 가장 잘 표현했다고 평가되는 한국에서 가장 인기 있는 근대화가이다. 경매장에서 그의 작품이 최고가를 연일 갱신하는 것만으로도 박수근의 인기도를 능히 증명하고도 남는다.

박수근미술관은 그가 태어난 양구에서 군립미술관으로 건립되었지만, 설계작품 선정은 지금까지의 공공시설 건설 관례를 크게 변화시킨 점으로도 특기할 만하다.

이 미술관은, 정탁영(위원장, 서울대학교 미대 교수), 유홍준(당시 명지대학교 교수, 명예관장), 박명자(박수근의 작품을 가장 많이 소장하고 있는 '갤러리 현대' 관장), 함광복(『강원도민일보』 논설위원), 함섭(화가) 등 박수근을 진실로 사랑하는 관계 인사들이 모여 '박수근선양위원회'를 구성함으로써 시발되었다. 이 위원회는 상투적 관례를 과감히 깨고, 젊은 건축가 3명(김종규, 김영준, 이종호)이 경합한 지명 설계경기를 통해 이종호의 작품을 선정하였고, 이제 박수근미술관은 작은 도시 양구의 자랑이 되었다.

이종호는 '박수근미술관'은 관람자가 전시실에서 단순히 박수근의 작품들을 감상하는 미술관이라기보다 '관람자'와 '예술가 박수근'을 만나게 해주는 장치여야 한다고 생각한다. 기념관의 본질은 '기념하려는 대상의 진실'을 '관람자의 진실'과 특별하게 만나게 하는 것이기 때문이다. 전술한 대로, 일반적인 해법에 의한다면 이 미술관은 박수근의 작품이나 유물을 감상하는 데 가장 알맞은 공간의 크기, 조명, 전시 방법을 고안하여, 가장 적절한 전시공간을 만드는 것으로 그쳤을 터이다.

특히 조형예술의 경우는 건축과 시각적 연계성이 강하기 때문에 그 작가의 "공간"에 크게 영향 받게 되고, 그러한 공간의 건축적 실현이 대중적 설득력을 획득할 수 있다는 점이 건축가를 쉬운 길로 가기를 유혹하기도 한다. 따라서 그 작가의 작품공간을 건축공간으로 번역하거나, 한 발짝 더 나가, 그 작가의 작품세계를 충분히 해독解讀한 다음, 그 속에 품고 있는 정신을 건축공간으로 표현하려 한다. 그래서 그 공간을 지나면서, 작가의 예술세계와 만나도록 유도하려는 것이다. 이러한 방법은 추상적 작업을 거듭하기 때문에 결과는 너무 개연성에 흐를 위험이 있기도 하고, 한편으로 건축가의 개인적 해석은 너무 주관적으로 치우칠 수도 있다는 이런저런 위험들이 도사리고 있긴 하다.

'환기미술관'(서울)의 경우 설계자 우규승은 화강석, 소나무 등 한국적인 또는 토속적인 재료를 사용하여 형태를 구축함으로써 김환기金煥基, 1913~1974의 예술이 가지고 있는 한국적 정서에 다가가려 하며, 또한 내부 전시공간의 동선 상에서 가장 한국적인 풍경인 인왕산 자락의 실경實景을 문득 만나게 함으로써 환기의 세계에 다가가도록 의도한다. 물론 이 미술관의 가치가 여기에 한정된 것은 아니며, 재료의 선택과 전시공간에서의 실경의 차용 등이 너무 개연성에 흘렀다는 비판이 있긴 하더라도 미술관으로서는 어느 정도 성공하고 있다.

김환기, 26-08-70 유화, 1970.

우선 이종호는 박수근 작품 자체의 특유의 표현 방법에 주목한다. 박수근의 작품은 "그려졌다기보다는 새겨진 것이다. 마치 돌 위에 새겨진 듯한 그만의 마티에르matière'는 온 화면을 가득 채우고 있다. 캔버스 위에는 쉽게 구별되지도 않는 수많은 작은 십자선들이 가득 포개어져 있다. 형성된 윤곽들은 마티에르 속에 녹아들어 있지만 충분히 뚜렷하다."

이러한 연유에서 이종호의 '박수근미술관'은 지형이 뻗어 흐르다가 끝 부분에서 기氣를 안으로 움켜쥔 듯한 모습의 돌무더기로 덮여 있다. 돌무더기는 언덕에서 먼 곳 2개 층 높이에서 시작하여 언덕으로 휘어 들어오

박수근, 나무와 두 여인 유화, 1962.

3. 한 작가(화가)가 재질에 익숙해지고 뜻대로 사용할 수 있는 기술의 귀결. 화가가 호소하려는 의도가 미적으로 처리되어 있는 상태. 재료 또는 재질의 의미에서 전화하여, 기법상 화면의 심미성과도 관련이 있다. 회화 용어.

미술관의 공간들과 그것을 조직하는 동선은 주변의 풍경을 특별하게 감지시키기 위한 틀이다 ■

박수근미술관의 풍경

며 점차 낮춰지다 사라진다. 돌무더기는 30cm 정도로 부서진 화강석이 거칠게 쌓여 있다. 박수근의 마티에르에 대한 직설적 번역이다. 안마당의 벽은 마치 단층처럼 길고, 얇은 돌들이 수직으로 켜켜이 쌓여 있다. 흙과 돌무더기 사이에서 박수근과 관람자가 관입貫入되고, 서로 감응感應하게 한다. 쉽게 대중적 설득력을 얻는 일차적이며 직설적인 수법이다. 다만 이러한 직설적 번역은 지극히 세련되지 않으면 자칫 유치해지기 쉽다.

그러나 이종호가 이 미술관에서 진실로 성취하려고 하는 것은 이러한 일차적 번역이 아니다. 즉 '작품의 진실'과 '건축공간의 진실'이 '같은 정신'으로 만나게 하려는, 한 단계 더 높은 차원을 원한다.

어떤 한 작가의 작품에 대한 감응은 감상자 각각의 나름대로의 특별한 기억과 깊이 연계되어 있으며, 그 특별한 기억의 연상 작용 때문에 감상자 자신들의 독특한 해석이 묻어 있기 마련이다. 박수근에 대한 유별난 기억을 가지고 있는 박완서朴婉緖의 경우, "박수근이 표현한 그와 동시대의 여인들은 판화 속에서나 유화 속에서나 빈 광주리를 이고 있다. 그래서 귀로歸路처럼 보인다. 귀로의 허기와 충만감, 귀로의 쓸쓸함과 조급증, 귀로의 피곤과 안도감, 그런 것들을 겪어보지 않고 어찌 읽어낼 수 있을까. 더군다나 미묘한 선이 생략되어 유화보다도 화강암에 새긴 오래된 부조처럼 보이는 작은 판화에서…… 오히려 더 숨었던 미묘한 것들이 살아나 생으로 육박해왔을지도 모른다." 그래서 박완서에게 이 미술관은 "그의 그림처럼 소박하고 친근"한가 보다.

대부분의 자전적自傳的인 작품들은 특정 순간에 특정 계급의 어린이로서 경험한 이미지와, 성인이 된 후의 기억을 통해 여과되어 나온 이미지를 대조하여 보여준다. M. 프루스트Marcel Proust, 1871~1922의 『잃어버린 시간을 찾

---

4. 박완서는 한국전쟁 당시, 미군 PX에서 일하면서 미군에게 손수건 등에 그림을 그려주면서 생계를 이어간 박수근을 만난다. 그의 자전적 소설 『그 산이 정말 거기 있었을까』, 『그 남자의 집』 등에서 밝히고 있고, 『나목』은 이러한 만남의 소산일 것이다.

아서』에 나오는 유년시절 기억의 복잡한 그물망과, 특히 무의지적 기억 memoir involuntaire(순간적인 무의식적 기억)은 조정되고 통제되는 정신활동의 의도된 결과가 아니다. 홍차를 찍은 마들렌의 향과 맛, 다양한 꽃들의 향기와 같은 순간적인 자극들은 오랫동안 잠자던 유년시절의 기억들을 깨워 사랑과 슬픔들을 만나게 한다. 이러한 기억들은, 현재의 감각이 잊혀진 과거의 경험을 갑작스러운 연상 작용과 인상을 통해 상기시켜주는 알기 어려운 깨달음의 순간에서 흘러나오며, 이 기억들은 또다시 잊혀지기를 반복한다. 프루스트는 이러한 일상의 사소한 기억들에서 시작하여, 이 기억들을 마을로 도시로 확장시키고 있다. 도시 환경의 대상들과 배경들을 어린이가 상상력을 통해 어떻게 이해하고 변형했는지, 그리고 어른이 되어 어떻게 회상하는지에 초점을 맞춘다. 마치 W. 벤야민Walter Benjamin, 1892~1940의 베를린에서의 유년시절 기억들이 '파리 아케이드Paris Arcade'에서 다시 부활한 것과도 같다.

그래서 이종호는 박수근의 유년의 일상적 기억들이 그의 작품에서 어떻게 회상되고 각인되는지를 발견하려 한다. 박수근의 작품은 특별한 장소와 시간 그리고 도시와 과거에 대한 기억들의 모음이며, 그의 그림은 우리 과거의 잊혀진 기억들을 깨워 사랑과 슬픔들을 만나게 한다고 생각하기 때문이다.

과거 경험의 복구와 그 복구를 통하여 한 시대 전체를 조망하는 관상학觀相學은 재현 양식의 하나의 중요한 태도이며, 이들 대부분 다분히 신화적 공간을 지향한다. 물론 한 예술가의 모든 작품이 자전적이라고 단언하는 데는 무리가 있으며, 개인적인 과거의 이야기들이 한 시대의 역사를 충분히 조명할 수 있는가라는 쟁점은 잠깐 미뤄두더라도, 이는 과거를 동경하는 노스탤지어가 아니며, 단순한 회고록이 아니다. 이는 비판적 역사 기술이며, 유년시절은 멜랑콜리의 예언적 자손이다. 우리 모두는 유년시절을 보낸, 눈부시고 영광스러운 도시를 애도할 줄 알아야 한다. 진실은 시간이 충분히 흐르고 난 다음 열리게 되며 비로소 이해 가능할 수 있게 드러난다.

전시실 내부
언덕 위 정자, 밤에는 거대한 조명기구가 된다_오른쪽 면

이종호의 작업은 양구라는 도시, 그곳의 거리, 풍경 등 모든 곳에서 경험했던 박수근의 충격을 추적한다. 박수근은 성인이 되어 해독할 수 있을 때까지 이런 기억을 보존했을 것이고, 그리고 어느 순간 깨달음이 밀려왔을 때, 캔버스에 재현했다고 믿는 것이다.

이러한 뜻으로 이종호의 작업은 관람자를 양구의 일상 풍경에서 박수근의 세계로 이끄는 것에서부터 시작한다. 미술관 주변의 먼 풍경을 보여주면서 점점 좁혀 돌아 들어가는 통로가 관람자를 미술관의 안마당으로 이끈다. 고요한 안마당과 원래부터 흐르던 시냇물, 건물의 벽과 함께 마당을 막아선 언덕, 벽을 따라 돌다 언덕을 타고 흐르는 관람자의 시선은 하늘로 향한다. 호흡은 최대한 가라앉는다. 하늘과 미술관의 공간 사이에서 관람자는 장소가 품고 있는 의미에 관람자 자신을 투사透寫, trace한다. 이제 관람자는 미술관이 준비해놓은 박수근의 작품을 만나기에 충분한 상태에 이른다.

추가로 만들어진 언덕 속에 전시실이 있다. 전시실은 시냇물 위를 가로지르는 복도를 오가며 나누어진다. 전시실을 돌아 나온 관람자는 유리 박스의 계단을 올라 전시실 위의 언덕으로 오른다. 진입로에서 보았던 주위의 풍경을 다른 높이에서 바라본다. 박수근이 보고 거닐었을 마을과 그것을 둘러싼 능선들이다. 이제 관람자는 다시 일상으로 빠져나오거나 언덕을 올라 꼭대기 정자에 이른다.

그래서 이 '박수근미술관'에서 이종호는 박수근이 걸었던 길을 우리가 걷게 하고, 박수근이 보았던 산천의 풍광을 우리가 보도록 한다. 박수근의 일상 속으로 우리의 일상을 편입시키려 하고 있다.

이종호의 작업은 단순히 박수근 공간의 직설적 표현을 넘어, 이종호가 선택한 박수근의 풍경을 가장 잘 감지하도록 이 집의 동선을 조절하고, 그에 따라 지형을 손질하여 그것의 시점을 극대화되도록 한다. 새롭게 창조된 이종호의 지형이다. 비단 시각적인 풍경만이겠는가. 들판을 가로질러 흐르는 바람, 바람을 맞는 나무들의 노래들, 그리고 코끝에 감지되는 신선한 대기. 이런 것들이 디자인 요소가 된다.

그 여정 속에 문득, 풍경과 함께 박수근의 작품을 만나게 한다. 박수근 작품의 분위기aura를 주변의 환경과 같이 느낌으로써 우리가 선입견으로 가진 박수근 작품의 '감상주의sentimentalism'를 넘어, 박수근의 진실과 직접적으로 맞닥뜨리게 한다.

"내가 만든 공간을 보려 하지 말고, 내가 무엇을 보았는가를 보라"는 바라간의 말을 이 집에서 이종호는 이렇게 바꾸어 말하고 있는 듯하다.
"여기, 박수근미술관에서 박수근의 회화를 보기보다는, 박수근이 무엇을 보았는가를 보십시오."
결국 이종호의 작업은 땅의 역사에 건물의 역사를 편입시키는 작업이기도 하다. 그래서 이 미술관은 박수근을 거슬러 올라가 태고에까지 이르는 깊은 역사를 지니는 집이 된다. 그래서 장구한 역사 앞에, 그리고 거대한 자연 앞에 지극히 겸손하다. 그리고 이 역사 맨 끄트머리에 이종호의 새로운 이야기를 살짝 덧붙인다. 현재의 작가의 이야기를 덧붙임으로 해서 이 집은 지속적으로 박수근의 예술세계를 이곳, 양구에서 이어갈 수 있다는 단초를 제공하고 있다.

이곳은 선생이 처음 '그림'에 빠져들며 밀레와 같은 전원의 화가가 되기로 마음먹었던 곳이다. 사람들은 이 미술관을 통해 선생을 만나게 된다. 만남은 우선 선생이 경험했을 풍경을 매개로 이루어진다. 미술관은 유물, 유품, 그의 그림 이전에 건축 그 자체로서 매개의 장치가 되고자 한다. 그러기에 이곳에 세워진 미술관은 건축이 만들어낸 장소의 힘으로서도 선생과의 만남을 만들어내는 통로가 될 수 있어야 한다. '대지에 미술관을 새겨나간다.' 맨 처음 대지에 계획을 시작했을 때, 제일 먼저 떠오른 말이었다. 미술관은 의미 깊은 터 위에 산줄기를 따라 강하게 뿌리박은 모습으로 새겨져 있다. 미술관의 건축이 만들어낸 이 장소를 통한 경험이 선생이 가졌던 이 땅의 삶에 대한 깊은 이해와 함께 우리에게 어떤 삶에 대한 새로운 충동으로 이어질 수 있기를 바란다(양구군립 박수근미술관 안내 팸플릿에 적힌 이종호의 글).

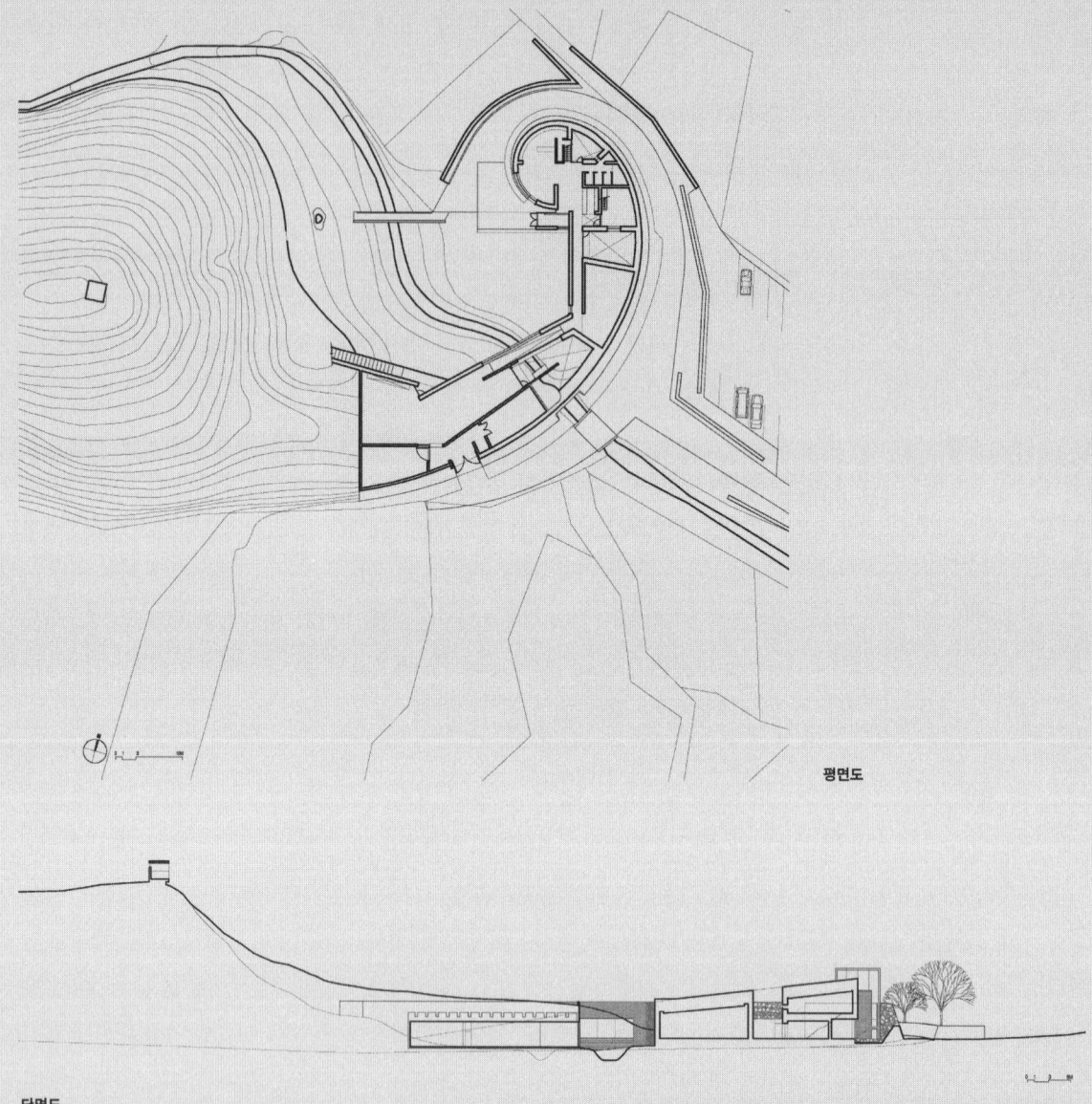

평면도

단면도

박수근미술관 **위치** 강원도 양구군 **용도** 미술관 **대지면적** 2,000㎡ **건축면적** 400㎡ **연면적** 650㎡ **규모** 지상 2층 **구조** 철근콘크리트 구조 **높이** 11m **설계담당** 우의정, 이상엽, 이기원 **건축주** 양주군 **구조설계** Alt 구조 **기계설계** 진경설비 **외부마감** 화강석 깨어쌓기 **내부마감** 석고보드 위 WP **설계 및 시공기간** 2002. 2~2002. 9

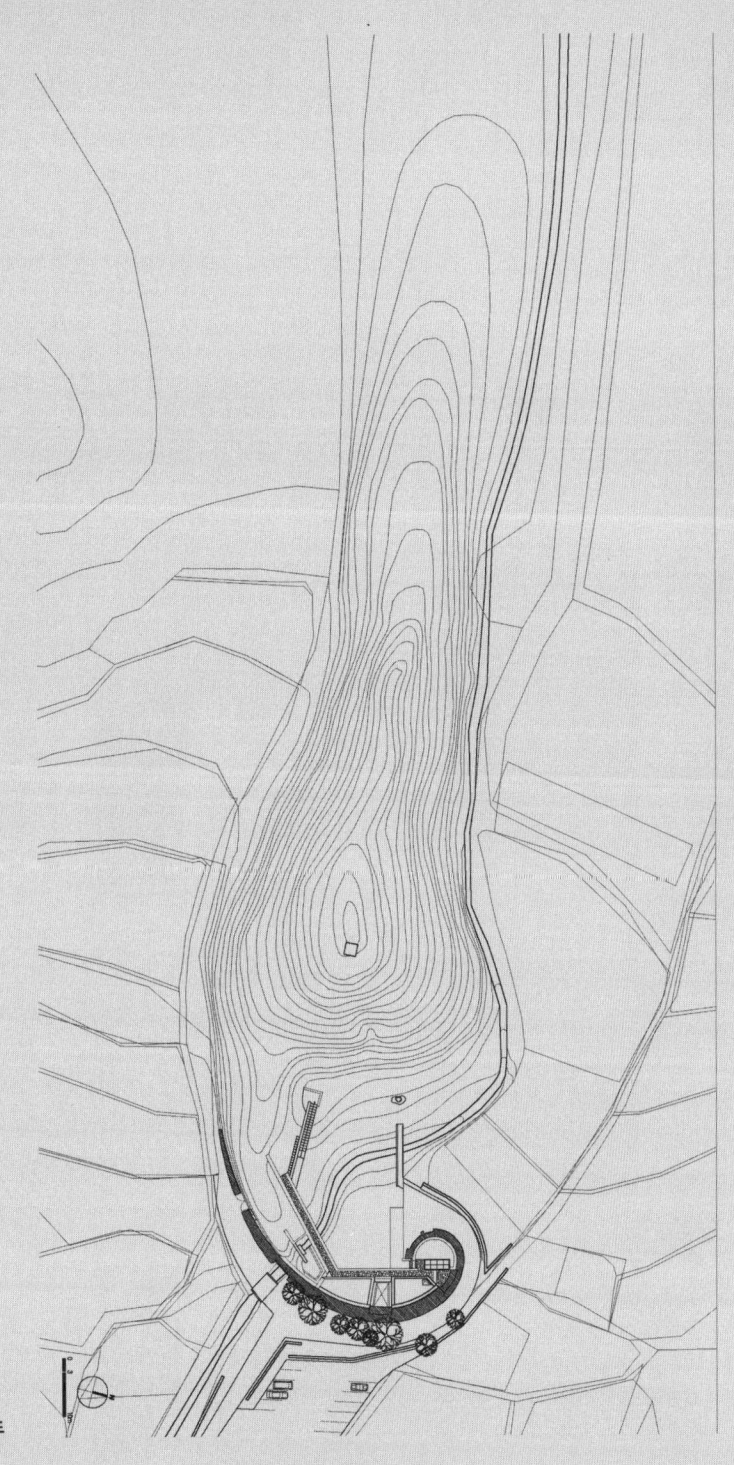

배치도

이야기꾼으로서의 건축

서혜림 │ 서울시청 직장 어린이집 │

몇 해 전, 우리학교 건축과 1학년 기초설계 스튜디오 수업시간. 이 스튜디오를 나와 함께 진행하던 서혜림 선생이 짧은 글 한 토막을 읽어주셨다. 건축설계의 첫걸음을 내딛는, 꿈과 벅찬 기대감에 부푼 1학년 학생들에게 '건축이란 무엇인가'를 이야기하는 첫 시간이었다고 기억된다.

우리는 모두 이야기꾼입니다. 등을 기대고 밤하늘을 바라봅니다. 밤이면, 우리에게서 사물들의 확실성을 훔쳐가기도 하고 그러다가 때로는 신앙의 형태로 되돌려주기도 하는 한 무리의 별들의 도움으로 이야기들은 시작됩니다. 맨 처음 별자리를 찾아내고 이름을 붙인 이들은 이야기꾼이었을 겁니다. 별무리들 사이로 상상의 줄을 이어가면서 한 묶음의 별들에게 이미지와 아이덴티티를 부여했습니다. 그 상상의 선에 의해 꿰어 있는 별들은 마치 사건들이 이야기 속에 얽혀 있는 것과 같습니다. 하지만 별자리를 상상한다는 것은 그 별들을, 그리고 더욱이 그 별들을 둘러싼 암흑의 공간을 바꿔놓는 것은 아닙니다. 바뀐 것은 사람들이 밤하늘을 바라보는 관점일 뿐입니다.

We are both storytellers. Lying on our backs, we look up at the night sky. This is where stories began, under the aegis of that multitude of stars which at night filch certitudes and sometimes return them as faith. Those who first invented and then named the constellations were storytellers. Tracing an imaginary line between a cluster of stars gave them an image and an identity. The stars threaded on a narrative. Imagining the constellations did not of course change the stars, nor did it change the black emptiness that surrounds them. What it changed was the way people read the night sky.

　　J. 버거John Berger, 1926~ 의 작지만 아름다운 책, 『그리고 사진처럼 덧없는 우리들의 얼굴, 내 가슴And Our Faces, My Heart, Brief as Photos』(김우룡 역, 열화당, 2004)에서 뽑아낸 글이다.

실은, 모든 예술가들은 이야기꾼이다. 시인은 수많은 말들 중에 특별한 말들을 골라, 적절히 배열하여 특별한 감정을 창조해내고, 작곡가는 수많은 소리 가운데 특별한 소리를 고르고 그것을 의도에 따라 적절히 배열하여 우리에게 특별한 감동을 들려주고, 미술가는 색깔과 형태를 골라 화판에 배열하여 우리에게 특별한 생각을 펼쳐 보인다. 각각 소재素材, material가 다를 뿐, 모두 이야기꾼이다. 마치 한 이야기꾼이 있어, 밤하늘의 수많은 별들을 골라 상상의 선을 잇고, 거기에 특별한 이름을 붙여서 이야기를 풀어내는 것과도 같다. 그것은 신화가 되기도 했고, 운명을 점치는 주술적 예언이 되기도 했고, 한 시대를 풍미한 정신이 되기도 했으며, 우리들 어린시절의 꿈을 대변하는 아름다운 동화가 되기도 했다.

　　이런 뜻으로 모든 예술은 시간성과 공간성을 동시에 가지고 있다. 흔히들 예술을 시간예술과 공간예술로 분류하는 것은 단지 상투적 편리를 위

---

1. 소설가, 극작가, 다큐멘터리 작가인 J. 버거는 영국에서 가장 영향력 있는 미술평론가이기도 하다. 런던 AA건축학교 수학 시절, 나의 튜터였던 J. 실레트의 권유로, 미술평론집인 *Permanent Red*로부터 시작된 나의 J. 버거 읽기는 *The Moment of Cubism, The Success and Failure of Picasso, About Looking*, 그리고 사진가 J. 모로와 공저인 *Way of Seeing, Another Way of Telling* 그리고 다큐멘터리 형식의 *A Seventh Man*, 소설 *A Fortunate Man, Lilac and Flag, To The Wedding, A Painter of Our Time* 등 그리고 에세이집 *Photocopies, Here is Where We Meet* 등에 이른다. J. 버거의 저작들은 나의 사물을, 예술품을 그리고 삶을 보는 태도를 획기적으로 변화시켰다.

퍼즐놀이와 같은 즐거운 입면

함일 뿐, 오히려 예술의 본질에서 멀어지게 하는 참으로 어리석은 짓이다.

집을 짓는다는 일 역시 집 속에서 일어날 사건들을 상상하고 그것을 꿰맞추어 하나의 이야기를 만드는 일이다. 이런 뜻으로 건축가 또한 이야기꾼이다. 단지 그 소재가 '공간'일 따름이다.

사전American Heritage Dictionary은 "건축architecture"을 이렇게 정의하고 있다.

1. 건축물을 설계하고 구축하는 예술 그리고 과학
    The art and science of designing and erecting buildings.
2. 건축물 또는 여타의 큰 구조물
    Buildings and other large structures.
3. 설계하고 축조하는 양식樣式 또는 방법
    A style and method of design and construction.
4. 부분들을 질서 있게 배열하는 것; 구조
    Orderly arrangement of parts; structure.

세번째까지는 일반적인 정의라 별 주석이 필요 없겠지만, 네번째 정의를 쉽게 이해하기 위해 3가지 다른 음악을 들어보자. 대표적인 크리스마스 캐럴인 〈기쁘다 구주 오셨네!〉와 T. 바다르체브스카Tekla Badarczewska, 1837~1861의 피아노 곡 〈소녀의 기도〉 그리고 G. 베르디Giuseppe Verdi, 1813~1901의 오페라 《리골레토》의 아리아 〈그리운 그대 음성〉. 이 세 곡의 첫 부분은 '도시라솔파미레도'로 소리의 소재와 배열은 같지만, 그 시간적 배열을 달리함으로써 전혀 다른 감정을 불러일으키는 전혀 다른 음악이 된다.

이 정의를 건축에 적용해보자.

설계자가 선택하고 디자인한 공간들을 그의 특별한 의도에 따라 질서 있게 배열하여, 전체를 하나의 이야기와도 같은 조직으로 이루어놓은 것이 건축이다. 여기서 '공간space'이란 사건들이 일어나는 장소로, 그것은 특정의 성질性質, quality을 가지고 있으며, 의도란 기능적인 이유일 수도 있고, 어떤 상징적·추상적 의미를 가지는 시대정신의 구현具現일 수도 있다. 따라서 건축은 그 속의 공간이 어떤 질質, quality을 가지고 있는가, 그 공간들이 어떤 시간적 흐름sequence으로 배열 또는 구축되어 있는가에 따라 하나의 집이 여타의 다른 집과는 다른 변별성을 가지게 된다.

20세기의 건축을 잘 정리한 S. 기디온Sigfried Giedion, 1893~1968이 명저 『시간, 공간 그리고 건축Time, Space and Architecture』에서 이를 잘 밝히고 있고, 르 코르뷔지에의 "건축적 산책로Architectural Promenade" 또한 이를 다른 말로 표현한 것이다.

서혜림의 '서울시청 직장 어린이집'은 서혜림이 쓴 어린이를 위한 이야기이다. 그러나 그는 자신의 이야기를 풀어놓는 것보다, 오히려 이 집을 통하여 어린이들에게 자기들의 이야기를 쓰도록 한다는 점에서 우리를 즐겁게 한다.

아마, 여기에 들어오는 어린이들이 이 집을 차지할 때, 그날그날의 관심과 마음가짐에 따라 그날그날의 선택과 조합이 달라질 것이고, 더욱이 어린이들과 같이 순수한 상상력을 가진 이들은 더욱 신기하고 기발한 이야기를 제 나름대로 꾸며댈 수 있을 것이다.

이런 뜻으로 여기, '어린이집'은 상상력을 펼쳐 보이는 공간이다. 밤하늘의 별들 그리고 더욱이 그 별들을 둘러싼 암흑의 공간이 바뀌는 것이 아니라, 바뀐 것은 사람들이 밤하늘을 바라보는 관점이듯이, '어린이집' 속의 공간들은 그 공간 자체 그리고 그 공간들을 둘러싼 요소들이 변한 것은 없지만, 어린이들의 보는 관점이 그날그날 달라진 것일 뿐이다. 창의성이란 이런 일상 속에 있는 것이다.

여기, 어린이집에서의 공간은 그리고 그 배열은 바로 어린이들 특유의 상상력을 펼칠 수 있도록 만들어지기를 바란다. 〈빅Big, 1988〉이란 영화에서 주인공이 성공할 수 있었던 것은 바로 그가 어른의 탈을 쓴 어린이였기 때문인 것처럼, 서혜림이 이 집을 설계할 기간 동안은 자신이 어린이로 돌아가,

어린이집 내부의 연결공간, 개성을 가진 공간들이 퍼즐처럼 연결되어 있다 ■

어린이들로 하여금 자신의 선택에 의해 공간을 능동적으로 점유케 한다 ■

어린이들의 상상력은 어떠한가라는 질문을 거듭해나가면서, 그 공간의 실현의 해답을 얻고자 한다. 어린이로의 변신을 통하여, 어린이들 각자가 속으로 가지고 있는 남다른 창의성과 상상력, 더 중요하게는 꿈을 키워나갈 수 있는 집이기를 바란다. 아마 그의 아들 '지모'에게 참 많이도 배웠을 것이다. 그래서 이 집은 가득 찬 호기심을 안고 인생의 첫걸음을 내딛는 어린이들에게 다양하면서도 능동적인 경험을 할 수 있는 곳이 되었다.

그래서 서혜림이 여기서 차용借用하고 있는 '퍼즐이론'은 참으로 적의적절適意適切하다. 그들만의 공동사회에서의 나눔을 통하여 서로 간의 연관성에 대한 배움이 이루어지는 어린이집은 마치 '퍼즐'과도 같다고 서술한다. 퍼즐은 많은 조각들을 끼워 맞추어가면서 점차적으로 숨겨져 있던 이야기를 드러낸다. 각 조각은 같은 것이 하나도 없다. 하지만 조각들끼리의 연관성은 각 조각의 '공통점'으로 연결고리를 이어간다.

여기 '서울시청 직장 어린이집'은 이러한 '퍼즐'처럼 각각 개성個性, 고유한 성질을 가진 공간들로 구성되어 있을 뿐만 아니라 각 공간은 닫힌 방이 아닌 서로 간의 다양한 연결성 또한 중요하다. 어린이의 눈높이와 어른 눈높이의 동일 선상에서의 만남, 또는 시선의 엇갈림을 통한 서로의 발견, 회전되고 슬라이딩되는 방과 방을 연결하는 벽체는 아이들과 이야기를 나누는 건축 요소들이다.

퍼즐의 조각과도 같이 여기에는 하나도 같은 것이 없다. 공간이 그러하고, 볼륨의 형태가 그러하고 외피를 구성하는 면들의 무늬가 그러하다. 마치 여기에 모인 어린이들이 모두 각각이듯이. 여기의 모든 것들은 다 다른 것들과 독특한 방법으로 연결되어 있다. 마치 이곳에 모인 어린이들이 모두 나름의 독특한 방법으로 서로 친구가 되듯이. 차이가 중요하고, 차이들을 서로 인정하는 것이 중요하고, 그들이 독특한 방법으로 만나는 것이 중요하다.

그렇게 결과된 이 집은 놀이로 가득 차 있다. 놀이란 스스로 선택하고 스스로 지휘하는 인간의 활동이다. 그래서 놀이는 노동과는 대조적이다. 놀이

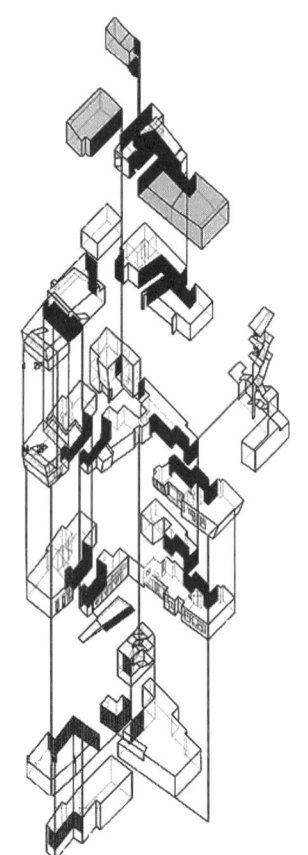

공간의 조직 개념도

는 사물을 소유하고, 만져보고, 직접 만들어보고, 창조하고 재창조하고 싶어 한다. 놀이는 파괴와 성장이 반복되는 지속적인 과정이며, 파괴와 발견을 거쳐 창조에 이르는 자기 선택적 진화 과정을 선호한다.

스스로 해야 한다는 점에서 놀이하는 어린이는 고독할지도 모른다. 어린아이는 자신이 선택한 자신과 가장 친밀한 공간 또는 구역에서 고독한 놀이를 하면서 성장한다. 놀이를 할 때 어린아이는 대상으로부터 떨어져 관조하지 않고, 대상을 손에 쥔 채, 흉내를 내면서mimesis 대상의 일부가 된다. 그런 이후에 어린아이는 사물들과 특별히 친밀한 관계를 맺는다. 거리감을 생성하기 위해서가 아니라, 우리와 사물들이 가장 친밀했던 그 순간을 다시 포착하기 위함이다. 어린이는 이들 물건을 사용하면서, 어른의 노동을 모방하지 않는다. 어린이는 이 물건들을 놀이가 만들어내는 새로운 인공물로 변화시키며, 재료들을 전혀 다른 새롭고 직관적인 관계로 조합한다. 어린아이들은 그런 식으로 보다 큰 세상 속에서 그들만의 작은 세상을 만든다.

하나의 건물 또는 구별된 장소를 만들려 할 때, 우리는 도시의 소음이나 복잡하고 어지러운 풍경을 차단하고 싶어 하는 것이 일반적이다. 그러나 여기서는 오히려 특별한 이곳 '서울 중구 서소문동 37번지'에 자리 잡으면서, 호기심을 유발하는 장치들을 인위적으로 만들기보다는 주변의 도시로 열려진 창을 통해 이곳에서 지내는 어린이들이 도심 환경으로부터 그들의 호기심을 자극 받을 수 있도록 하고 있다. 도시의 풍경을 그대로 인지하게 하는 것이 오히려 어린이들을 교육하는 데에도 더 적절한 것이 아닐까. 그래서 이 집을 구성하는 요소들, 어떤 면에서 작위적이며 무질서하게 보이기도 하고 조작적이기조차 한 볼륨과 외피는 실은 이곳, 도시의 주변 환경과 면밀하게 조직되어 있다. 자세히 들여다보면 모든 것들이 의도적이며, 무심한 게 없다.

이 집을 설명하면서 서혜림이 인용한 S. 펜Sverre Fehn, 1949~ 의 글은 이러한 그의 태도를 정확하게 대변한다.

아이가 자기의 손으로 모래에 물을 섞어 한 덩이의 진흙을 만들고, 그것을 얼굴에 발라 마스크로 변형시킬 때 이것은 아이가 땅에 대한 경외감을 표하는 것이다. 만약 콘크리트 기둥을 숨긴다면 그것은 아이들이 건축과 대화할 수 있는 가능성을 훔쳐가는 짓이다.

When a child mixes sand and water with his hands, making a cake of mud to transform his face into a mask, it is the child's homage to earth. If you hide the concrete column, you rob the child's possibility of having a conversation with architecture.

(Sverre Fehn, Edited by Scott Marble, "4 stories", *Architecture and Body*, Rizzoli, 1988)

이 어린이집은 결국은 어린이들만을 위한 집이 아니다. 이 집에 기거하는 어린이들과 관련을 맺고 있는 학부형, 선생님들, 직원들 그리고 이 집을 스치고 지나가는 모든 어른들 또한 이 집을 통해서 어린이였을 때의 기억, 이제는 어른이 되어 잊혀진 그러나 우리의 무의식 속에 흔적으로 남아 있는 기억들을 재생시키는 역할까지도 담당하고 있다. 어릴 때의 무의식에 상흔을 남기고, 어른이 된 후 그 마음에 흔적으로 남아 있는 "어릴 때, 도시가 처음 나타난 순간"을 어른들에게도 회복시키려 하고 있다.

  W. 벤야민이 베를린에 관한 책에서 어린 시절 그가 살았던 베를린, 그곳의 거리, 공원 등 모든 곳에서 받았던 충격을 추적하는 것도, 어린이는 성인이 되어 그것들을 충분히 해독할 수 있을 때까지 이런 기억을 보존하고 있다고 믿기 때문일 것이다. 어른의 시선은 미래가, 어린이였던 자신에게

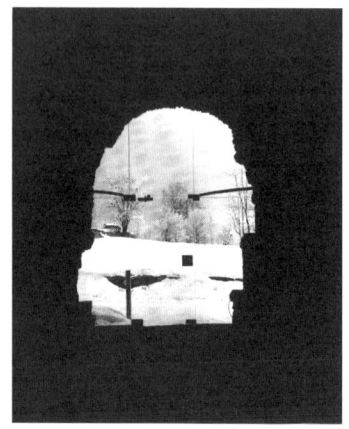

S. 펜, 농기구박물관

---

2. 노르웨이 건축가. North African primitive mural architecture in Morocco에서의 수학(1952~1953), 파리 J. 프루베(Jean Prouvé) 사무실 근무(1953~1954) 등으로 모로코 건축, 파리의 현대건축에서 영향을 받기도 했지만, 북구의 건축 전통과 풍토를 바탕으로 자신의 독창적 건축을 구축해가는 건축가이다. 그의 대표작이라 할 수 있는 'Hamar Bispegard Museum(Hamar, Norway, 1970)'은 중세 장원의 폐허 위에 자신의 건축언어를 덧붙여서 새롭게 창조한 농기구박물관이다. 옛것과 자신이 거기에 새롭게 덧붙인 것을 명확히 구분하며, 특히 폐허를 경외하기 위해 관람 동선을 그 위로 떠가는 다리로 만드는 등, 우리에게 전통의 보존(保存, conservation)과 보전(保全, preservation) 그리고 거기에 더해지는 작가의 오리지널리티 등의 문제를 가장 모범적으로 보여주고 있는, 나에게는 교과서와도 같은 작품이다.

처음으로 예고했던 순간을 향하기 때문이다.

어른이 된 우리는 더 이상 어린이의 시선으로 볼 수 없고, 어린이의 시선으로 바라보는 도시는 더 이상 친숙하지도 않고, 어른의 시선은 어린아이의 시선과 하나가 되기를 원하지 않는다. 그러나 도시를 슬픔과 경이의 장소로 보기 위해서는 반드시 어린아이로서 도시 속에 있어야 한다. 이런 앎은 회고적인 성격을 지니는 뒤늦은 깨달음의 산물이다. 진실은 시간이 충만해질 때 열리게 되며, 비로소 이해 가능할 수 있게 드러나기 때문이다.

어린이의 '알지 못함'은 때로는 통찰력을 발휘하는 또 다른 방식의 앎이다. 그래서 한 도시를 알기 위해서는 어린이로 도시에 있어야 한다. '사물과의 친밀함' 때문에 어린이는 성인이 되찾으려고 하는 도시에 대한 뛰어난 지식과 경험을 체험적으로 갖고 있다. 어린이는 어린이의 지각을 착각으로 치부하는 성인의 지각에 도전한다. '모든 것을 아는 성인'과 '무지하거나 순수한 어린이'라고 대조하지 말고, 보는 것과 아는 것에 대하여 성인과 어린이의 서로 다른 대안적이고 차별적인 양태를 대조시켜보면 이러한 실상이 드러난다. 그래서 '착각'으로 가득 찬 어린아이의 앎은 의도하지 않았다 하더라도 도시풍경의 감춰진 측면을 드러낼 수 있고, 성인 관찰자를 매혹시키는 신화적인 허울에 불과한 사물들의 거짓된 외관을 벗겨낼 수노 있다.

장성한 사람이 되어서는 어린아이의 일을 버려야 한다고들 하지만 (『신약성서』, 「고린도전서」, 13장 11절) 실은 어린이는 어른의 아버지인 것이다(W. 워즈워스William Wordsworth, 1770~1850).

무지개
하늘의 무지개를 보면 / 내 가슴은 뛰노라 / 내 인생 시작되었을 때 그랬고 / 지금 어른이 돼서도 그러하며 / 늙어서도 그러하기를 / 그렇지 않으면 차라리 죽는 게 나으리 / 아이는 어른의 아버지 / 내 살아가는 나날이 / 자연에 대한 경외로 이어질 수 있다면 (W. 워즈워스)

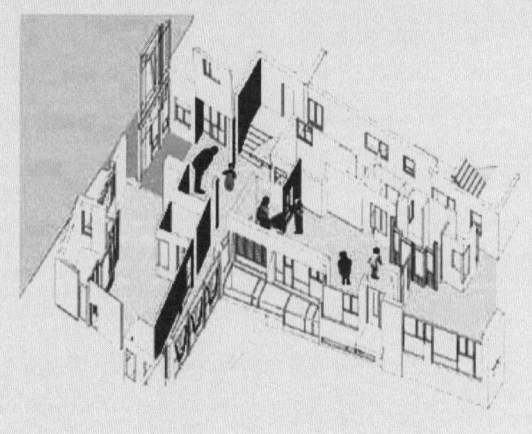

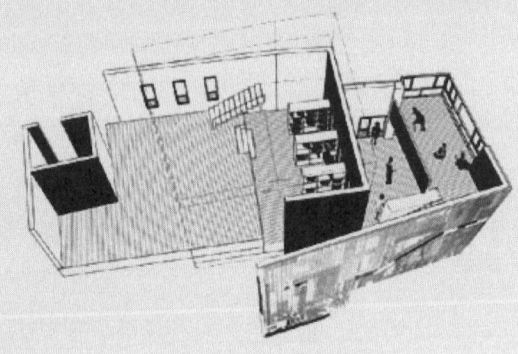 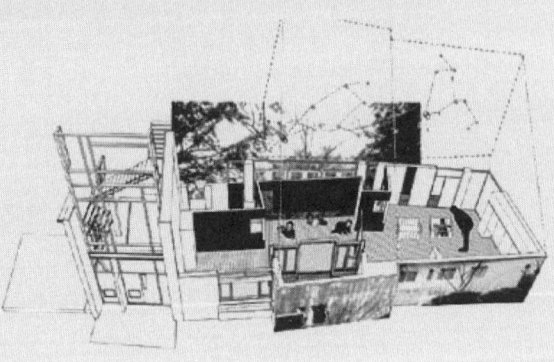

공간들의 조직

서울시청 직장 어린이집

위치 서울시 중구 서소문동 37 **지역·지구** 일반 주거지역, 일반 상업지역(일부) **용도** 교육연구 및 복지시설 **대지면적** 900㎡ **건축면적** 507.89㎡ **연면적** 1,998.85㎡ **조경면적** 235.9㎡ **건폐율** 56.43% **용적률** 222.09% **규모** 지하 1층, 지상 4층 **구조** 철근콘크리트조, 철골조(일부) **외부마감** 노출콘크리트, 삼목 사이딩, 갈바륨 성형강판 **내부마감** 바닥-온돌마루, 무석면타일, 테라조타일, 바닥-온돌마루, 무석면타일, 테라조타일, 벽-석고보드 위 페인트, 천장-석고보드 위 페인트 **주차대수** 7대 **설계팀** 김정임, 박기수, 남지연, 문훈, 김은정, 윤현선, 길선태 **인테리어** 힘마건축 **구조** 단구조 **기계설비설계** 한국설비연구 **전기설비설계** 신원엔지니어링 **토목** 정맥엔지어링 **감리** 박기수, 연경흑 **시공사** 팔마종합건설(주) **현장소장** 권용규 **삼목 사이딩** 이백화 **금속** 이창기 **내장** 이열학 **건축주** 서울특별시 건설안전관리본부, 여성정책개발 담당관 **설계기간** 1998. 4~8 **공사기간** 1998. 12~1999. 12

2pm
4pm
5pm
6pm
5pm
4pm
5pm
5pm
9am
10am
11am
12am
6pm
6pm
9am
10am
11am
12am
N

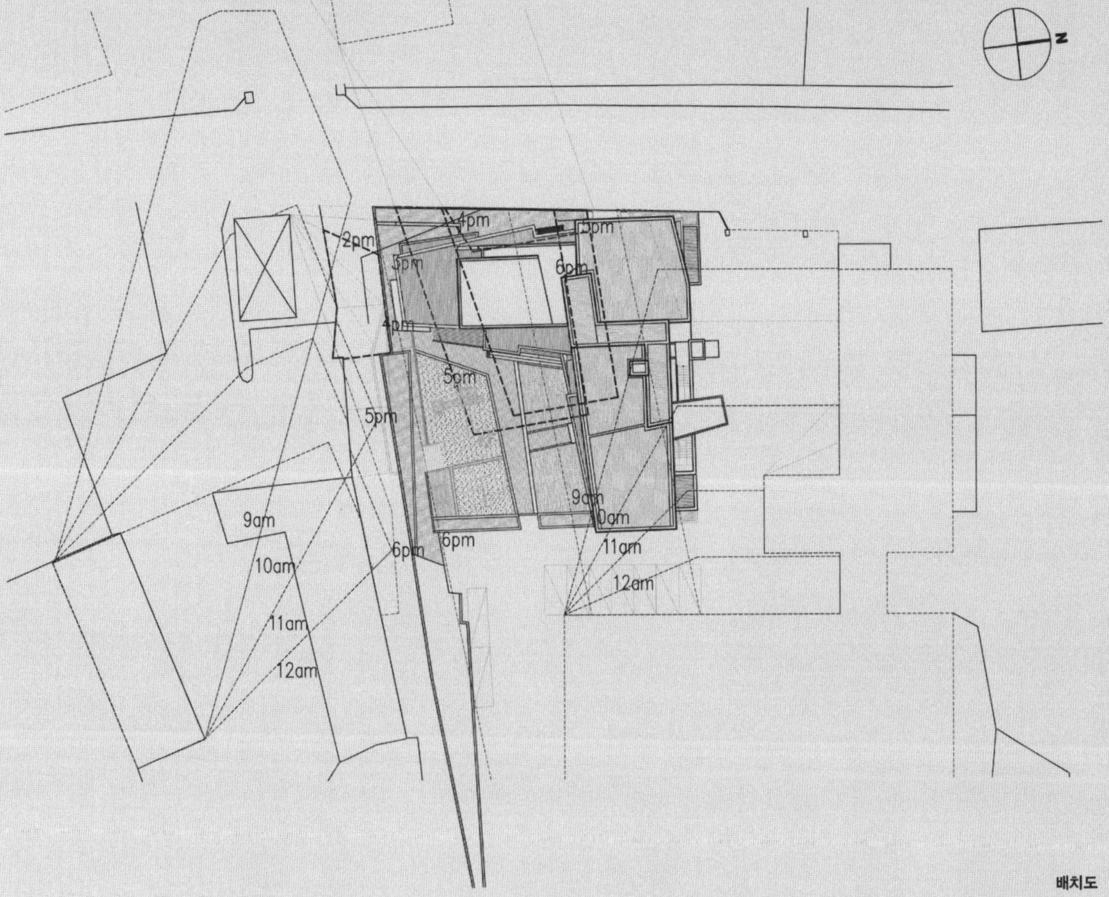

배치도

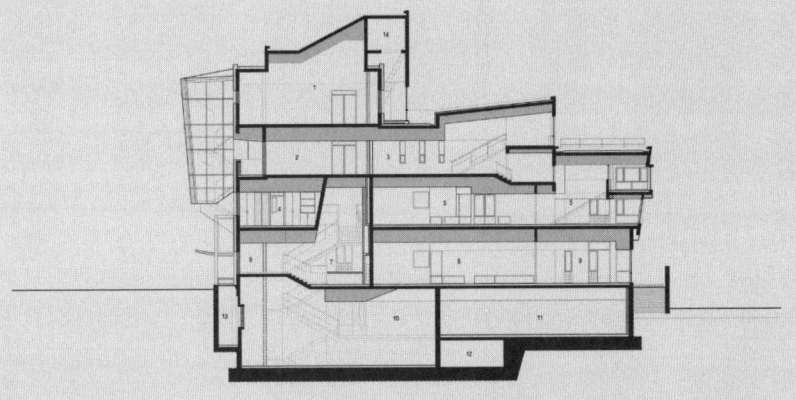

단면도

현상학으로서의 건축

김준성 | 아트레온 |

> 왜냐하면, 우리들은 우리들이 없는 곳에 있기 때문이다.
> — P. J. 주브Pierre Jean Jouve, 『서정Lyrique』, p.59.

영화 시네마천국의 한 장면 광장의 벽을 영화의 스크린으로 바꾸어놓았다.

G. 토르나토레Giuseppe Tornatore의 영화 〈시네마 천국Cinema Paradiso, 1988〉은 이탈리아 시골마을의 정경, 누구나 한번쯤 꿈꾸는 사랑이야기, E. 모리코네Ennio Morricone의 애잔한 음악 등으로 우리 모두의 가슴을 따뜻하게 한 영화다. 특히 4~50년대에 태어나 이제 5~60대가 된 분들 중 '헐리우드키드'[1]라면, 마치 자신의 어린 시절을 보는 듯해서, 그 감동의 깊이는 누구보다 더 진했을 것이다. 이 영화의 가장 근사한 장면. 영사기사 알프레도가 영화관에 미처 들어오지 못하고 광장에서 머뭇거리는 사람들을 위해 영사기를 조작하여, 광장의 벽을 영화의 스크린으로 바꾸어놓는 장면이다. 도시의 현실을 비현실적 현실로 만든, 참으로 유쾌한 장면이 아닐 수 없다. 현실의 시간을 비현실적 시간으로 조작한 죄의 벌로 그는 맹인이 되고, 그의 여생은 영화적 환상 속에서만 떠돌게 된다.

TV의 대중적 보급과 기술의 획기적 발달은 영화산업을 크게 위협했다. 영화는 이제 영화관에서 안방으로 옮겨갈 것이고, 겨우 100년의 역사만을 가

---

1. 『헐리우드키드의 생애』는 안정효의 소설. 정지영에 의해 영화화(1994)되기도 하였다.

졌음에도 불구하고 태어나기가 무섭게 획기적 발전을 거듭한 영화산업은, 이제 급격히 사양산업斜陽産業으로 전락할 것이라고 누구나 우려했다. 그러나 영화관들은 선명한 대형화면, 실제보다 더 실감나는 입체음향, 쾌적한 관람 분위기, 프로그램 선택의 다양성을 이룬 새로운 개념의 영화관 멀티플렉스로 서둘러 변신하고, 영화 자체도 촬영기술, 컴퓨터그래픽 등의 기술을 등에 업고, 거기에 부응한 블럭버스터, 애니메이션 등, TV는 도저히 따라갈 수 없는 영화의 개발을 부추겼다. 여기에 더하여 전문적 애호가를 위한 컬트 영화관이 출현하는 등 영화산업의 발 빠른 대응은 그 우려를 말끔히 씻었다. 여기에 동승한 한국 영화는 90년대에 들어서면서 제2의 전성기를 맞고 있다. 연일 관객 동원 수의 신기록이 깨어지더니 급기야 천만을 훌쩍 넘는 영화가 넷씩이나 생겨나는 이변(?)을 만들기도 한다.

거기에 발맞추어 우리 영화의 질적인 성장도 계속되어 베니스, 칸, 베를린 등 세계 유명 영화제에서 우리의 영화가 최고의 상을 받는다. 아직도 배고프고 고단하기는 하지만, 영화산업에 종사하는 것이 많은 젊은이들에게 가장 매력적인 직업으로 떠오르고 있다.

배고프고 고달팠던 시절, 유일하게 우리에게 꿈과 환상을 심어주었던 충무로의 '시네마 천국'들도 이제 모두 구태를 벗었다. 최근 시간과 공간까지도 넘어서는 DMB의 등장으로 이제 영화는 우리 일상생활의 일부가 되었다.

전통과 역사를 자랑하던 종로의 단성사, 퇴계로의 대한극장이 멀티플렉스관으로 바뀌었고, 50년을 버텨온 신촌의 신영극장 역시 이러한 물결에 동승하여 건축가 김준성에 의해 '아트레온'으로 변신한다. 내가 특히 '아트레

---

2. 아트레온은 50여 년의 역사를 자랑하는 한국 극장 역사의 산증인 신영극장이 그 전신이다. 아트레온(Artreon)은 'Art'(예술과 인공)와 'Recreation'(오락과 휴식)과 'Theatron'(구경하는 곳-theater의 어원)의 합성어로, 2000년 공모를 통해 새로 탄생된 이름이다. 아트레온은 그 의미대로 복합 영화관, 오픈 극장, 갤러리, 오프라인 모임 공간을 갖춘 종합 문화공간(Total Entertainment Building)으로 작동되기를 기대한다.

도시를 향한 스크린으로 계획된 유리 입면 ▪

온'을 주목하는 것은, 이 작업을 통해서, 그는 영화관의 본질을 지속적으로 탐색한 결과를 우리에게 내보이고 있기 때문이다. 이 질문은 "영화란 무엇인가"에서부터 시작되어 "영화관이란 어떠해야 하는가"로 귀착된다.

아트레온을 이야기하기 전에 먼저, S. 홀Steven Holl의 '영화궁전Pallazzo del Cinema, 베니스, 이탈리아 1990'을 먼저 이야기해보자. 베니스의 리도에서는 해마다 베니스영화제가 열린다. 1986년 강수연이 〈씨받이〉로 여우주연상을 받은 것을 시초로, 2002년 이창동 감독이 〈오아시스〉로 감독상을 받기도 한, 우리에게 익숙한 영화제이기도 하다. 1990년, 이 영화제를 위한 영화관 신축 국제설계경기가 벌어졌었다. 이탈리아의 A. 로시Aldo Rossi, 스페인의 R. 모네오Rafael Moneo, 노르웨이의 S. 펜Sverre Fehn, 영국의 J. 스털링James Stirling, 프랑스의 J. 누벨Jean Nouvel 그리고 미국을 대표한 S. 홀이 이 설계경기에 초대되었다. 90년대를 주도하던 세계적 건축가들이 망라된 한바탕의 건축 축제였다. 이 영화관은 이런저런 사정으로 실현되지는 않았지만, S. 홀의 출품작은 '건축'과 '영화'가 만나는 독특한 방법을 제안함으로써, 우리에게 신선한 충격을 주었다.

    S. 홀의 '영화궁전'의 건축공간 드라마는 베니스와 리도의 물길에 이어지는 장엄한 '도착공간'을 만나면서 시작된다. 상부에 있는 영화관들 사이의 틈으로부터의 반투명 빛으로 채워진 이 공간은 리도 커뮤니티를 위한 공공의 장소이며, 작가의 설명에 의하면, "베니스에 경의를 표하기 위함a homage to Venice"이라 한다. 시간에 따라 시시각각 변화하는, 햇빛과 물결의 출렁임이 만들어내는 이 공간의 감동은 바로 물의 도시 베니스에 대한 경외와 경이의 표현이기도 하고, '영화적 시간filmic time'과 '영화적 공간

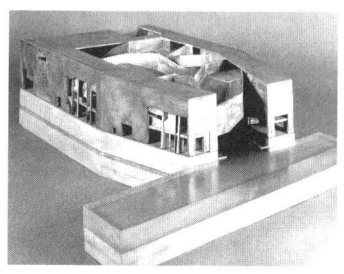

S. 홀의 수채화, 영화궁전 조감도

S. 홀의 수채화, 영화궁전의 도착공간

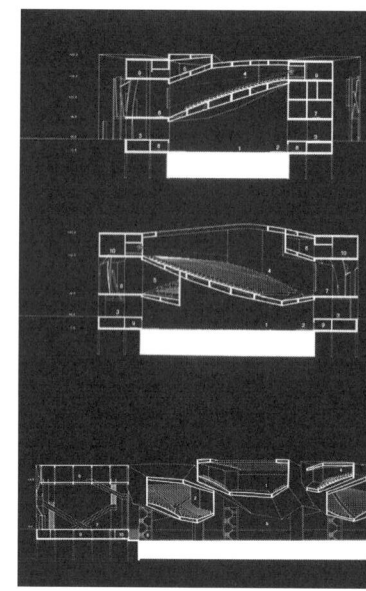

S. 홀, 영화궁전 단면도

---

3. S. 홀은 수채화를 자신의 건축 표현 수단으로 즐겨 사용한다. 수채화는 공간에서의 빛의 정교한 변화를 가장 잘 드러낼 수 있는 수단이기 때문일 것이다. 인간 지각의 치밀한 과학적인 탐색을 통하여, 빛과 사람의 지각이 공간 속에서 어떤 관계를 가지고 나타나는가를 치밀하게 추적한다. 결과된 그의 공간은 정신적인 것에 다다른다. Princeton Architectural Press에서 출판한 *Intertwining*(1996), *Anchoring*(1989) 등 두 권의 작품집 그리고 Birkhauser-Publishers for Architecture에서 출판한 *Parallax*(2000)를 통하여 그의 현상학적 건축철학과 탐구 과정 그리고 건축적 실천을 읽을 수 있다.

filmic space'을 위한 거대한 통vessel이기도 하다. 시간과 빛이 연출하는 끊임없이 변화하는 두 세계, '영화'와 '건축'은 공간에서의 빛과 시간에 대한 S. 홀의 세 가지 해석을 연결고리로 삼아 서로 행복하게 만나고 있다.

첫째, '영화'가 가지고 있는 '접히거나 확장된 시간collapsed and extended time'이 건축공간에 직조織造된다. 영화의 세계에서만이 가능한, 압축된 시간(20년의 현실 시간을 1분의 영화 시간으로), 또는 확장된 시간(4초의 현실 시간을 20분의 영화 시간으로)이다.

둘째, '투명한 시간diaphanous time'은 상부의 영화관 틈새공간fissure space을 통하여 아래 수면으로 떨어지는 태양빛의 반사로 표상된다. 잔물결에 반사하는 태양빛은 거대한 공공의 동굴洞窟에 생명을 부여한다.

셋째, 현실의 시간이기도 한 '절대 시간absolute time'은 투사된 태양빛의 광속光束, beam이 '입방체의 판테온cubic pantheon'의 로비를 가로질러 흐르게 한다.

공간에 투사된 빛, 그것이 수면에 반사되는 빛 그리고 그림자와 그늘 속의 빛들은 이 집을 구성하는 프로그램이 된다. 주어진 프로그램이 요구하는 기능을 건축공간에서 해결하는 것과도 같이 이들 세 종류의 시간은 공간에서 빛을 매개로 동시에 성취된다.

마치 병 모양bottle shape을 닮은 건물의 틀은 베니스의 바다(석호潟湖, lagoon)를 향해 입을 벌리고 있는 것 같다. 상부에 매달려 있는 듯한 영화관들은 이 틀 속에 서로 맞물려 있고 서로 약간씩 어긋나 있어, 아래 수면으로 햇빛을 투과할 수 있도록 틈새를 가지게 했다. 이 틈새를 통한 빛들이 도착공간의 현상을 끊임없이 장엄하게 변화시킨다. '투명한 시간'의 공간화이다.

이 공간을 지나, 그 끝머리에 있는 로비에 이른다. 물론 이 로비는 바다와 육지 양면에 열려 있다. 관객들에게 위층 영화관의 로비로 이어진 에스컬레이터를 오르며, 카페와 아드리아해를 내려다보게 한다. 그리고 영화관들이 서로 엇물려 짜여진 영화관 전용 로비를 통해 각각의 영화관으로 들어선다. 이러한 움직임은 '절대시간'의 공간화이다.

어떤 영화관에서는 스크린이 제거되기도 하여, 영화의 이미지는 뒤틀린 외부의 콘크리트 벽에 투사된다. 영화 이미지는 잘게 잘라진 색깔과 빛으로 외부의 벽에 드러난다. 여기서 영화 이미지는 건축의 파편화한 공간 속에서 타들어간다. 이러한 조작은 바로 '접히고 확장된 영화적 시간'의 건축화이다.

이쯤에서 아트레온을 이야기하자. 대부분의 영화관이 영화가 상영되는 블랙박스들과 그것들을 지원하기 위한 공간들의 합리적인 배열에만 열중하고 있을 때, 김준성의 태도는 사뭇 다르다. S. 홀과도 같이, '영화의 본질'을 건축화하려 한다.

극장, 특히 영화를 상영하는 영화관은 소등이 된 다음에야 그 본래의 기능이 시작된다. 영화가 상영되기 전까지 관객들이 가지고 있던 다양한 기대와 의혹은 어둠에 의해 사라지게 된다. 그러므로 불이 꺼지고 필름이 돌아가는 순간부터 영화관의 물리적 공간은 그 존재 의미는 없어지고, 오로지 스크린에 투사된 이미지와 내러티브만이 프로그램의 의미를 확인해주는 지표가 된다.

김준성은 건물 전체를 하나의 영화로 변용시키려 한다. 영상을 맺기 위해 필요한 '이미지의 분사'와 '스크린'이 영화cinema를 상징하는 빈 블랙박스 안에서만 일어나는 것이 아닌 건물 전체의 어휘로서 출발한다. 대로와 경계에 있는 건물의 입면 자체가 도시를 향한 스크린이며, 투과되고 맺히는 영상의 왜곡distortion을 위해, 그 입면은 굽이쳐 건물의 내부로 삽입시킨다. 그리고 이 입면 스크린과 또 다른 각자의 내부 스크린들과 그 사이에 영사실을 담아야 할 코발트블루의 수직 스터코 벽을 위치시켜서, 전면 스크린의 투명·반투명한 유리의 조합과 어우러져 낮과 밤에 다른 풍경을 만들어낸다.

지상 1층을 대중을 위한 열린 놀이마당의 장소로 비워놓아 장소의 특수성과 스크린의 가벼움을 강조하고 있고, 최상부에 복층의 갤러리와 옥상정원을 두어 이 건물은 하나의 복합 문화시설로 계획되었다. 후면의 메탈 패널metal panel, 노출된 덕트duct, 투명한 콘크리트 바닥 및 벽체…… 이 모든 재료들은 전면부의 유리 커튼월curtain wall과 어울려 첨단기술과 원시가 공존하는 공간으로 연출된다.

어떻게 보면, 도시 그리고 건축이 모두 이들 영화와도 같다. 빛과 어둠이 만드는 실체와 투사된 이미지의 허상 사이의 갈등은 바로 현대 도시공간의 속성이기도 하기 때문이다. 물질과 비물질, 실상과 허상, 현실과 비현실의 양극성이 도시공간에 공존하고 있기 때문이다. 그것은 밤과 낮과 같은 물리적 시간과 빛의 차이에 의해 드러나기도 하고, 우리의 심상의 변화에 따라 감지되기도 한다. 즉 도시의 물리적 공간은 밤이 되면서 실체로서의 공간은 사라지고 내외부에 투사된 빛의 이미지로 파악되며, 공간의 구조는 낮과는 전혀 다른 부유하는 허상과도 같이 왜곡·파편화된다.

이런 뜻으로 김준성에게 영화관은 하나의 도시와도 같고, 우주와도 같다. 이 공간 속의 시간은 우리가 만나는 비현실적 현실이며, 현실적 비현실이기도 하다.

여기서 우리는 건축의 하나의 중요한 태도를 만날 수 있다. 건축의 본질은 공간과 시간에 있다고 이야기되어왔다. 하지만, 지금까지 건축이 공간 그리고 그것의 형태에 너무 경도되어 조형예술로만 인식되어왔음 또한 사실이며, 이런 와중에 우리는 건축이 가지고 있는 다른 반면半面인 시간성을 한참 동안 잊고 있었다. 이제, 건축의 시간성에 등가等價의 주목이 필요하다. 다시 말하면, S. 기디온Sigfried Giedion이 명저 『시간, 공간 그리고 건축Time, Space and Architecture』에서 역설하듯, 건축이 "공간+시간"이라는 데 이의가 있는 것은 아니지만, 이 두 요소를 너무 분리하여 생각해왔다는 함정에서 벗어나려는 태도이기도 하다. 건축에서 공간과 시간이 함께 융용되어 있을 때만이 그것의 본질에 다가설 수 있기 때문이다.

이런 뜻에서 변화하는 시간에 따라 변화하는 건축공간의 상대적 가치를 추구하는 것이 현상학으로서의 건축이다. 어떤 특별한 순간, 우리의

내부공간에 삽입된 굽이치는 건물의 입면 ■

어떤 특별한 심리적 상태에서, 우리의 움직임 그리고 모든 감각의 영역이 공간을 포함한 건축의 모든 것과 충돌하는 극적인 상태를 주목하는 것이다.

현상학적 건축이라고 하면 조금은 생소하여, 꽤 어렵게 들리는 철학적 사고를 동반하는 디자인 전략으로 들린다. 그러나 돌이켜보면, 그것은 존재론存在論에 대비되는, 인식에 관한 또 다른 방법론으로서 이것 역시 인간, 그 실존 자체에 대한 앎에 도달하는 또 하나의 통로이다. 이성 체계와는 별도로 작동되는 인간 고유의 지각작용知覺作用에 의지하여, 존재하는 많은 현상을 인지하는 것이기 때문이다. 그래서 현상학은 존재론에 비해 경직되어 있지 않다. 다만 이것이 건축적 접근의 영역으로 이어지면서 절대적 가치를 추구한다기보다는 각 개인의 경험의 축적에 기인해 서로 달라질 수밖에 없는 상대적 가치를 우선적으로 주목하는 것이기 때문에 적이 조심스러울 뿐이다.

김준성의 '아트레온'은 영화를 빙자하고는 있지만, 실은 우리의 지각작용에 기인해 존재하는 시간들, 직선적이고 획일적인 시간만이 아닌 의식의 시간까지도 주목한 건축이며, 이는 건축이 가지고 있는 또 다른 지평을 우리에게 선사하고 있다.

시간의 건축을 생각하며 Y. 비노쿠로프Yevgeny Vinokurov의 시를 다시 읽는다.

가끔 나는 책을 한 권 쓰고 싶은 충동을 느낀다.
전적으로 시간에 대한,
시간이 존재하지 않는 방식에 대한,
그리고 과거와 미래가
하나의 연속된 현재가 되는 방식에 대한 책을.
나는 모든 사람들 – 살고 있는 사람,
  살아온 사람,
그리고 앞으로 살아갈 사람들 – 은 현재에 살아 있다고 생각한다.

마치 군인이 소총을 분해하듯이,

나는 시간이라는 주제를 조각조각으로 나누어 다루고 싶다.

Sometimes, I'd like to write a book

A book all about time

About how it doesn't exist,

How the past and future

Are one continuous present.

I think that all people-those living,

    those who have lived

And those who are still to live-are alive now.

I should like to take that subject to pieces,

Like a soldier dismantling his rifle.

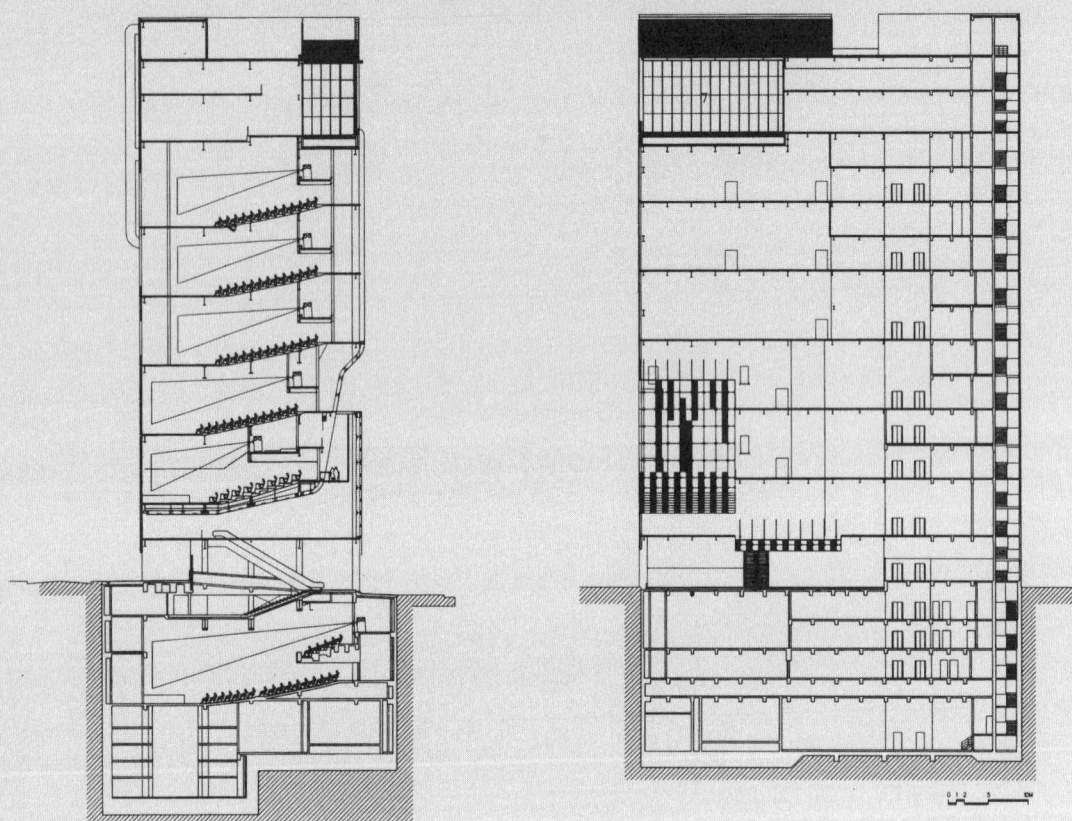

단면도

아트레온

위치 서울특별시 서대문구 창천동 20-25 **지역·지구** 일반상업지역, 미관지구(2종), 도시설계지구, 방화지구 **용도** 문화 및 집회시설, 근린생활시설 **대지면적** 1,410.10㎡ **건축면적** 870.01㎡ **연면적** 12,088.96㎡(지상층 - 8,650.91㎡ / 지하층 - 3,438.05㎡) **건폐율** 61.69 % **용적률** 610.63 % **규모** 지하 4층, 지상 15층 **구조** 철근콘크리트+철골 구조 **외부마감** THK12 강화유리(S.P. G공법), THK24 로이복층유리, THK0.8알미늄 굴곡쉬트, 노출콘크리트 **내부마감** 석고보드 위 아티고스타쿠, THK25텍텀흡음판 위 난연탄성페인트, 콘크리트구체 기계마감 후 우레탄방진바닥재(투명) **설계담당** 서영호, 한성희, 고봉석, 김미희, 이은수, 이재영, 김수영, 박세후, 김하윤 **인테리어** 범건축(김순성, 송선화, 김수영) **구조설계** 정일구조(김문곤) **전기설계** 한양TEC(김현득) **설비설계** 신한기연(우태성) **건축주** (주)신영극장 **시공사** (주)이수종합건설(소장: 주완갑) **감리** 범건축(김준섭)

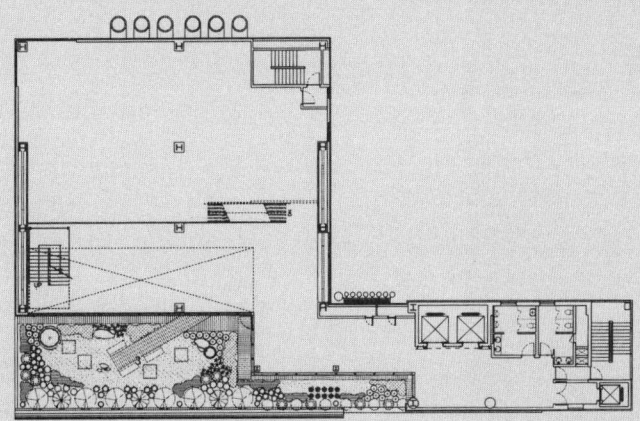

13층 평면도

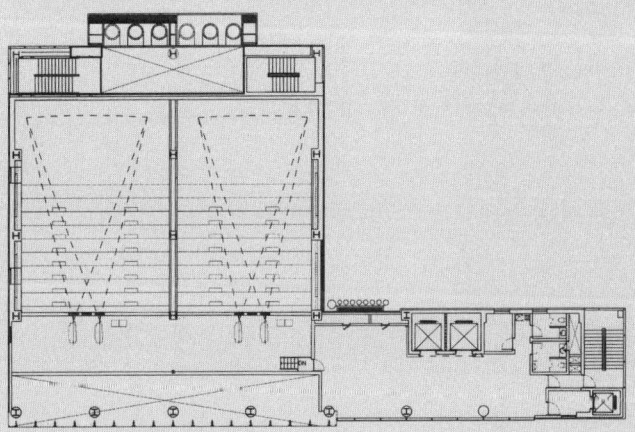

12층 평면도

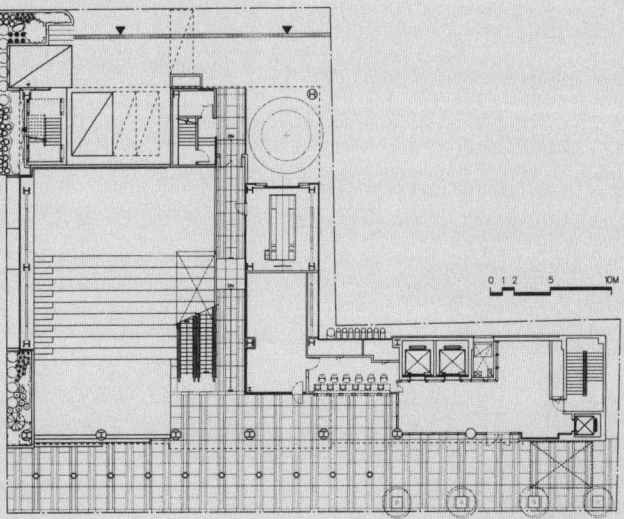

1층 평면도

행위가 현상으로 재현되는 공간

김종규 | 카이스갤러리

서울 청담동 고급 패션의 '로데오거리'는 화려하고 세련된 집들이 가로에 즐비하다. 각각은 나름대로의 독특한 감각이 두드러지지만, 제 잘남만을 으스대는 이들이 조합된 거리는 조화로움을 포기하는 정도를 훨씬 넘어 볼썽사납기조차 하다.

여기에 구태여 찾지 않으면 잘 보이지 않는 집 하나가 루이뷔통과 캘빈클라인의 틈새에 자기의 표정을 지우고 조용히 서 있다. 박판薄板의 표피는 마치 이들 집들의 배경이 되려는 듯하고, 특히 상층부의 반투명 유리의 표면은 하늘과의 경계마저도 지우려 한다.

20세기 모더니즘의 도시개발은 도시계획가urban planner에 의해, 거주居住, habitation, 작업作業, work, 운송運送, transportation 또는 서비스service, 그리고 여가선용餘暇善用, recreation 등의 구역을 평면적으로 나누고zoning, 이들 나누어진 구역을 잇는 도로조직망을 만들며, 그 길들을 따라 필지를 구획한 다음, 드디어 건축가가 개입되어 거기에 걸맞은 건물을 세워왔다.

한동안 우리는 이러한 도시계획의 방법론을 여과 없이 적용해왔고 필지가 확정된 후에야 건축가가 개입하게 되면서, 우리 도시의 모든 건물들은 모두들 제 나름대로의 특별한 형태 만들기에만 관심이 집중되었고, 그런 연유로 이들 모두는 유아독존唯我獨尊격 오브제가 될 수밖에 없었다.

이러한 논리와 과정의 결과로서 건축가는 단순히 형태 디자이너로

청담동 로데오거리 풍경

전락했고, 우리의 건축은 건축가 자신만의 형태논리에 집착하여 경직화되고 파편화破片化되어왔다. 그것들은 급격하게 변화하는 새로운 조건에 대응하기 어려울 뿐 아니라 더욱이 이들이 자본주의적 경제의 논리에 편승하였을 때, 건축은 도시의 풍경을 혼란함과 조악함으로 몰고 가는 주범主犯의 혐의가 짙다.

우리의 도시가 흔히 조화롭지 못한 도시, 혼돈의 도시라 비판받는 것은 바로 이러한 도시개발 시스템이 가지고 있는 태생적 한계 때문일 것이다. 우리는 이곳, '로데오거리'에서 그 극단적인 실례를 보고 있다.

카이스갤러리에서 건축가 김종규가 드러낸 태도는 이러한 현대도시의 방법론과는 사뭇 다르다. 스스로 자신의 모습을 구태여 드러내 보이지 않으려 하고, 오히려 주변의 오브제화한 건물들의 배경이 되어 이들을 무언가로 엮어 서로의 관계를 맺어주고자 한다.

이민아는 이 집을 이렇게 쓰고 있다.

…… 한 가지 종류의 선으로 인쇄되어진 듯한 집. 선 굵기가 통일된 단일 레이어layer로 강약 없이, 다 강하게 혹은 전부 약하게 그려진 집이다. 작가가 디자인을 의도하지 않은 것인지, 의도하지 않은 것처럼 보이도록, 무심했던 것처럼 보이도록 어눌하게 계획한 것인지 이 집은 정면성正面性이 없다(이민아, 「단일 레이어로 그려진 집」, 『이상건축』, 2001. 6, p.88).

물론 이 집의 대지가 가진 열악한(?) 조건이 그리하기로 작정하게 했는지 모른다. ㄷ자형의 대지는 좁다란 이면도로에 양 단端만 겨우 접하고 있으며, 대지 경계선들 모두가 건축 법규에 어느 하나 자유롭지 못하다. 더욱이 중앙부에는 천한 몸짓을 보이고 있는 피상적이고 조잡한 신고전주의 양식의 상업 건물이 들어앉아 있었기 때문이었을까?

이러한 단편적 의문은 김종규가 지금까지 천착한 건축을 살펴보면 그리 어렵지 않게 풀린다. '건축들이 모여 하나의 특질 있는 환경을 만든

카이스갤러리 출입공간, 계단과 필로티 공간으로 도시와의 경계를 유연하게 지운다 ■

패널이 벽에 걸린 것이 아니라 벽 자체에 각인한 듯이 함몰되어 공간과 함께 자율성을 가지고 움직인다 "

다'는 근대적 의지에서부터 '환경 또는 땅의 조건들에서 건축이 도출導出되어야 한다'는 건축을 보는 태도의 큰 전환에서 기인한 것이다. 즉 건축을 하나의 오브제로 보기보다는 환경을 구성하는 하나의 인자因子로 보는 것이며, 따라서 건축 자체보다는 건축과 건축, 건축과 주변 환경과의 관계를 더 주목한다. 집의 모양을 작가의 의지대로 상상해 그려내기보다 우선 환경을 잘 살피고, 그 살핀 결과에서 도출된 조건들로 집을 만든다. 이것이 한동안 환경과 끊임없이 서로 주고받으며 세련되어가서 어느 날, 이 집도 주변의 환경을 구성하는 한 인자로 근사하게 변용變容되기를 기대하는 것이다. 환경의 창조보다는 기존의 환경에 대한 윤리의식에 충실하려는 획기적인 태도의 전환이다.

그래서 카이스갤러리는 대지가 이미 가지고 있던 제한조건들을 한 가지도 놓치지 않고 붙들어 매어 예민한 관계를 맺도록 새롭게 편집하고 있다. 결국 김종규가 이루고자 한 것은 집의 형상이 아니라 땅의 건너편과의 상대적 관계들이고 그래서 대지 경계선은 유연하게 와해된다. 주어진 조건이 만든 표피가 품고 있는 이 집 속의 모든 공간과 동선의 조직 또한 우리의 근대적 편견을 한 발짝 넘어서고 있다.

이 집의 동선은 위계位階, hierarchy나 체계體系, system를 구태여 가지고 있지 않다. 그래서 이 집의 동선은 예상한 흐름에 조금씩 비껴서 있고, 그때마다 우리에게 특별한 풍경을 보여준다. 그것은 특별한 풍경이 아닐지도 모른다. 오히려 일상의 풍경을 새롭게 보도록 만든 것이다.

부유富有한 도시의 부유浮遊하는 모습을 아주 낮은 틀을 짜서 보여주기도 하고, 일곱 그루 자작나무의 표피는 옆집의 검은 벽을 배경으로 더욱 하얗게 빛나 이국적인 회화적 풍경을 만들기도 하며, 갑자기 녹슨 강판鋼板의 벽과 맞닿은 살벌하게 좁은 골목에서 고개를 들면 조각난 도시의 하늘을 신선하게 만나기도 한다. 이렇게 동선을 따라 정밀하게 편집된 풍경들을 엮어서 몇 장의 스틸사진을 동영상動映像처럼 연속시켜 보여줌으로써, 우리의 일상을 깨어 있게 하는 강한 힘으로 작용하고 있다.

카이스갤러리 개관전, 민병헌 사진전

작업 중인 이우환 1997, 이우환 문서 보관소. 행위가 현상으로 재현되는 가능성으로 충일한 공간이다.

이들 동선을 따라 마주치는 공간들은 짐짓 중성적인 몸짓을 보이는 듯하다. 하지만 법규의 제한된 조건에서 기인된 복잡하게 얽힌 사선斜線들, 사면斜面들, 시간에 따라 색깔을 달리하는 자연광, 그리고 재료들의 물성物性이 결합하여 특별함을 스스로 획득하고 있다. 그래서 그는 시간성을 본래적으로 내포하고 있는 내후성강관耐候性鋼板, corten steel plate과 노출콘크리트, 자작나무 합판 그리고 반투명 유리 등을 선정할 수밖에 없었을 것이다.

여기에 더하여 공간들이 통상적이지 않은 방법으로 연결되어 있음으로 해서 이들 사이의 접점들, 예각들, 이들이 만든 틈새들은 이들 속에서 움직이는 우리를 끊임없이 상상하게 하고 습관화된 우리의 일상적 관습에 안주하지 못하도록 긁어대고 있다. 그래서 이러한 전시공간과 전시물의 관계는 역동적이며, 그들 사이에 지속적인 갈등을 유발한다.

개관전開館展으로 초대된 민병헌의 사진작품의 본질적 성격이 그러하기도 했지만, 패널이 벽에 걸린 것이 아니라 벽 자체에 각인刻印한 듯이 함몰되어 공간과 함께 지속적으로 자율성을 가지고 움직인다. 이 전시가 끝나면 언제라도 함께 끝나버릴 것 같은 위기감마저 예상케 했지만, 두번째 '타임 프렌티스Time Prentice'의 설치전도 같은 아우라aura를 만들고 있음을 보아 다른 전시가 계속되어도 지속될 수 있는 이 공간만이 가지는 본연의 질이 도사리고 있음을 안다.

작업 중인 J. 폴록(Jackson Pollock) H. 네이머스(H. Namuth) 사진, 1950.

이는 김종규가 갤러리라는 공간을 디자인한 것이 아니라 관계와 상황을 디자인했기 때문에 가능한 것이다. 따라서 이곳에서의 공간, 전시물, 관객이라는 분류는 무의미해진다. 작가의 작품이 전시되어 있다기보다는 오히려 갤러리 자체가 작품의 협조를 받은 전시물일 수도 있다. 그래서 바닥을 밟고, 계단을 오른다는 느낌보다는 진행 중인 설치미술의 중심으로 걸어 들어가 공간과 작품과 관객이 일체화하여 안정될 때까지 갈등 상황을 매순간 만들어내고 있다. 이는 이러한 3자의 만남이 고양되는 순간을 위한 일종의 의식儀式이고, 그래서 이곳은 행위行爲, performance가 현상現象, appearance으로 재현再現, representation되는 가능성으로 충일充溢한 공간이다.

사면들이 만드는 예각의 공간 ▪ 예각의 공간들 틈새에 수직 돎서욷 놓늗ㄷㅏ ▪
강판의 벽들과 콘크리트 면으로 둘러싸인, 하늘로 열리는 공간_오른쪽 면 ▪

모더니즘의 관점에서 판단한다면 김종규가 카이스갤러리에서 내보인 태도는 일견 지극히 소극적이다. '이것을 중요하게 본다' 또는 '이런 점을 강조하고 싶다'든가, '이렇게 되어야만 한다' 등 선언적 이야기를 하지 않기 때문이다.

그는 우리에게 이미 익숙해져버린 근대적 논리에 의해 전체화全體化를 그리는 사고는 모두 거부한다. 이곳에서 공간, 흐름, 관계 등의 조직은 단일한 원점으로부터 나뉘어가는 나무 모양의 체계를 가지는 위계도 아니고, 역으로 원점도 계층도 갖지 않는 분산적인 곁뿌리 모양의 다수성도 아니다. 이 나무·곁뿌리, 혹은 하나·다수, 통일·분산의 이분법적 쌍을 빠져나가서, 끊임없는 차이화差異化와 인자 간의 횡단 결합에 의해 생성 변화를 계속하는 혼합된 망상網狀조직을 가지는 근경적根莖的 다원체이다. 이 다원체의 원소들 상호 간에서 발원한 힘과 힘의 차이가 운동을 생산한다. 바로 그 차이야말로 이를 역동적이게 하는 원동력이며, 상황에 따라 달리하는 결합의 움직임에 의해 항상 자기를 재생산하는 동적 구조이다. 그렇게 보면 이것은 움직이게 하는 것·움직이는 것, 본질·현상, 심층·표층이라는 단순 이원론을 넘어서고 있다. G. 루카치György Lukács, 1885~1971가 I. 칸트Immanuel Kant, 1724~1804의 '물자체物自體'를 강하게 비판했듯이 현상으로부터 본질을, 경험으로부터 사유를, 내용으로부터 형식을 분리시키는 것은 인간의 인식능력에 방해만 될 뿐이기 때문이다.

이러한 비선언적 논리는 오히려 더 적극적 선언일 수 있다. 김종규가 가진 본질에 대한 확신이 아직은 일반적 공감을 얻지 못했다 하더라도 "……을 했을 뿐이다"라는 작은 목소리는 기계시대, 기능주의, 합리주의 이어 포스트모더니즘 그리고 해체주의에 이르는 20세기의 가치들과 실험들을 넘어 새로운 지평을 여는, 지금 이 시대와 우리의 도시를 향한 강한 선언인지도 모른다.

런던 사치 갤러리(Saatchi gallery)

1. 이우환의 신체는…… 세계와 만나는 신체이며 사유와 한 몸이 된 점에서 현상학적 신체이다…… 지표적(index) 기호의 형상(icon)화 즉 행위가 현상으로 '재현' 되는 가능성이다(강태희, 「이우환의 신체」, 『현대미술의 또 다른 지평』, 시공사, 2000, pp.29-31).

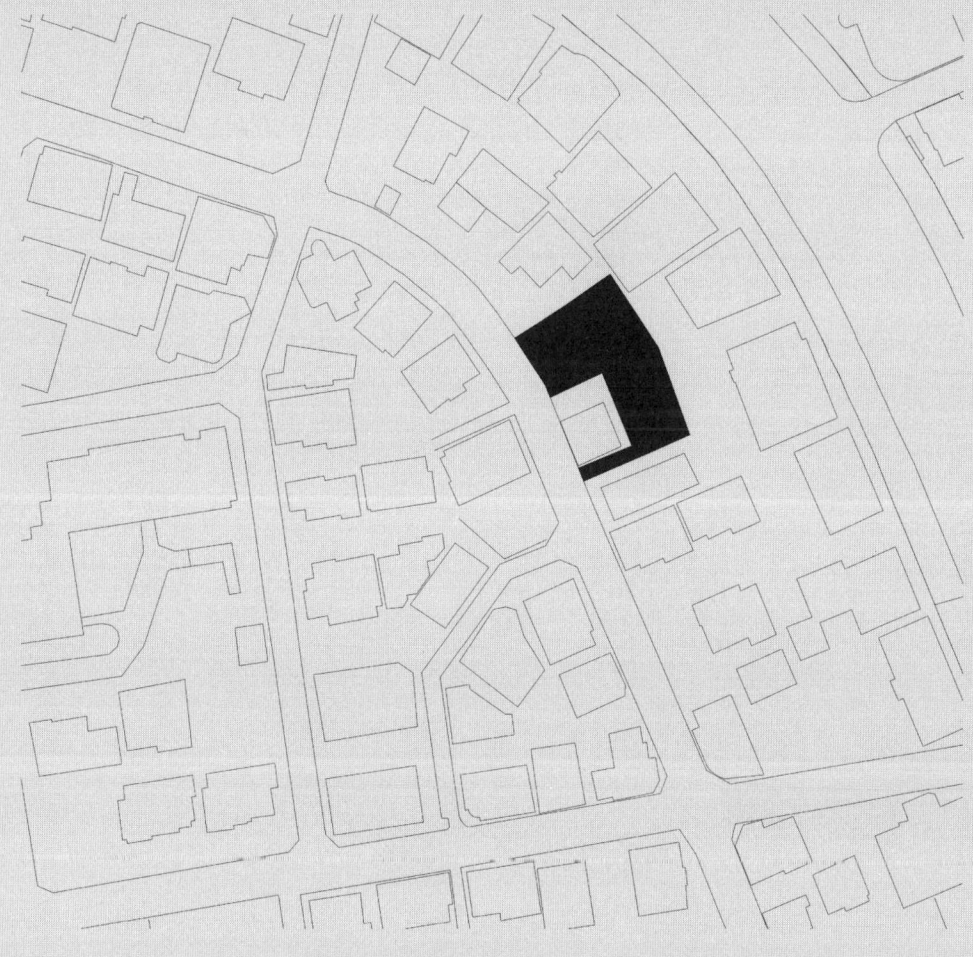

배치도

카이스갤러리 **위치** 서울 강남구 청담동 99-5, 99-6, 99-8 **지구** 일반주거지역, 도시설계지구 **용도** 전시실 **대지면적** 613.30m²(185.52평) **건축면적** 353.12m²(106.82평) **연면적** 1,341.39m²(405.77평) **건폐율** 57.58% **용적률** 156.37% **구조** 철골철근콘크리트 구조 **규모** 지상 4층, 지하 1층 **외부마감** 노출콘크리트, 무도장 내후성강판, 유리 **내부마감** 석고보드 위 수성페인트, 자작나무 합판, 압축성형 시멘트 패널 **설계 및 감리** M.A.R.U 건축사사무소 **설계참여** 박경선, 김근민, 이원석 **감리참여** 박경선, 유형천 **시공사** 삼협종합건설 **전기설비설계** 청송전기설계사무소 **기계설비설계** (주)보우기술공사 **조명** 뉴라이트 **설계기간** 1999. 9~2000. 3 **공사기간** 2000. 4~2001. 4

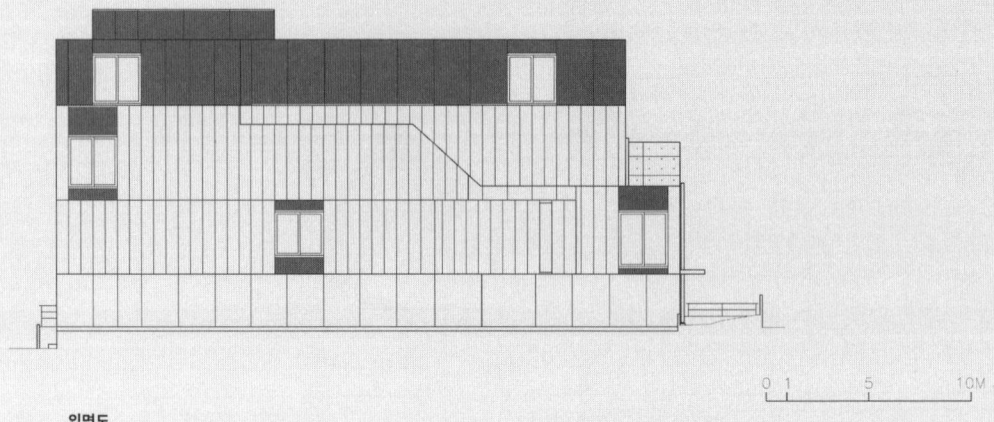

입면도

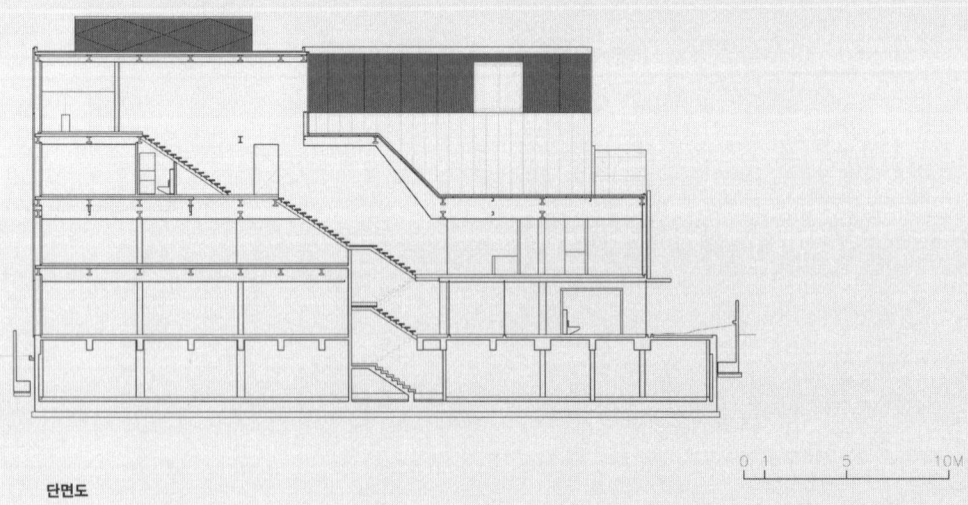

단면도

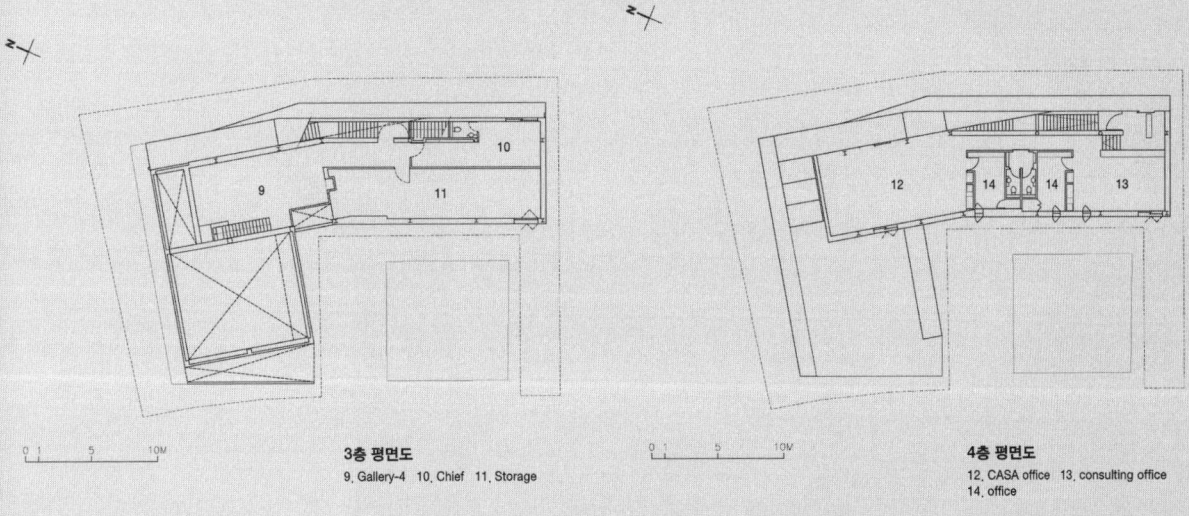

3층 평면도
9. Gallery-4 10. Chief 11. Storage

4층 평면도
12. CASA office 13. consulting office
14. office

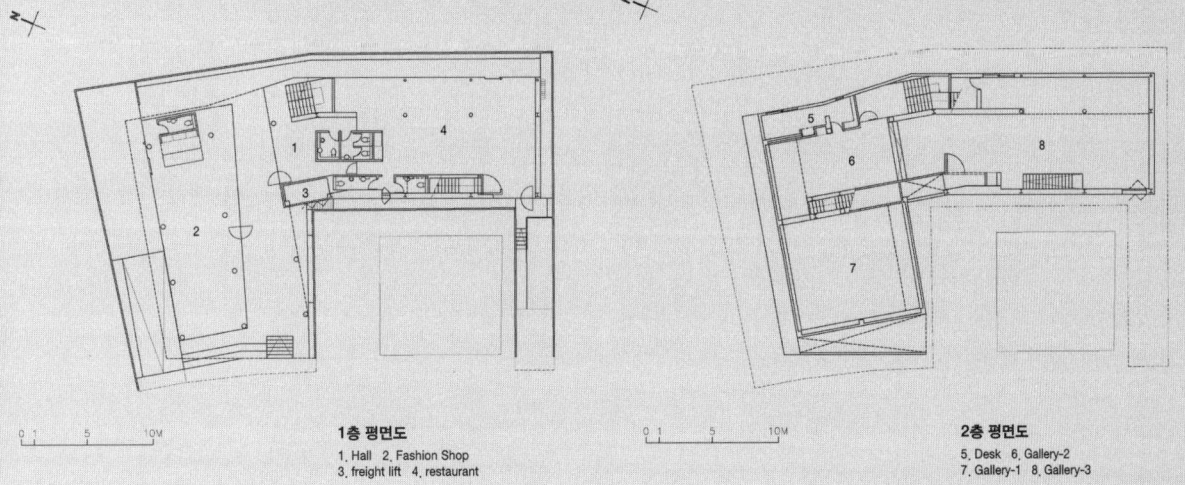

1층 평면도
1. Hall 2. Fashion Shop
3. freight lift 4. restaurant

2층 평면도
5. Desk 6. Gallery-2
7. Gallery-1 8. Gallery-3

오감으로 체득되는 건축

최욱 | 두가헌 |

자판기에서 커피를 빼 마실 때마다, 울컥 욕지기가 내 속을 뒤집는다. 매번 "이놈의 종이 잔!"을 탓하는 성깔이 꼭 뒤따른다. 그냥 후루룩 마시면 될 것을, 동전 몇 개짜리의 커피를 마시며 우아한 커피 잔을 요구한다는 게 걸맞지 않은 호사이기는 하다.

그러나 찬찬히 들여다보면, 이게 참 잘도 만들어졌음을 느낀다. 최소한의 재료를 사용하면서도, 윗부분과 아랫부분을 살짝 말고 접어서 텐션 링tension ring을 만들어 강한 구조를 이루고 있으며, 적절한 각도를 가지고 점차 넓어져서 고개를 젖히지 않고서도 커피를 말끔히 마실 수 있게 되어 있다. 이 잔으로 우리 주변에 범람하는 어떤 음료를 담아 마셔도 그리 나쁘게 없다. 바쁜 현대생활에 이것저것 잔을 가려서 마실 수는 없는 일이다. 편리하고, 싸고, 그래서 버려도 별 부담이 없는 일회용. 자본주의의 소비사회를 무겁게 비판할 수도 있지만, 그 기능성을 상찬賞讚하면서 견딘다.

하지만, 항상 씁쓸한 마음을 지울 수 없다. 종이 잔에 맥주를 마시거나, 막걸리를 마셔본 사람은 내 욕지기를 어느 정도는 이해할 수 있을 것이다. 모든 음료는 그 음료에 알맞은 잔이 있기 마련이고, 그것을 즐기는 많은 부분은 그 잔에 있기 때문이다.

최욱은 술잔 콜렉터이다. 그가 직접 운영하는 카페 '바로baro'에 가보면, 그의 미묘함을 즐기는 취향이 그대로 드러난다. 여러 가지 잔들, 특히 이 집이 자랑하는 싱글 몰트 위스키single malt whisky를 위한 여러 디자인의 자그마한 잔들이 앙증스럽게 진열되어 있다. 여기서는 잔을 바꾸어가며, 그 잔에 알맞은 위스키를 즐길 수 있다. 위스키를 즐기는 것인지, 잔의 감각을 즐기는 것인지 선후가 모호해질 정도이다.

건축가가 이런 특별한 취미를 가진 것이 이상하게 들릴지 모르지만, 최욱에게는 술잔에 관한 특별한 일가견이 있다. 그래서 그가 수집한 술잔은 모두들 특별한 디자인이며, 주종酒種에 따라 그 특별함이 두드러진다. 와인 잔에 대한 그의 근사한 설명을 들어보자.

우선 와인 잔의 아름다운 형태를 눈으로 즐긴다.
와인을 부으며,
잔잔한 물결에 흔들리는 와인 컬러가 따뜻한 조명에 빛나는
잔의 아름다운 곡선을 즐긴다.
그것을 든다. 손에 전달되는 가뿐한 무게감.
잔을 부딪치는 명징한 소리는 우리의 귀를 즐겁게 한다.
잔을 들어, 입에 다가가면서, 코에 스미는 향기를 즐긴다.
그리고 입술에 닿는 예리한 잔의 감촉.
마신다. 드디어 입속에서 와인을 굴리며 혀의 온 표피를 자극하는 맛.
이 맛은 목젖을 넘어, 가슴을 지나 발끝에 이르면서 온 몸을 적신다.
그리고 우리는 그윽이 취한다.

이렇듯 와인 잔 하나에도 우리의 모든 감각을 자극하는 요소들이 있는 법이다. 이에 비한다면, 종이 잔은 얼마나 기능주의인가. 이런 이야기로부터 시작하는 것은, 우리 주변에 종이 잔 같은 기능주의 건축이 마치 종이 잔 같이 범람하고 있기 때문이다. 그것은 편리할지 모르지만 감동적이지 않다.

두가헌斗佳軒은 서울 사간동의 경복궁 동편에 위치한 현대갤러리 안쪽에 깊게 자리하고 있다. 행길에서 주차장을 건너 이 집에 다가가면서 만나는 흰

두가헌의 마당 ▪

벽에 길게 뚫린 창은 이 집의 "안"을 기대하기에 충분하다. 슬쩍 올려다 보이는 이 공간은 빛이 적절히 절제되어 있어 조금은 어둡지만 아늑함이 감지된다.

오른쪽 귀퉁이에 있는 작은 월문을 지나 마당에 들어선다. 다른 세계다. 은행나무는 너무 크게 자라 조금은 부담스럽지만, 건너편의 담장 너머 하늘이 열려 있어 그리 크지 않은 마당이지만 넉넉하다. 마당을 사이에 둔 두 건물은 시대와 양식이 아주 대조적인 것들이다. 정확한 연대를 알 수 없지만, 조선시대 말기에 지어졌으리라 추정되는 한옥과 양옥이다. 역사적인 건물이 그 양식이 크게 다르더라도 서로 어울릴 수 있는 이유는, 바로 연륜年輪이 깊었기 때문일 것이다. 시간은 언제나 대립과 갈등의 상처를 치유할 수 있는가보다. 이들이 마주하고 있다는 것 자체가 시간의 기록이다.

역사적인 건물을 손질하는 태도는 보존保存, conservation과 보전保全, preservation의 두 가지 방법으로 나뉜다. 보존은 건조물이나 도시구조의 문화재文化財적 가치를 평가하여, 이것을 현재의 상태 그대로 또는 필요한 경우에는 현재의 상태와 동일한 소재를 사용하여 최소한의 구조 보강 등을 행하여, 대상이 가지고 있는 특성을 동결적凍結的으로 유지해가는 것을 일컫는다. 이에 반하여 보전은 건조물이나 도시구조의 역사적 가치를 존중하여, 그 기능을 계속해서 유지시켜, 필요한 경우에는 적절한 개입을 행함에 따라 현대에 적합하도록 재생·강화·개선하는 것을 포함한 행위를 일컫는다.

보존해야 할 문화재적 가치를 갖는 특별한 건조물을 제외한다면, 지속적으로 변화를 계속하는 살아 있는 도시와 건축은 끊임없는 신진대사新陳代謝가 필수적이다. 옛것에 새로운 삶의 형식을 부여하여 살아 있는 현재적 문화를 역사에 끊임없이 편입시켜가는 과정 자체가 바로 도시이기 때문이다.

두가헌의 두 건물은 그 자체가 보물처럼 아름다운 건축물이다. 이 보물과도 같은 두 채의 집, 그 공간을 가꾸어 공공의 공간으로 내놓은 건축주의 의지와 혜안이 만든 새로운 삶의 공간이다. 최욱은 "건축가의 노력은 거기에 살면서 부가하였다"라고 겸손하게 말하지만, 마치 보석을 다루는 듯한 섬세함을 가지고 치열하게 노력한 결과임을 알 수 있다.

한옥은 손님을 맞이하는 기능의 공간인 와인 바bar로, 양옥은 소품을 전시할 수 있는 갤러리로 바뀌었다. 한옥은 주 구조물의 원형은 남겨둔 채 새로운 기능을 수용할 수 있도록 공간을 재배치했고 거기에 따른 설비 시설을 보강하였다. 양옥은 마당에 접하여 북측 창을 개방한 갤러리로 마감한다. 이 둘 사이의 마당은 원형을 유지한 채 배수기능을 보강했고 그 위에 필요한 데크를 부가하였다.

최욱의 예민한 감각들이 모든 디테일에 스며들어 있다. 마치 원자들 사이의 상호작용과도 같이, 현미경을 통해서만 접근이 가능한 아주 미세한 감각들이다. 이 공간을 향유하는 사람들의 모든 감각에 반응하기 위한 장치이며, 또한 우리의 잊혀진 감각을 자극하여 되살리기 위함이기도 하다. 찬바람으로 온 몸에 돋는 소름과 같은 즐거움을 주기도 하며, 잊혀진 연인의 손수건 냄새를 불러일으키기도 한다. 그래서 너무 두드러진 것은 짐짓 약화시키기도 하고 시간이 지나면서 지워진 것들은 다시 드러내 보이기도 한다. 기존의 재료와 새로운 재료가 만나는 부분은 세련된 접합 디테일 때문에 스스럼없이 이어진다. 그래서인지 목제와 화강석 자체의 물성이 이미 가지고 있는 강한 힘이 있음에도 불구하고 여기서의 풍경은 미니멀하다. 그것은 이미 아름답게 보이고자 함을 넘어선다. 미니멀한 것은 바로 햇빛과 바람을 오히려 강하게 드러내고자 함이고 또한 그것의 변화에 민감하게 감응하기 위해서이다. 박재삼朴在森, 1933~1997의 "햇빛과 바람에 끊임없이 출렁이는 나뭇잎의 물살"과도 같고, 나의 이름이 불려질 때까지 기다리려는 김춘수金春洙, 1922~2004의 인내忍耐가 있으며, 국화꽃이 피기까지 그리도 울어댄 서정주徐廷柱, 1915~2000의 아픔이 있다.

그래서 이곳은 우리의 모든 감각으로 인지되는 환경이며 그래서 리얼리티에 대한 직접적인 미적 경험direct aesthetic experience of the real을 권유하는 공간이 되었다. M. 베네딕트Michael Benedikt의 이야기를 들어보자.

부가된 목제 데크, 마당과 내부공간을 물 흐르듯 전이시키다 " 벽을 열어 마당을 본다 "
두가헌의 마당_오른쪽 면 "

내부공간, 한옥의 공간감을 유지하면서 공간을 재배치한다

마당공간을 이루는 한옥과 양옥, 이들이 마주하고 있는 것 자체가 시간의 기록이다 ■

거의 모든 사람들의 경험에는 세계가 신선하게 인식되는 것을 경험하게 되는 가치 있는 순간들이 있다. 비 갠 뒤 햇빛이 포도에 번득이는 순간, 창들이 잡아내는 흘러가는 구름, 사과는 정말 동그란 것이구나를 보는 순간 등. 이러한 시간들의 우리의 인식들은 전적으로 감상적感傷的인 것만은 아니다. 그것들은 오히려 실제 자체이며, 중성적이고, 무욕의 경지이다 – 표출된 현상과 리얼리티 그래서 사물의 정확한 그것다움과 결합하여 이유를 알 수 없는 기쁨으로 넘쳐나는. 그것은 마치 새 자동차의 문짝이 닫히는 순간 '처걱'하는 소리와 느낌과도 같이 시각, 청각, 후각 그리고 모든 사물의 촉각으로 확장되어간다.

그러한 경험들, 그러한 특별한 순간들은 매우 감동적일 수 있다. 그리고 그러한 순간들로부터 우리는 독립적이고 의미 있는 리얼리티의 최상의 그리고 필수적인 감각을 구축해나갈 수 있다고 나는 확신한다. 나는 이를 '리얼리티에 대한 직접적인 미적 경험direct esthetic experiences of the real이라고 명명하면서 다음과 같이 제언하고 싶다. 매체에 젖어 있는 우리의 시대에 리얼리티에 대한 직접적인 미적 경험을 주 관심사로 다루어야 할 분야가 바로 건축이다(M. 베테딕트, *FOR AN ARCHITECTURE OF REALITY*, Lumen Books, 1987, pp.2·4).

그래서 두가헌의 공간은 미리 어떤 감동을 정해놓은 바가 없다. 하나의 공간, 하나의 장소 또는 형태적 대상 등이 어떤 특정한 조건 아래 있게 되었을 때, 비로소 하나의 고유한 상황과 느낌을 매 순간 자율적으로 창출하게 된다는 논리에 충실하다.

우리는 이 집이 항상 새로운 경이에 가득 차 있음을 압니다. 매일매일 다른 빛의 실에 따라 어느 날 푸른빛은 그날만의 푸른빛이며, 다른 날 그 푸른빛은 또 다른 그날만의 푸른빛입니다. 아무 것도 고정되는 것은 없습니다. 하나의 질만 가지는 전기 불빛은 단지 하나의 느낌만을 당신에게 줄 것이지만, 태양빛은 하나의 질로 고정되는 것이 아닙니다.

그래서 이 집은 우리가 맞닥뜨리는 시간의 순간순간의 횟수만큼이나 많은 그때그때의 새로운 분위기를 가질 것입니다. 이 집이 건물로 남아 있을 날까지 매일 매일의 날들은 다른 날과는 다른 새로운 날이 될 것입니다(Comments on Architecture by Louis Kahn, Compiled by Nell E. Johnson, *LIGHT IS THE THEME: Louis I. Kahn and The Kimbell Art Museum*, Kimbell Art Foundation, 1975, p.16).

한 위대한 시인이 건축가에게 물었습니다.

"당신의 집은 어떤 종류의 햇빛을 지니고 있나요? 어떤 종류의 빛이 당신의 방으로 들어오는가요?"
"건물의 측벽에 태양이 부딪치기 전까지는 그것이 얼마나 근사한 것인지 알 수 없습니다."(위의 책, p.12)

L. 칸, 킴벨 뮤지엄 어느 순간 바닥에 떨어진 햇빛의 조각.

그래서 최욱이 새롭게 조율한 두가헌은 건축형태의 논리를 넘어 이제 다양한 삶을 그 속에 있게 하는 배경이나 장치물일 뿐이다. 그래서 기존의 한옥과 양옥이 가지고 있던 아름다운 형태는 한 발짝 뒤로 물러선다. 마치 와인을 즐기는 마지막 과정에서 드디어 와인 잔의 형태를 우리가 잊는 것과도 같다. 여기서 공간의 조건은 오감으로 인식하는 감각적인 공간이며, 두 집의 오브제적 아름다움을 해체하여 비어 있는 평면성을 획득한 얇고 얕은 공간, 투명한 무기질의 중성적 공간으로 변신한다.

그래서 여기 마당에서 읽는 마루야 사이치이丸谷才一, 1925~(일본 소설가)의 소설 『수영담樹影譚』은 더 감동적일 수 있다.

…… 국무총리 관저의 뒤 벼랑이 콘크리트로 다져져 있고 그 회색 넓은 벽을 배경으로 은행나무가 늘어서 있다…… 그것을 바라보고 싶기 때문이다. 나무가 좋아서도 아니고, 벽이 좋아서도 아니고, 그 배합에 매혹되는 것이다. 극히 평범한 보도의 나무들에 지나지 않는데도 무지의 벽에 진 선명한 모습이 묘하게 마음에 다가온다. 실은 햇살이 강하게 내리쬐는 날, 나무의 그림자가 똑바로 비치고 있으면 유난히 기쁘다. 계절이나 시각 또는 기후에 따라서 비스듬히 비치기도 하고, 그림자가 연하기도 하지만 그것들 또한 그 나름대로 운치가 있다.

그리고 그림자가 보이지 않는 흐린 날에는 마음속으로 그것을 잿빛 땅에 비추어보고 만족하기로 한다.

그저 몇 초밖에 바라볼 수 없고, 곧 사라지는 것이 오히려 좋은지도 모른다. 일종의 안타까운 기분이 되는 것이다…… 수직으로 서 있는 면에 비치는 나무 그림자, 특히 가로수 그림자가 좋다. 뭔가 그리운 듯한 안타까운 듯한 기분에 젖어들 수 있다. 그 벽만 하더라도 엷은 색의 완전한 무지, 그렇지 않으면 무지에 가까운 것이 좋지 무늬가 섞인 것은 곤란하다. 말하자면 건물에 창이 많이 있거나, 엇갈리게 늘어서 있는 벽돌색이 번거롭게 느껴지거나, 수리한 흔적이 남은 흰 자국이 눈에 거슬리기도 하면 아무래도 흥이 깨지는 것 같다. 그냥 그대로의 평면이 좋다. 그러한 넓은 면적 앞에 나무가 서 있고, 거기에 그림자를 던지고 있으면 형영상반形影相伴한 풍취가 마음을 흔드는 듯하다.

사족 같은 견해이지만 이 작가의 관심은 벽과 나무 자체의 아름다움이 아니라 벽과 나무와 햇빛이 적절히 배합하여 만들어내는 어떤 순간의 아름다움에 있다. 즉 햇살이 강하게 내리쬘 때, 벽에 똑바로 비친 그림자를 유난히 기뻐한다. 이런 연유로 그 벽은 그냥 그대로의 평면에 엷은 색의 완전한 무지라야만 한다.

      이러한 관점의 확장은 시각적 대상물에 대한 인식의 근원적 전환을 유도한다. C. H. 워딩턴의, A. 자코메티Albert Giacometti, 1901~1966의 작품에 대한 설명을 듣자.

서로 다른 사물들을 우리가 각기 다르게 구별하여 인지하게 되는 것은 각각의 사물에 내재하고 있는 고유한 본질의 차이 때문이라기보다 오히려 그것들이 주변 환경에 미치는 영향의 차이 때문이다. 어떤 사물이 다른 고유함으로 존재할 수 있다거나, 존재한다거나, 그리고 궤멸, 소거되지 않기 위해서는 그것을 지속적으로 유지시키는 힘이 필수적으로 있어야 한다. 그리고 바로 그 힘은 단순히 그 사물이 가진 내적 에너지라기보다는 오히려 그것으로부터 뻗어나와 주변 환경을 자극하게 되는 영향력이다(C.H. Waddington, "Behind Appearance", A

두가헌 전경

study of the relations between painting and the natural sciences in this century, Edinburgh University Press, 1968, pp.232-234).

즉 시각적 대상물 자체의 본질보다 그것들과의 관계에 더 관심을 가지게 되고, 따라서 자코메티 작품의 가치는 모든 잡스러움과 기름기를 다 걷어낸 그 비썩 마른 형태뿐 아니라 그것과 주변이 만드는 그 팽팽한 긴장이 감도는 공간에도 존재하게 된다. 이러함은 자코메티의 직접 고백에서 더 정확히 읽을 수 있다.

나는 생명체, 그중에 무엇보다 사람의 머리 앞에 서면 그 생명체 주변을 둘러싸고 있는 공간의 기氣가 그것을 순간적으로 파고들어서 이 양자가 이미 하나가 되어버린 듯함을 때때로 느낀다.

그것이 이곳, 두가헌에 부가한 최욱다운 디테일로 실현된다. 디테일의 일차적 기능은 재료나 공간의 사이를 순하게 연결시키는 것이지만, 여기서의 디테일은 오히려 상황과 시간의 사이, 그 변화에 따라 빛·색깔·소리·냄새·촉감 등 우리의 감각을 측정하고 감지하게 하는 하나의 장치 자체로 동원되었고, 보는 이의 심성이 공간의 변화와 행복하게 만나게 하는 동기를 유발하는 틀이 된다. 그래서 두드러지는 두 집의 형태와 색깔을 한 발 물러서게 하고, 형태를 이루고 있는 질감들은 그 섬세한 디테일로 하여 서로가 서로의 배경으로 용융된다. 이것이 모든 바닥·벽·천장 그리고 가

A. 자코메티, Large head of Diego 1954

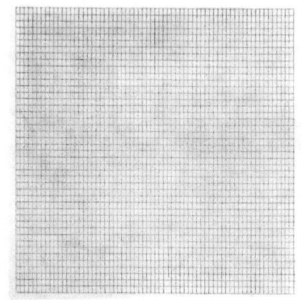

A. 마틴, 무제 1961

1. 미국 아티스트. 거대한 정방형의 캔버스 위에 모노크롬 오일 또는 아크릴릭 바탕에 연필로 그린 전면에 걸쳐 있는 격자형 회화, 환영·질감·섬세하지만 강한 그녀의 절묘함과 정교함은 원본이 아니고서는 느끼기 어렵다. "마틴의 심미적 레퍼토리는 엄격하게 제한되어 있긴 하지만, 그녀는 잔인할 정도의 단순화를 통하여 오히려 기적과도 같은 놀라운 다양성을 성취하였다." (Lilly Wei, "the Eternal Joy of an Attentive Mind", *Art in America*, 2005. 3) "그는 물질적인 것으로 이루어진 이 자연은 덧없고 불완전한 것으로, 예술을 통해서만 이 미완(未完)이 완성되는 경지에 이른다고 믿는다. 그의 미술의 목표는 완벽하고 영원한 리얼리티의 구현이며, 따라서 그의 선과 색채는 자연에서 추상화(抽象化)한 것이 아니고 대상을 초월한, 이를테면 정신의 표상으로서의 선과 색채이다." (강태희, 『현대미술의 문맥 읽기』, 미진사, 1995, p.68)

구들에 동일하게 적용되어, 가능한 한 이 세 평면, 한옥과 양옥 그리고 마당의 경계 또한 지워진다. 디테일의 힘으로, 이러한 공간과 이 공간 속에서 유영遊泳하는 사람들과의 관계가 A. 마틴Agnes Martin, 1908~2004 의 미세한 극추상極抽象과도 같다.

정통적 건축의 원론적 가치는 공간에 있다. 특히 근대건축에서 치열하게 논의되어왔던 건축의 공간이나 형태의 절대가치를 인정하지 않으려는 듯한 이러한 논의는 정통건축에 대한 반동일 수 있다. 하지만 너무 기능주의에 편협하게 경도되어온 모더니즘이나 또는 그것의 반동으로 등장한, 건축을 상징으로 보려는 일부 포스트모너니스트들의 편견에 대한 경종일 수도 있다. 아니면 미이스의 디테일과도 같이 모더니즘 공간의 본원적 가치로의 회귀일 수도 있다. 물론 이러한 태도는 자칫 세계를 현상과 본질로 양분하는 중층구조로 인식하거나 그와는 대조적으로 특히 최근에 와서 건축을 현상으로만 인식하려는 무리함에 편승할 위험이 있기는 하다.

    그러나 이러한 과격성을 충분히 조심한다면 이러한 사고는 건축의 가치 확장에 크게 기여할 수 있을 것이다. 바로 한옥과 양옥이 마당을 통하여 하나의 감각적인 공간으로 새롭게 합일하도록 한 최욱의 디테일이 성취한 가치이다.

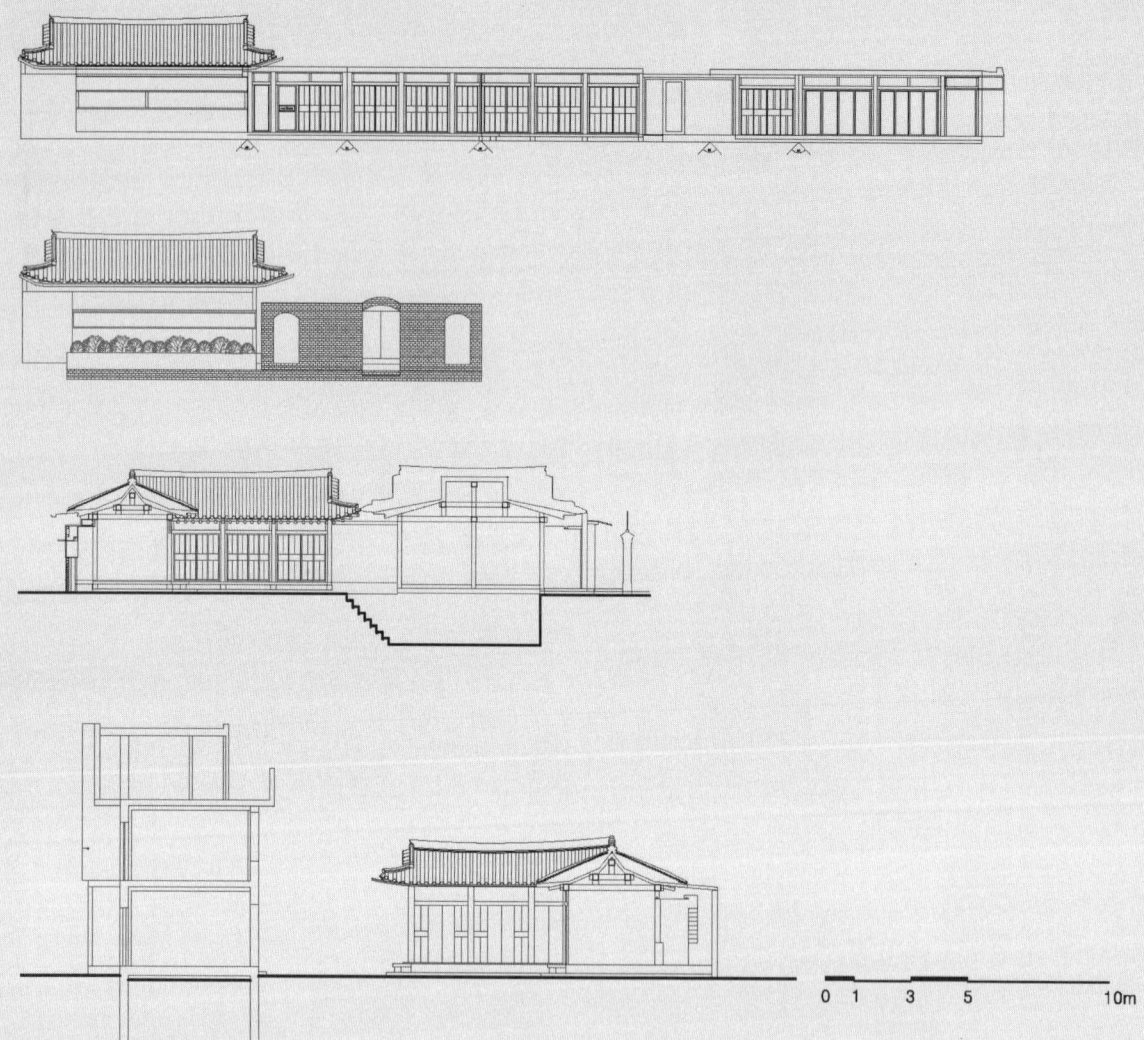

입단면도

두가헌 **위치** 서울시 종로구 사간동 109 **규모** 와인바-지하 1층, 지상 1층 / 갤러리-지하 1층, 지상 3층 **구조** 와인바-목구조, 갤러리-철근콘크리트 구조 **외부마감** 와인바-미장, 갤러리-벽돌, 석재 **설계담당** 최진석 **실측** 윤지훈 **건축주** 도현순

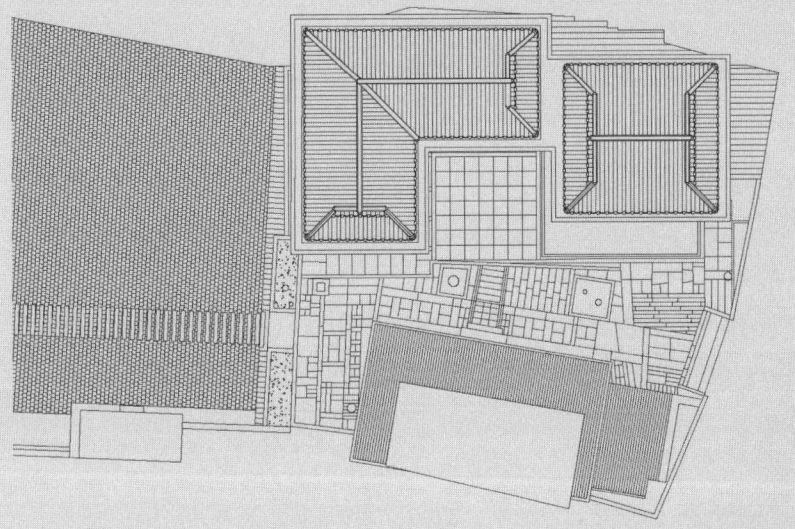

지붕 평면도

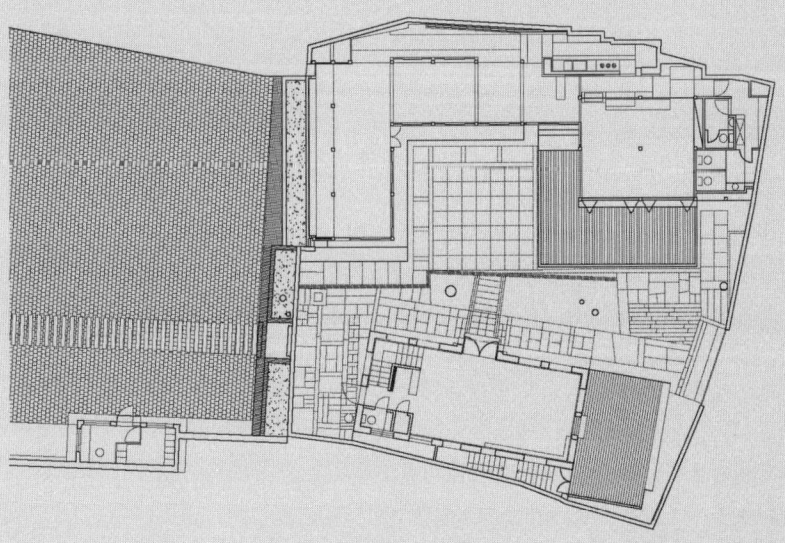

1층 평면도

참여 건축가 프로필

승효상 KIA, Hon. FAIA

1952년생. 서울대학교 건축공학과 및 동 대학원(석사)을 졸업하고, 빈 공과대학에서 수학했다. 김수근 문하에서 마산성당, 경동교회, 서울법원, 국립청주박물관 등 김수근 대표작의 설계를 주도했으며, 현재 건축사무소 이로재(履露齋)를 이끌고 있다. 서울대학교, 이화여자대학교 등에서 건축설계를 가르쳤고, 북런던대학교 객원교수(1998~1999), 파주출판도시 코디네이터를 역임했으며, 미국건축가협회 명예원로회원(Hon. FAIA)이다. 주요 작업으로 학동 수졸당, 수백당, 웰컴시티, 대전대학교 혜화문화관, 대전대학교 천안한방병원, Humax Village, Chaowai SOHO(베이징), The Great Wall Community Center(베이징) 등 건축 작품과 파주출판도시 도시설계, 대장골-메타폴리스 등이 있다. 2002년《건축가 승효상》전(국립현대미술관 올해의 작가전), 2003년《비움의 구축-민현식+승효상》전(U-Penn 초청)에 이어서, 2004년에는 도쿄 갤러리 마(間), 2005년에는 베를린 Aedes Gallery에서 개인전을 열었다. 그는 20세기를 주도했던 서구 문명의 비판에서 출발한 '빈자의 미학'에 이어 'urban void', '문화풍경' 등 일련의 건축 주제를 내걸고 벌인 건축과 도시설계 작업을 통하여 '이 시대, 우리의 건축'의 새로운 철학과 방법론을 제시하고 있다. 저서로『빈자의 미학』(미건사, 1996),『지혜의 도시, 지혜의 건축』(서울포럼, 1999),『승효상 전시도록-Urban Void』(건축과 환경, 2002),『건축, 사유의 기호』(돌베개, 2004) 등이 있다.

김영준

1960년생. 서울대학교 건축학과와 런던 AA건축학교에서 수학했다. 건축사사무소 이로재, OMA(로테르담)을 거쳐 현재 건축사무소 yo2의 대표로 있으며, 한국예술종합학교 건축과에서 건축설계를 가르치고 있다. 그의 작업은 일랑미술관, 2002 광주비엔날레 전시설계, 스페인 하이퍼 카탈루냐 스터디, 팔라우 리조트 구성, 헤이리 자하재 등 건축 프로젝트로부터, 파주출판도시 건축설계지침 참여, 국제현상설계경기인 행정복합도시 도시설계 당선, 행정복합도시 첫마을 2위 등 도시 프로젝트로 확장되어왔다. 김영준은 도시의 모든 시설물을 바라보는 관점이 사뭇 다르다. 전래의 통념적인 기능주의적 분류를 의심하면서 오늘의 건축과 도시 문제의 시대적 요구를 적확히 파악하고, 현대 도시프로그램과 전략적 아이디어를 개발하여, 이 시대가 지향하여야 할 프로젝트를 창출하는 데 주력한다. 그래서 그의 건축은 도시적일 수밖에 없다. 그가 주목하는 도시의 복합성, 불확실성, 보이드, 적층구조, 형상과 배경의 관계 등으로 말해지는 다양한 화두들은 모두 현대도시의 리얼리티이며, 그는 이러한 것들이 지금 이 시대 건축가가 담당해야 할 책무임을 역설한다.

최문규

1961년생. 연세대학교 건축공학과 및 동 대학원, 콜롬비아 건축대학원을 졸업한 후, 도요 이토 건축사사무소에서 일했으며, 한울건축과 시건축을 거쳐 현재 가야건축의 대표 및 모교의 교수로 활동하고 있다. 대표작으로 딸기테마파크, 정한숙기념관, 대한주택공사 주거복리시설, 쌈지길 등이 있으며, PA상(조 슬레이트 아키텍처 공동수상, 2003), AIA Award(2004), 엄덕문건축상(2005) 등을 수상하였다. 최문규는 참으로 성실한 건축가이다. 땅에 충실하고, 건축주의 요구에 충실하다. 현실적 문제의 뜻을 정확히 인식하는 그의 건축에 대한 태도는 지적 유희나 논리적 현란함을 내세우는 건축을 오히려 부끄럽게 한다. 그러나 복도를 요구하는 건축주에게 갤러리를 제공하듯, 단순한 요구의 해결을 넘어서는 그의 건축적 제안은 바로 건축의 본질이 현실의 인식과 적절한 해답만을 구하는 것이 아님을 깨닫게 한다.

김종규

1960년생. 연세대학교 건축공학과와 런던 AA건축학교에서 수학하였고, 영국 건축사(ARCUK Registered Architect) 및 영국왕립건축가협회 정회원이다. BDP(런던), F. 베이글 아키텍트(런던)에서 일했으며, 북런던대학교 건축연구소 책임연구원 및 설계 튜터로 활동했다. 귀국하여 건축사사무소 M.A.R.U의 대표 및 한국예술종합학교 건축과 교수로 재직하고 있다. 프랑스 일본문화관, 일본 나라 컨벤션 홀 등 국제설계경기에서 장려상을 수상하면서 시작된 그의 독자적 건축 작업은 귀국 후, 명동성당축성 100주년 기념관(설계경기 당선, 프로젝트), 순애원(치매요양시설), 임당동성당, 의재미술관(조성룡과의 공동 작품), 대구보건대학 아트센터, 카이스갤러리, 태평양 설록차연구소 등으로 실현되었고, 파주출판단지 건축설계지침, 헤이리 아트밸리 도시설계 등 도시 프로젝트로 확장되어왔다. '건축적 풍경', 'landspace' 등 신선한 주제로 출발한 그의 건축은 고전적 비례감을 가진 아름다움을 넘어서, 새로운 지평을 우리에게 열어 보인다. 그가 자주 인용하는 A. 자코메티, P. 클레, G. 모란디 등 아티스트의 예술이 전통적 미적 가치를 넘어섬과도 같다. 그는 상징적 형태 만들기와 3차원적 공간의 감동에는 짐짓 무심하고, 오히려 건축공간은 미적 대상이기보다는 삶의 배경으로 작동되어 공간과 생활이 융용된 근사한 풍경을 이루기를 바란다.

김종성 FAIA, FKIA

1935년생. 서울대학교 건축공학과 재학 중 도미하여, 일리노이 공과대학(시카고)을 졸업했다(건축학 학사·석사). 미이스 반 데어 로에의 문하에서 건축을 탐구했으며, 일리노이 공과대학의 건축대학과 계획 및 디자인 대학의 교수를 역임했다. 미국에서 J. S. Kimm, Architect AIA를 설립하여 활동하다가 귀국하여 서울건축(주)를 이끌고 있다. 2002 베니스비엔날레 한국관 커미셔너, 카이로 Grand Egyptian Museum, 광주 아시아 문화중심도시, 서울 오페라극장 등 주요 국제설계경기의 심사위원장을 역임했고, Aedes Gallery의 초청으로 개인전(2006)을 여는 등 한국을 대표하는 건축가로 우뚝 서 있다. 주요 작품으로 효성빌딩, 육군사관학교 도서관, 힐튼호텔(서울·경주), 올림픽 역도경기장, 아주대학교 병원, 서울대학교 박물관, 서울역사박물관, 선재미술관(서울·경주), 대우조선 엔지니어링 센터, 덕성여자대학교 차미리사 기념관(전산어학관) 등이 있다. 20세기 후반에 들어서면서 모더니즘 건축이 치명적 도전을 받고 있지만, 김종성은 진정성의 기반 위에 '진보와 창조'라는 모더니즘의 규범에 철저하며, 여기서 한 걸음 더 나가가 미지안 건축을 넘은 김종성 건축을 구축해왔다. 그의 진정성의 건축은 소위 참을 수 없는 가벼운 건축에 결연히 맞서고 있어, 우리에게 진실의 건축의 진수를 지속적으로 일깨운다. 그의 건축 세계에 대해서는 『구축적 논리와 공간적 상상력-김종성 건축론』(정인하 지음, 시공문화사, 2003)을 참고할 수 있다.

정기용

1945년생. 서울대학교 미술대학 응용미술과를 졸업하고 동 대학원에서 석사학위를 받았다. 이후 미의 분배와 사회적 유용성, 사회적 역할에 대한 깊은 사유 끝에 프랑스로 건너가 파리장식미술학교 실내건축과, 파리6대학 건축과, 파리8대학 도시계획과를 졸업하면서 건축의 길로 들어섰다. 현재 기용건축의 대표로 활동하고 있으며, 한국예술종합학교에서 건축설계와 이론을 가르치고 있다. 계원예술대학, 서울예전 드라마센터 리노베이션, 효자동 사랑방, 무애빌딩, 무주 공공시설들 등 건축뿐 아니라 '느림의 도시 순천', '무주 기업도시' 등의 도시 프로젝트에 참여했다. 특히 자두나무집, 구인헌 등에서 보이듯 흙건축의 가능성을 지속적으로 탐구하고 있다. 정기용은 오늘날 세계의 현상을 가장 정확하게 진단할 수 있는 지적인 건축가이다. 어떤 사회적 질서도 기존의 여건 속에 잠복해 있지 않던 변화를 만들어낼 수 없음을 깊이 인식하고 있으며, 더불어 이 땅과 이 땅의 사람들에 대한 그의 남다른 애정은 우리들에게 '오래된 미래'를 건강하게 열어 보인다. 그것은 과거를 동경하는 노스탤지어가 아니라, 비판적 역사 기술을 위한 뼈를 깎는 훈련을 통해 체득한 것이다. 또한 그는 지식인이 빠지기 쉬운 비판과 논리의 유희에만 머물지 않고 강한 의지를 가지고 사회에 적극적으로 개입하는 실천적 지식인이며, 이러한 참여를 통해 우리의 사회·문화·역사가 바로 건축의 문제임을 밝힘으로써, 우리의 좁은 건축을 큰 건축으로 향하게 하는 강한 동력이 되어준다.

조병수

1957년생. 몬타나주립대학에서 건축학 학사, 하버드대학교에서 도시설계학 석사 및 건축학 석사를 취득하였다. 귀국하여 조병수건축연구소를 설립하고 건축 작업을 하는 한편, 카이저스라우테른(독일 국립대학교), 연세대, 한양대, 경기대에서 설계와 이론을 강의하였으며, 현재 몬타나주립대학 부교수로 재직하고 있다. 'ㅡ자집', 'ㄱ자집' 등 일련의 주택은 '현대적 버나큘라', '유기성 대 추상성'이라는 건축철학에서 도출된 건축이며, 배제대학교 예술대학, 카메라타 황인용음악스튜디오, H주택 등에 이어진다. 이들의 성취를 인정받아 Architectural Record에서 선정한 건축가 11인에 포함되기도 했다. 그의 건축은 항상 근본적인 질문으로부터 시작하고, 이미 있어온 고정관념과 관행을 의심하고 끝까지 추적하여 본원의 뜻을 일깨운다. 그래서 그의 공간·형태·구축의 방법·선택된 재료·디테일 들은 구태여 만들어진 아름다움이 아니며, 새로운 것이라기보다 이미 있어왔던 것이며, 진실에 가장 가까이 다가간 것이다. 그의 건축이 '현대적 버나큘라'로 불리면서, 가끔씩 원시적으로 보이기도 하고, 때로는 지극히 현대적으로 보이기도 하는 이유일 것이다.

정현화

1948년생. 영남대학교 건축학과를 졸업하고, 東北大學校(일본) 대학원에서 공학석사와 공학박사학위를 받았다. 원도시건축에서 Partner Architect로 활동하다가 현재 '구간건축'을 설립하고 독자적 건축 작업을 하고 있으며, 영남대학교 건축디자인대학원 겸임교수, 국민대학교 건축대학 겸임교수로 건축설계를 가르치고 있다. 주요 작품으로 봉화군청사, 건국대학교 의료원 충주 병원, 대구 학생문화센터, 대구은행 연수원, 울산 21세기좋은병원 등의 빌딩과 필당, 토함정사, 시경당 등 일련의 주택들이 있으며 대구건축가상, 건축문화대상 우수상을 수상하였다. 건축을 향한 그의 열정은 그칠 줄 모르는 수련을 계속하게 한다. 이러한 수련을 거듭한 그의 건축은 철저하게 합목적적인 건축이며, 끊임없는 천착을 통하여 얻은 그의 디테일들은 가장 현실적이며 지극히 자연스럽다. 그래서 그의 건축은 정도를 벗어난 적이 없으며 건강하다.

조성룡

1944년생. 인하대학교 건축과를 졸업하였다. 현재 조성룡도시건축의 대표로 활동하고 있으며, 한국예술종합학교 건축과에 출강하고 있다. 《마당의 사상-신세대 한국건축 3인전》(도쿄 갤러리 마(間), 1989)을 통해 처음 한국 현대건축의 정체성을 언명한 바 있다. 4·3그룹, 건축의 미래를 준비하는 모임, 그리고 건축설계 대안학교로 건축가들이 설립한 서울건축학교(교장 역임)를 주도해왔으며, 2006 베니스비엔날레 커미셔너 역임 등으로 한국 건축계에 크게 기여하였다. 아시아경기대회 선수촌 및 기념 공원(국제설계경기 당선작), 해운대빌리지, 분당건축전람회 등을 통해 이 시대의 주거문화를 크게 전환시켰으며, 의재미술관, 올림픽공원 미술관 등 미술관 건축 그리고 선유도공원 등 조경건축에 탁월한 작업을 우리에게 선사했다. 김수근문화상, 한국건축문화대상 대통령상 등 많은 수상은 그의 건축적 성취의 표상이다. 조성룡의 건축 작업은 풍경의 논리에 천착하고 있는 듯하지만, 그에게 이 화두는 건축의 본질에 다가가기 위한 하나의 수단일 뿐이다. 긴 수련을 통해서만 얻을 수 있는 아크로바트와도 같은 장인의 경지를 지나, 이제 그의 건축은 이미 구도자적 성찰의 도구에 이르고 있다. 시간이 반짝이면 꿈이 지식이 되듯, 그는 지식이 지혜가 되는 과정을 그의 건축을 통하여 우리에게 가장 모범적으로 부여주는 건축가이다.

황일인 FKIA, Hon. FAIA

1941년생. 서울대학교 건축공학과를 졸업하고, 무애건축 책임디자이너를 거쳐 현재 일건건축 회장으로 건축설계에 진력하고 있다. 한국건축가협회 회장, 한국예총 부회장 등을 역임하는 등 한국건축계의 발전에 크게 기여하여, 옥관문화훈장, 서울시장 표창, 문공부장관 표창, 대통령 표창 등을 받았다. 주요 작품으로 서귀포 월드컵경기장, 성균관대학교 600주년 기념관, 한국공항터미널, 사랑의 교회, 능인선원, 울산대학교 대학회관, 영은미술관, 경상대학교 학생회관, 서울 가든호텔 등이 있으며, 이 건축들로 김수근문화상, 엄덕문건축상, 서울시 건축상, 한국건축가협회상, 한국건축사협회 건축문화상 등을 수상하였다. 황일인은 정연한 공간과 고전적 비례감의 아름다움을 창조하는 장인이면서, 더불어 새로운 기술과 시대의 변화를 과감하게 수용하는 모험을 시도하였다. 그는 항상 일정 수준 이상의 양질의 건축을 생산할 뿐 아니라, 새로운 탐험의 길을 크게 열어놓는다.

이민아

1966년생. 서울대학교 건축학과 및 동 대학원을 졸업하였고, 베를라헤 건축대학원(로테르담)에서 수학하여 석사학위를 받았다. 공간연구소와 기오헌에서 실무에 진력하였고, 현재 건축사사무소 '협동원' 의 파트너로 활동하고 있으며, 서울대학교 건축학과에서 설계를 가르치고 있다. 이민아는 탄탄한 지적 수련을 통해 무엇이 가치 있는 것인지 포착할 수 있는 능력을 키워왔다. 그에게는 진리와 허위, 아름다움과 추함, 선함과 악함의 구별이 선명하고, 취사선택의 기준이 극단적이리만큼 엄격하다. 지적 실험같이 보이기도 하는 그의 건축 어휘는 논리의 구조를 강건하게 갖추고 있어서, 논리와 구체적 발현 사이에 간극이 없다. 또한 그의 논리의 출발이 리얼리티에 깊게 연루되어 있기 때문에 건강할 수밖에 없다.

다니엘 바예 Daniel Valle

1973년생. E. T. S.(마드리드)와 베를라헤 건축대학원(로테르담)에서 수학했고, FOA(런던)에서 실무에 종사했으며, 노마드 아키텍처(마드리드)에서 E. 아로요와 함께 작업했다. 한국예술종합학교 건축과의 초빙교수를 지냈으며, 현재 서울시립대학교 건축학과의 교수로 재직하고 있다. 수학 과정에서 쌓은 건실한 건축적 지식과 유럽의 건축 현장에서 얻은 풍부한 경험을 바탕으로 하고 있기 때문에 그의 전위에 선 건축 작업은 항상 창조적이다.

이민+손진

1954년생인 이민은 충남대학교 건축학과와 서울대학교 환경대학원, 로마대학교 건축대학원을 졸업한 후, 이탈리아 건축가 F. 베네치아의 문하에서 실무를 쌓았다. 1959년생인 손진은 홍익대 건축학과와 베네치아 건축대학원을 졸업하고 스코피에 건축사무소를 거쳐, F. 베네치아 문하에서 이민과 같이 일했다. 귀국하여 두 건축가는 함께 이손건축을 열고 모든 설계 작품을 공동의 이름으로 작업하고 있다. 그들의 작품 안양 천사유치원, 헤이리 안상규 스튜디오, SJW 패션사옥 등으로 우리는 그들의 눈이 재빨리 잎과 가지와 둥치를 잡아냄을 알아차릴 수 있다. 그것이 그들의 건축가로서의 가장 훌륭한 능력이다. 그래서인지 그들은 누구보다 '대지'를 잘 이해하고 있으며, 대지로 구성되어 있는 도시조직을 잘 통찰하고 있으며, 그래서 그들의 건축공간은 그곳에 있는 '대지', 그것들의 조직, 기존의 사물 등의 질을 탐험하는 도구이다. 이런 뜻으로 그들의 건축이 성취하고 있는 것은 단순히 아름다운 형태의 창조가 아니라 건축을 통해 특별한 땅에 특별한 도시 지형의 뿌리를 내린, 새롭게 구축된 도시 지형이다.

이종호

1957년생. 한양대학교 건축공학과를 졸업하고, 김수근의 공간연구소에서 일했다. 강준혁, 김덕수 등과 함께 문화집단 '스튜디오 메타'를 설립하여 건축뿐 아니라, 축제 기획, 무대 디자인, 문화시설 컨설팅 등 다양한 문화활동을 벌여왔다. 현재 스튜디오 메타의 대표이면서, 한국예술종합학교 건축과 교수 및 ua-sa 건축도시연구소 소장 직을 맡고 있다. 율전교회를 시작으로 바른손센터, 흥천 휴게소, 방목기념관, 박수근미술관 등 건축 작품을 이루었고 더불어 광주비엔날레, 부산비엔날레, 베니스비엔날레의 초대 작가였으며, 광주 아시아문화중심도시 기본 구상, 순천 '느림의 도시' 등 도시 프로젝트에 참여하였다. 이런 일련의 작업으로 김수근문화상, 아천상 등을 수상하였다. 이종호는 건축뿐 아니라 인문학에 대한 깊은 탐구를 통해, 건축을 단순한 생활을 담는 기계를 넘어 사회의 문화 현상으로 인식한다. 따라서 그의 건축과 도시는 인간 생활의 내밀한 조직이며, 끊임없이 새로움을 창출하는 창발적 공간이다.

서혜림

1961년생. 콜롬비아대학 건축과 및 하버드 건축대학원을 졸업하였으며 쿠퍼유니언에서 J. 헤이덕과 설계논문을 진행, 발표 및 전시했다. 뉴욕에서 실무를 익혔고 로드아일랜드 건축디자인대학, 프렛인스티튜트, 한국예술종합학교 건축과, 경기대학교 건축대학원 등에서 설계를 가르쳤으며, 현재 건축사무소 '힘마'의 대표 및 하버드 건축대학원 초빙교수로 활동하고 있다. 파주출판도시 어린이 건축학교 워크숍의 코디네이터를 담당하기도 했으며, 2005년 "Architectural Record"의 'Design Vanguard'에 선정되었고, 2006년 런던건축비엔날레《The world in One city-A sketch for London》전시에 참여했다. 그의 작품, 서울시청 직장 어린이집, 국립문화재연구소, 현대고등학교, 열린책들, 보림출판사 등을 보아 알 수 있듯이, 서혜림의 건축은 하나의 무엇으로 말하기 어렵다. 작업 전체를 관통하는 고정된 경향이나, 논리에 집착하는 건축적 주제에는 무심한 듯 보인다. 탄탄한 지적 수련을 기반으로 하고 있기 때문에 진리가 우리를 자유롭게 하듯, 그의 건축은 그래서 항상 자유롭다. 왕성한 에너지로 지칠 줄 모르는 그의 도전정신은 끊임없이 건축의 새로운 가능성을 탐색하여, 항상 새로운 건축의 사건을 만들고, 새로운 건축의 논쟁을 유발시킨다.

김준성

1956년생. 마켄지대학교 도시건축대학(상파울루), 프렛인스티튜트 건축대학(뉴욕), 컬럼비아 건축대학원(석사)에서 수학하였다. 경기대학교 건축대학원 교수, 한국종합예술학교 건축과 객원교수를 역임했다. 현재 한국예술종합학교 설계 튜터로 후학을 가르치고 있으며, 건축사무소 nANd의 대표이다. 역삼동 주택 '토네이도', 동경크리닉, Asiya Mansion 인테리어, Asahi Deed 오사카 본사 리노베이션, 시네멀티플렉스 '아트레온', 헤이리 아트밸리 건축설계지침, 한길 북하우스, 헤이리 커뮤니티센터, 열린책들 등 작품을 통해 그만의 독자적 건축방법론을 실현하고 있다. 대부분의 건축가들이 공간에 집착하고 있을 때, 김준성은 시간을 더 주목했다. 그래서 '현상학으로서의 건축'은 그의 건축의 중심을 이루는 주제가 된다. 그것은 존재론에 대비되는, 인식에 관한 또 다른 방법론으로서 이것 역시 인간, 그 실존 자체에 대한 앎에 도달하는 또 하나의 통로이다. 그래서 우리의 지각 작용에 기인해 존재하는 시간들, 직선적이고 획일적인 시간만이 아닌 의식의 시간까지도 주목하고 있으며, 이는 건축이 가지고 있는 또 다른 가능성을 우리에게 선사한다.

최욱

1963년생. 홍익대학교 건축학과, 베네치아 건축대학에서 공부하였고, M. 코로니로부터 펠로우쉽을 받았다. 장건축을 거쳐, 현재 건축사무소 원오원의 대표로 건축설계 활동을 벌이고 있으며, 한국예술종합학교 건축과 설계 튜터로 후학을 가르치고 있다. 그의 주요 작품 일산스튜디오 II, N 주택, 스몰스튜디오, ML 빌딩, 두가헌 등에서 보이듯, 최욱은 아주 미세한 일상의 사소함까지도 놓치지 않고 예민한 감각으로 포착하여 의미 있는 것으로 변환시키는 탁월한 감수성의 소유자이다. 그래서 그의 건축은 공간이나 형태의 절대가치 그리고 기능주의에 편협하게 경도된 건축을 의심하면서, 건축의 시각적 대상물 자체로서의 본질보다 그것들과의 관계에 더 관심을 가지며, 항상 오감으로 인지되는 팽팽한 긴장감을 가지게 한다. 이러한 그의 실천을 통해 우리의 건축은 한껏 넓어진 지평을 가질 수 있게 된다.

민현식 FKIA, Hon. FAIA

1946년생. 서울대학교 건축과를 졸업한 후 공간연구소의 김수근, 원도시건축연구소의 윤승중 문하에서 건축을 연수하고 실무를 익혀왔으며 런던 AA건축학교에서 수학했다. 1992년 민현식건축연구소 기오헌(寄傲軒)을 설립하여 독자적인 건축활동을 시작하였고, 1997년 이후 한국예술종합학교 미술원 건축과 교수로 재직 중이다. 일련의 신도리코 건물들, 국악중고등학교, 의정부성약교회, 한국전통문화학교, 파주출판도시 건축설계지침과 출판물유통센터, 대전대학교 마스터플랜, MACC Center, 아시아문화중심도시 광주 기본 구상 등 작품과 작업들 그리고 4·3그룹, 건미준(건축의 미래를 준비하는 모임), 서울건축학교 등의 활동을 통하여 이 땅, 이 시대 건축의 새로운 가능성을 모색하고 있다. 공간대상 건축상, 김수근문화상, 건축가협회 아천상, 엄덕문건축상 등과 여러 차례의 건축가협회상을 수상하였고, 4·3그룹 건축전, 1996~2002 베니스 건축비엔날레, 구림마을 흙의 축제 등 건축전에 참가하였으며, 미국 펜실베니아 대학의 초청으로 《비움의 구축-민현식+승효상》전을 가진 바 있다. '비움의 구축'이라는 화두를 가지고 이 시대, 우리의 건축과 도시를 탐색하고 있는 민현식을 Hon. FAIA에 추천한 건축가 김태수는 "건축과 사회 그리고 예술혼의 진실성에 대한 그의 지식과 이해의 깊이는 견줄 데 없다. 만일 우리가 건축가는 지적 감수성을 가지고 보편성을 탐구하는 사람이라는 데 동의한다면, 그는 그런 사람이다."라 말한다.

찾아보기

ㄱ

가젤 유형gazelle type_ 66
거주하는 기계machine á habiter_ 16
건축의 지형topography_ 41
건축적 산책로Architectural Promenade_ 291
건축적 풍경architectural landscape_ 22, 23, 68, 101, 102, 162, 209
G. 루카치György Lukács_ 326
경남도립미술관_ 255, 257
고속도로 그림자highway shadow_ 66
공동성Communality_ 59, 60, 69, 72, 104, 176
교문사_ 64, 66, 239, 240, 248
구인헌救仁軒_ 186, 351
국제주의 양식International Style_ 119
「귀거래사歸去來辭」_ 175
기단 유형podium type_ 66
기벨리나 극장Theatre in Gibellina_ 253
기벨리나 박물관Museum in Gibellina_ 253
기쇼 구로가와黑川紀章_ 47
기오헌寄傲軒_ 175, 355
기적의도서관_ 133~135, 138~140, 145
김기찬_ 46
김승희_ 64
김시습金時習_ 111, 112
김영준_ 29, 31, 34, 35, 41, 59, 73, 74, 115, 272, 350
김종규_ 59, 115, 217, 272, 317, 318, 322, 323, 326, 351
김종성_ 119, 120, 122, 123, 126, 128, 351
김준성_ 303, 304, 308, 309, 312, 355
김춘수金春洙_ 335
김환기金煥基_ 273

ㄴ

내후성강관耐候性鋼板_ 13, 14, 23, 69, 83, 323
노출콘크리트_ 13, 22, 323
농기구박물관Hamar Bispegard Museum_ 298

ㄷ

다니엘 바예Daniel Valle_ 64, 239, 353
다원적 민주주의decentralized democracy_ 17, 22, 23, 25, 96, 97
당게 겐조丹下健三_ 31
D. 하비David Harvey_ 46, 98, 129
도시의 섬urban island_ 68
도연명陶淵明_ 175
돌베개_ 64, 68
동경만東京灣 계획_ 31
동녘_ 69
두가헌_ 331, 332, 334, 340, 341, 344, 355
들녘_ 69
D. 피키오니스Dimitris Pikionis_ 47

ㄹ

〈라 모르메르La Mormaire〉_ 23, 24
R. 모네오Rafael Moneo_ 306
R. 쿨하스Rem Koolhaas_ 31, 82, 98, 109
R. 모리스Robert Morris_ 24
R. 벤투리Robert Venturi_ 271, 272
롱샹교회_ 54
L. 바라간Luis Barragán_ 168, 221, 269, 270, 283
L. 칸Louis Isadore kahn_ 82, 173, 212, 217, 221, 271, 341
L. 힐버자이머Ludwig Hilberseimer_ 122
L. 베송Luc Besson_ 23
르 코르뷔지에Le Corbusier_ 14, 16, 17, 30, 31, 54, 62, 90, 99, 244, 291
R. 베리René Burri_ 269

R. B. 풀러Richard Buckminster Fuller_30

R. 롱Richard Long_217, 221

R. 세네트Richard Sennett_17, 97

R. 세라Richard Serra_23, 25

ㅁ

마루야 사이치이丸谷才一_341

마티에르matiére_273, 276

M. 프루스트Marcel Proust_276, 277

M. C. 에셔Maurits Cornelis Escher_23

말과 창조사_65, 68

모더니즘modernism_30, 63, 107, 119, 120, 122, 126, 128, 133, 184, 239, 317, 326, 345

『모더니티의 수도 파리Paris, Capital of Modernity』_98

모로코 페즈_63, 113, 114

물자체物自體_326

미스 반 데어 로에Mies van der Rohe_16, 73, 78, 128, 191

M. 마프졸리Michel Maffesoli_100

M. 베네딕트Michael Benedikt_4, 335

ㅁ자집_167, 168, 175

민병헌_323

민중서관_65, 68

민현식_59, 65, 151, 210, 221, 350, 355

ㅂ

바다터미널Sea Terminal_31

바벨탑_29~32

바이센호프 건축전람회Weissenhofsiedlung_16

박수근朴壽根_272, 273, 276, 277, 282, 283

박수근미술관_269, 270, 272, 273, 282, 283, 354

박재삼朴在森_335

박지원朴趾源_112

W. 벤야민Walter Benjamin_4, 99, 100, 277

백지tabula rassa_86, 98, 151

베를린 국립도서관Staatsbibliothek PreuBischer Kulturbesitz in Berlin_22

베를린 필하모니 홀The Philharmonic Hall in Berlin_16, 22, 25, 73

벽식 유형wall type_66

병산서원屛山書院_82, 221

병산서원屛山書院 만대루晩對樓_217

보이드void_24, 25, 35, 350

『보이지 않는 도시Invisible Cities』_54, 55, 87, 216

북센_65, 68

B. 나우먼Bruce Nauman_24

ㅅ

4·3 건축전_209

4·3그룹_209, 210, 212, 352, 355

사치 갤러리Saatchi gallery_326

사회공학社會工學, social engineering_14, 63

『살라미와 그의 영역SALAMI E IL SUO TERRITORIO』_251

생시몽Duc de Saint-Simon_98

서가 유형bookshelf type_66, 68

서귀포 월드컵경기장_225, 232

서울시청 직장 어린이집_287, 291, 296, 354

서정주徐廷柱_335

서혜림_287, 291, 296, 297, 354

선암사仙巖寺_63, 113, 115

선유도공원_209, 217, 221, 352

세인즈베리 윙Sainsbury Wing_271

소크 생물학연구소_82, 217, 221

수백당守白堂_24, 25, 350

수변 유형canal lofts_66, 68

순천 기적의도서관_138~141, 145

S. 펜Sverre Fehn_297, 298, 306

스페이스 모듈space module_126, 128

S. 홀Steven Holl_306~308

승효상_13, 14, 16, 22, 24, 25, 59, 73, 115, 209, 210, 350

『시간, 공간 그리고 건축Time, Space and Architecture』_291, 309

시그램 빌딩Seagram Building_128

Synoikmos_17, 97

C. 펠리Cesar Pelli_119, 128

〈신기루mirage〉_217

신원에이전시_69

쌈지길_45, 47, 52, 54, 56, 350

ㅇ

아키그램Archigram_30

아트레온Artreon_303, 304, 306, 308, 312, 314, 355

A. 마틴Agnes Martin_344, 345

I. 뉴턴을 위한 기념비Project for a Cenotaph for Sir Issac Newton_30

안규철_172

《안규철_49개의 방》_172

알레한드로 자에라-폴로Alejandro Zaera-Polo_68

A. 로시Aldo Rossi_306

A. 시자Alvaro Siza_252, 269

A. 뷰리Alberto Burri_253

A. 자코메티Albert Giacometti_342, 344, 351

A. V. 아이크Aldo Van Eyck_31

암석 유형stone type_68

H. C. 브레송Henri Cartier-Bresson_89, 262

양재287.3_209, 210, 212, 214, 221, 262

어번 보이드Urban Void_23, 24

S,M,L,XL_82, 98

SJW 패션사옥_251, 256, 258, 264, 354

SK빌딩_119, 120, 124, 126, 128, 130

E. L. 불레Étienne-Louis Boullée_30

열화당_64, 66, 73, 180, 288

Y. 비노쿠로프Yevgeny Vinokurov_312

O. 슈펭글러Oswald Spengler_106

와로 키시岸和郞_69

웰컴시티_13~17, 22, 24~26, 350

위니테 다비타시옹Unité d'Habitation_30, 31, 99

유몽인柳夢寅_112

의재미술관_209, 212, 214, 216, 217, 221, 223, 351, 352

이규보李奎報_112

이민+손진_251, 254, 257, 354

이민아_64, 239, 318, 353

이우환_323, 326

『이집트 구르나 마을 이야기Gourna, a Tale of two Villages』_180

이효석기념관_254, 255

이효석李孝石_83, 255

I. 칼비노Italo Calvino_4, 54, 55, 87, 216

인공의 언덕artificial hill_68

인본人本_94, 95, 122

인본주의人本主義_86, 94

인포룸info-room_72~74, 80, 84

I. 칸트Immanuel Kant_5, 326

ㅈ

자두나무집_179, 181, 183, 186, 351

J. 데리다Jacques Derrida_104

J. 실레트Jeanne Sillet_4, 82, 288

장유張維_112

J. 누벨Jean Nouvel_306

J. 프루베Jean Prouvé_298

재현再現, representation_104, 271, 323

정기용_107, 115, 133, 139, 140, 144, 179, 180, 184, 186, 187, 209, 351

정현화_191, 193, 352

J. 스털링James Stirling_306

조병수_167, 168, 172, 174, 175, 352

조성룡_65, 209, 210, 212, 216, 217, 221, 351, 352
J. 버거John Berger_4, 248, 288
중추부 유형spine type_66
S. 기디온Sigfried Giedion_291, 309
지문地文, land script_61~63
G. 놀리Giambattista Nolli_251

ㅊ

찬디가르_90
책읽는사회만들기 국민운동_133, 138, 148
천일문화사_64, 66
최문규_45, 47, 56, 350
최욱_331, 332, 334, 335, 341, 344, 345, 355
출판문화산업단지_59, 60

ㅋ

카이스갤러리_317~319, 322, 323, 326, 327, 351
카즈요 세지마妹島和世_68, 78
크레토cretto_253
클로에Chloe_54, 55

ㅍ

파르테논Parthenon_17, 47, 167
파리 아케이드Paris Arcade_277
파에스툼Paestum_17, 167, 173
파주출판도시_59, 61, 72, 73, 60, 115, 350, 354, 355
페즈Fez_113, 114
포디즘Fordism_45, 108
포스트모더니즘post-modernism_96, 120, 123, 125, 271, 326
포스트포디즘Post-fordism_45, 108
포츠담광장Potzdamerplatz_16, 73
F. 베네치아Francesco Venezia_252~254, 262
F. 베이글_59, 351

플러그 인 시티Plug in city_30
피난처의 도시Cité du Rèfuge_14
P. J. 주브Pierre Jean Jouve_303
피키오니스의 길_47
P. 브뤼겔Pieter Bruegel_29
필당匹室_191, 193, 194, 196, 200~202, 204, 352

ㅎ

H. 화티Hassan Fathy_180, 184
한국전통문화학교_151, 155, 162, 164, 355
H. 샤로운Hans Scharoun_16, 22
해체주의de-constructivism 건축_120
행위行爲, performance_104, 323
허백련許百鍊_216
허유재병원_29, 33~35, 40~42
현상現象, appearance_104
홍대용洪大容_111, 112
환경결정론環境決定論, environment determinism_14, 63
환기미술관_273
황일인_225, 353

Photographic Credits

웰컴시티_ ⓒ오사무 무라이
허유재병원_ ⓒ김재경
쌈지길_ ⓒ김용관(p.48, p.50), ⓒ민현식(p.44, p.51)
파주출판단지_ ⓒ김종오
열화당_ ⓒ조나단 러브킨
천일문화사_ ⓒ강일민
북센·교문사_ ⓒ김종오
SK빌딩_ ⓒ박호관
기적의도서관_ ⓒ김재경
전통문화학교_ ⓒ김종오
ㅁ자집_ ⓒ김종오
자두나무집_ ⓒ기용건축
의재미술관_ ⓒ김재경
선유도공원_ ⓒ김재경
서귀포 올림픽경기장_ ⓒ(주)일건건축(p.227, p.228, p.229, p.230),
    ⓒ에어로캠(p.231), ⓒ문정식(p.227), ⓒ조명환(p.228, 229), ⓒ이기환(p.230)
교문사_ ⓒ김종오
SJW 패션사옥_ ⓒ조영찬
박수근미술관_ ⓒ김태오
서울시청 직장 어린이집_ ⓒ조명환, ⓒ김용관
아트레온_ ⓒC3
두가헌_ ⓒ김종오

* 이 책을 만드는 데 사진을 제공해주신 사진가 및 건축가 여러분께 진심으로 감사드립니다.
현재까지 저작권 소유자를 정확히 알아내지 못한 사진에 대해서는 출처가 밝혀지는 대로 합당한 조치를 취하도록 하겠습니다.